오일러가 사랑한 수 e

경문
수학
산책

e: The Story of
a Number

오일러가 사랑한 수 e

엘리 마오 지음

허민 옮김

KM 경문사

e : The Story of a Number

by Eli Maor

Korean translation rights arranged with Princeton University Press, NJ, USA through Eric Yang Agency, Seoul, Korea.

철학은 우주라는 거대한 책에 씌어 있다.
이 거대한 책은 우리가 응시할 수 있도록 언제나 펼쳐져 있지만,
이 책에 쓰인 언어를 이해하고 문자를 해석하는 방법을
먼저 배우지 않고는 이를 이해할 수 없다.
이 책은 수학의 언어로 씌어 있으며,
이것의 문자는 삼각형과 원 및 다른 기하학적 도형인데,
이것을 모르고는 인간의 능력으로
이 책의 단 한 개의 단어도 이해할 수 없다.
−갈릴레오 갈릴레이(《Il Saggiatore》, 1623)−

옮긴이 머리말

단 한 개의 수에 관한 이야기가 한 권의 책이 될 수 있을까?

물론, 원주율 π에 관한 책이 있다. π의 역사는 2000년 이상이 되었기 때문에, 그 동안 이 수의 주변에 쌓이고 쌓인 이야기는 한 권의 책으로도 부족할 것이다. 그런데 이 책에서 소개할 수의 역사는 400년도 채 안 된다. 이렇게 역사가 짧은 수가 책 한 권을 차지할 만한 가치가 있을까?

이 책에서 다룰 수는 e이다. 이 수는 원주율 π와 같이 분수로 나타낼 수 없는 수, 즉 무리수이다. e를 소수로 나타내면 약 2.71828이고, 이에 따라 π보다 작은 수임을 쉽게 알 수 있다. 수의 크고작음이 중요성을 결정하지는 않을 것이다. 그리고 역사의 길고짧음도 중요성의 척도가 될 수는 없을 것이다. 사실, 수 e는 적어도 '수학'적으로는 수 π 이상의 중요성이 있으며, 그 쓰임새도 훨씬 더 다양하다. 이 책에서 이런 내용을 빠짐없이 알아볼 것이다.

수학사에서 17세기는 '수학의 황금 시대'라 불리고 있다. 로그가 발견되었고, 수학의 기호화가 이루어졌으며, 좌표 평면과 좌표 공간의 발견과 함께 해석 기하학이 도입되었고, 수학적 확률론이 정착되었다. 17세기 말에는 운동과 변화를 설명할 수 있는 획기적인 수학 분야인 미분적분학이 발견되었다. 이렇게 새로운 수학 영역이 다양하게 개척되었으며, 현대 수학의 확고한 기틀이 마련되었다.

바로 이 시기에 수 e가 등장했다. 현대 수학의 각 분야는 이 수를 절대적으로 요구했고, 이에 따라 e는 현대 수학의 발전과 함께 자랑스러운 역사를 만들어갔다. 이 책은 현대 수학에서 수 e의 중추적인 역할을 분명하게 보여 준다.

수 e를 초등 수학에서는 찾아볼 수 없다. 이 수는 로그 함수, 지수 함수, 극한, 무한 급수 등과 어울리면서, 고등 학교 수학 II 과정에 처음으로 등장한다. 그래서 이 수를 접해보지 못한 독자가 많을 것이다. 이 책은 이런 독자를 위해 수 e와 이와 관련된 내용을 조심스럽게 도입하고 자세하게 설명하고 있다. 수학에 대한 애정과 약간의 인내심만 있으면 책을 읽어나가는 데 큰 무리가 없을 것으로 생각된다. 그리고 이해하기 어려운 내용이 나오면 건너뛰어도 무방하다. 여기에 소개된 수학의 역사와 수학 이야기 및 수학자의 일화만 읽어도 많은 감동을 받을 것이다.

이 책은 1999학년도 이화여자대학교 수학교육과의 '수학교육사' 강의를 수강한 학생들의 도움으로 번역되었다. 번역에 참여한 학생은 다음과 같다.

김민주, 김영실, 김조은, 김지영, 서우정, 신선정, 신소영,
심수영, 오정민, 유정희, 이기순, 이소라, 이지현, 이채형,
이태미, 임경미, 임창연, 정용아, 정회정, 조은혜, 최지선
[가나다순]

정성을 들여 꼼꼼하게 번역해준 학생들과 조교로 애써준 최규금 학생에게 지면을 통해 감사의 말을 전한다. 학생들의 번역은 옮

긴이가 최종적으로 읽고 수정·보완했으므로, 여기에 남아 있을 오류는 전적으로 옮긴이의 책임이다. 이 책의 번역을 추천하고 출판을 담당해준 도서출판 경문사 사장님과 편집부 여러분의 노고에 감사 드린다.

옮긴이

지은이 머리말

내가 수 π를 처음으로 접한 것은 아홉 살이나 열 살 때였을 것이다. 공장을 운영하던 아버지의 친구분이 어느 날 나를 그곳으로 초청했다. 공장 안은 공구와 기계로 가득 차 있었었고, 온통 기름 냄새가 짙게 배어 있었다. 나는 기계류에 특별한 흥미를 전혀 느끼지 못했는데, 아버지 친구분은 나의 지루함을 알아채고는, 플라이휠(flywheel, 기계의 회전 조정용 바퀴 — 옮긴이)이 여러 개 붙어 있는 큰 기계 옆으로 나를 데리고 갔다. 그는 바퀴가 아무리 크거나 아무리 작더라도 바퀴의 원 둘레와 지름 사이에서 언제나 똑같은 비를 찾을 수 있다고 설명했으며, 그 비는 약 $3\frac{1}{7}$이라고 말했다. 나는 이 이상한 수에 호기심을 갖게 되었는데, 그분이 아직까지도 이 수를 정확하게 알아낸 사람이 없고 단지 이와 비슷한 값만을 얻을 수 있었다는 말을 덧붙였을 때 나의 놀라움은 더욱 커졌다. 그렇지만 그 수는 매우 중요하기 때문에 특별한 기호로 그리스 문자 π를 붙였다고 했다. 나는 의아했다. 그렇다면 원과 같이 단순한 형태가 그렇게 이상한 수와 관계가 있는 이유는 무엇일까? 바로 그 수가 거의

4000년 동안 과학자들을 당혹스럽게 만들었고 이에 관한 몇 가지 의문은 오늘날까지도 풀리지 않고 있다는 사실을 당시에는 거의 알지 못했었다.

몇 년 뒤, 고등학교에서 대수학을 배울 때, 나는 두 번째로 이상한 수에 호기심을 갖게 되었다. 로그는 교과 과정의 중요한 부분이었으며, 당시와 휴대용 계산기가 등장한 뒤에도 상당히 오랫동안 로그표를 활용하는 방법은 고등 수학을 배우려는 모든 사람이 필수적으로 익혀야 할 학습 내용이었다. 이스라엘 교육부가 발행한 표지가 녹색인 그 표는 얼마나 두려운 존재였는가! 단 한 행도 건너뛰지 않고 정확한 열에 눈을 맞추면서 수백 개의 연습 문제를 풀어야 하는 지루함에 거의 죽을 지경이었다. 우리가 이용했던 로그를 '상용' 로그라고 불렀는데, 아주 자연스럽게도 밑 10을 사용했다. 그런데 '자연 로그'라는 제목이 붙은 쪽에 또 다른 수표가 있었다. 밑이 10인 로그보다 어떤 로그가 더 '자연스러울' 수 있는지를 물었을 때, 선생님은 '고등' 수학에서 밑으로 사용되고 문자 e로 나타내며 약 2.71828인 특별한 수가 있다고 대답하셨다. 이렇게 이상한 수가 왜? 상급 학년에서 미적분학을 배울 때가 되어서야 그 이유를 알게 되었다.

수 π에는 일종의 사촌이 있는데, 둘 사이의 비교는 불가피하다. 두 수의 차가 매우 작기 때문에 더욱 그렇다. 사촌 사이의 두 수가 실제로 밀접하게 관련되어 있고, 그들의 관계는 유명한 '허수 단위'로 -1의 제곱근인 제3의 기호 i의 출현으로 훨씬 더 신비롭게 되었다는 사실을 알게 된 것은 대학에서 몇 년을 더 공부한 뒤였다. 이렇게 해서 우리가 이야기할 수학 드라마에 등장하는 모든 요소를 만나게 되었다.

π에 관한 이야기와 책은 아주 많았다. 틀림없이 π의 역사는 고대까지 거슬러 올라가기 때문일 것이며, 게다가 고등 수학을 모르고도 이에 관한 내용을 이해할 수 있기 때문일 것이다. π에 관한 책

중에서 베크만(Petr Beckmann)의 《π의 역사》(A History of π)보다 더 좋은 것은 없을 것이다. 이 책은 대중적이지만 명확하고 정확한 설명의 본보기이다. π에 비해 수 e는 제대로 대접받지 못했다. 아마도 이 수가 매우 최근에 발견되었고 미적분학과 밀접한 관계를 맺고 있기 때문일 것이다. 미적분학은 전통적으로 '고등' 수학으로의 통로로 간주되고 있는 분야이다. 내가 알기로는, 베크만의 책과 견줄 만한 e의 역사에 관한 책은 아직까지 출판되지 않았다.

나의 목적은 수학을 조금만 알고 있는 독자도 접근할 수 있는 수준에서 e에 관한 이야기를 들려주는 것이다. 본문에서는 수학을 최소로 이용했으며, 몇 가지 증명과 결과는 부록에 실었다. 또, 역사적으로 흥미로운 몇 가지 곁다리 화제를 다루기 위해 주요한 주제를 종종 벗어나기도 했다. 이런 이야기 중에는 e의 역사에서 중요한 역할을 담당한 많은 인물의 삶에 관한 기록이 포함되어 있다. 이런 인물 중 일부는 교과서에서 거의 언급되고 있지 않다. 무엇보다도, 지수 함수 e^x와 관련된 [물리학과 생물학으로부터 미술과 음악까지의] 대단히 다양한 현상을 보여주고 싶다. 이런 내용은 이 함수가 수학을 아주 많이 벗어난 분야에서도 흥미로운 주제임을 밝혀준다.

몇 가지 경우에는, 수학의 주제를 미적분학 교과서에서 제시하는 전통적인 방법과 다르게 설명했다. 예를 들면, 함수 $y=e^x$이 자기 자신의 도함수와 같다는 사실을 밝힐 때, 대부분의 교과서에서는 먼저 공식 $d(\ln x)/dx=1/x$을 유도한다(이것은 그 자체로 매우 긴 과정이다). 그런 다음, 역함수의 도함수에 관한 법칙을 이용해서 원하는 결과를 얻는다. 나는 언제나 이것을 필요 없이 긴 과정이라고 생각했다. 일반적인 지수 함수 $y=b^x$의 도함수가 b^x에 비례함을 밝히고 비례 상수가 1과 같은 b의 값을 찾음으로써, 공식 $d(e^x)/dx=e^x$를 직접 그리고 훨씬 더 빠르게 유도할 수 있다(이런 유도 과정이 부록 4에 있다). 고등 수학에 매우 자주 등장하는 식 $\cos x+i\sin x$

의 경우에, 간결한 기호 $\operatorname{cis} x$('시스 x'라고 읽음)를 사용했는데, 이렇게 훨씬 더 짧은 표기법이 좀더 자주 이용되기를 희망한다. 원 함수(삼각 함수)와 쌍곡선 함수 사이의 유사한 점을 고려할 때, 가장 아름다운 결과의 하나는 1750년경 빈센초 리카티(Vincenzo Riccati)가 발견한 다음과 같은 결과이다. "두 가지 형태의 함수 모두에 대해서 독립 변수를 넓이로 해석할 수 있다." 이 결과는 두 가지 형태의 함수 사이의 형식적인 유사점을 훨씬 더 극명하게 보여준다. 교과서에서는 거의 찾아볼 수 없는 이 사실은 제12장과 부록 7에서 찾아볼 수 있다.

나는 연구 과정에서 다음과 같은 사실이 명확함을 알았다. "수 e는 미적분학이 발견되기 적어도 반 세기 전에 이미 수학자에게 알려졌었다." [로그에 관한 네이피어의 책을 영어로 번역한 라이트(Edward Wright)의 책(1618년 출판)에 이미 언급되어 있다.] 어떻게 이것이 가능할 수 있었을까? 수 e는 복리 공식과 관련해서 처음으로 등장했다는 것이 가능성 있는 한 가지 설명이다. 원금 P를 연리가 r이고 1년에 n번 복리로 계산되는 계좌에 t년 동안 예금하면 원리합계 S공식 $S = P(1+r/n)^{nt}$으로 구할 수 있다. 그런데 언제인지 그리고 정확하게 누구인지는 모르지만, n의 값이 한없이 커질 때 S의 값이 어떤 극한에 한없이 가까워질 것으로 보인다는 신기한 사실이 밝혀졌다. $P=1$, $r=1$, $t=1$일 때 이 극한은 약 2.718이다. 엄밀한 수학적 유도 결과가 아니라 실험적인 관찰로부터 발견했을 것이 거의 분명한 이 사실은 17세기 초 아직도 극한 개념을 모르고 있던 수학자들을 틀림없이 깜짝 놀라게 만들었을 것이다. 그래서 수 e와 지수 함수 e^x는 세속적인 문제, 즉 돈이 시간에 따라 불어나는 방법에서 유래했다고 당연히 주장할 수 있다. 그렇지만 다른 문제들, 특히 쌍곡선 $y=1/x$ 아래의 넓이를 구하는 문제는 독립적으로 똑같은 수에 도달했는데, 이에 따라 e의 정확한 기원은 신비 속에 묻히게 된다. 로그의 '자연스러운' 밑이라는 훨씬 더 친숙한 e의 역할은 18세기 전반기 지수 함수에 미적분학에서의 중추적인 역할을 부여한 오일러의 연구를 기다려야만 했다.

이 책에 등장하는 인물과 연대에 대해 가능한 한 정확성을 기하려고 모든 노력을 기울였다. 그렇지만 자료에 따라 서로 상반되는 정보를 제공했으며, 특히 어떤 사실의 발견에 대해서는 누가 먼저 발견했는지가 불명확했다. 17세기 초는 전례 없이 수학 활동이 왕성했던 시기였으며, 종종 여러 명의 과학자가 다른 사람의 연구 결과를 알지 못하는 가운데 거의 같은 시기에 비슷한 개념을 전개하고 비슷한 결과에 도달했다. 자신의 결과를 과학 잡지를 통해 발표하는 관행이 당시까지도 확실하게 정착되지 않았으며, 당시 발견된 매우 훌륭한 결과 중 일부는 개인적인 편지와 제한된 범위 내에서만 유포된 논문이나 책을 통해 세상에 알려졌다. 이에 따라 어떤 사실을 누가 먼저 발견했는지를 알아내기가 어렵다. 이런 불행한 상황은 미적분학을 누가 먼저 발견했는지에 관한 격렬한 논쟁에서 절정에 달했다. 이 사건은 당시 최고의 학자 일부 사이에서 치열한 싸움을 야기했으며 뉴턴 이후 영국의 수학을 거의 한 세기 동안 침체기에 빠지게 만든 책임이 결코 적지 않았다.

대학의 모든 수준에서 수학을 가르치고 있는 한 사람으로서 나는 매우 많은 학생들이 수학에 대해 부정적인 태도로 갖고 있다는 사실을 잘 알고 있다. 이에 대해서는 많은 이유가 있겠지만, 한 가지 이유는 분명히 우리가 수학을 가르치고 있는 비밀스럽고 무미건조한 방법이라고 생각한다. 우리는 공식, 정의, 정리, 증명으로 학생들을 주눅들게 만드는 경향이 있다. 그렇지만 이런 사실의 역사적 진화 과정에 대해서는 거의 언급하지 않으며, 이에 따라 이런 사실이 마치 십계명과 같이 어떤 신성한 존재로부터 나온 것이라는 인상을 준다. 수학사는 이런 인상을 지워주는 훌륭한 방법이다. 나는 강의 중에 언제나 수학사의 작은 사실이나 배우는 공식과 정리와 관련된 인물에 관한 일화를 조금씩 끼워 넣으려고 시도한다. 이 책은 부분적으로 이런 접근 방법으로부터 얻은 것이다. 이렇게 의도된 목적이 성취되기를 희망한다.

이 책을 쓸 때 큰 도움을 준 아내 달리아(Dalia)와 그림을 그려준 아들 에얄(Eyal)에게 특히 감사의 말을 전한다. 그들이 없었다면, 이 책은 결코 빛을 보지 못했을 것이다.

일리노이 스코키(Illinois Skokie)에서
1993년 1월 7일

차례

오일러가 사랑한 수

e

1장

존 네이피어, 1614

거대한 수들의 곱셈과 나눗셈 및 제곱근 풀이와 세제곱근 풀이만큼
몹시도 귀찮은 수학 문제는 없고, 이런 것들보다
더 성가시고 괴로운 계산도 없음을 알게 되었다. …
그래서 나는 이런 어려움을 없앨 수 있는 확실하고
편리한 방법을 머릿속으로 생각하기 시작했다
—존 네이피어, 《놀라운 로그 법칙 설명》(1614)[1]

과학의 역사에서, 로그의 발명보다 과학계 전체를 통해서 더 열광적으로 환영받은 추상적인 수학적 개념은 드물다. 그래서 로그의 발명자가 평범한 사람이라고는 거의 상상할 수 없다. 그의 이름은 존 네이피어(John Napier)이다.[2]

존 네이피어는 아치볼드 네이피어(Archibald Napier) 경과 그의 첫째 부인 재닛 보스웰(Janet Bothwell)의 아들로 1550년(정확한 날짜는 알 수 없음) 가문의 영지인 스코틀랜드 에든버러 근처의 머치스턴(Merchiston) 성에서 태어났다. 그의 어린 시절에 관한 기록은 단

편적으로 남아있다. 열세 살 때 세인트 앤드루스(St. Andrews) 대학에 입학했고 종교학을 공부했다. 잠시 해외에 머문 뒤, 1571년 고국으로 돌아가서 엘리자베스 스털링(Elizabeth Stirling)과 결혼했고, 두 아이를 두었다. 1579년 상처한 뒤 아그네스 치스홀름(Agnes Chisholm)과 재혼했고, 열 명의 자녀를 더 두었다. 재혼해서 얻은 둘째 아들 로버트(Robert)는 나중에 그의 유고를 정리했다. 존 네이피어는 1608년 아버지가 사망한 뒤 머치스턴 성으로 돌아가서 그 성의 여덟 번째 영주로서 여생을 보냈다.[3]

네이피어의 초기 행적에서 미래에 엄청난 수학적 창의력을 발휘할 것이라는 조짐을 거의 찾아볼 수 없다. 그의 주요한 관심사는 종교였는데, 좀더 정확하게 말하면 종교적인 적극적 행동주의였다. 열렬한 프로테스탄트이며 확고하게 로마 교황에 반대했던 그는《요한계시록의 명백한 발견》(1593)이라는 책을 통해 가톨릭교회를 격렬하게 공격했는데, 교황이 그리스도의 적이라고 주장했으며 (나중에 잉글랜드의 왕 제임스 1세가 된) 스코틀랜드의 왕 제임스 6세에게 모든 '가톨릭교도, 무신론자, 중립주의자'를 공직에서 추방하라고 촉구했다.[4] 그는 또한 1688년과 1700년 사이에 '심판의 날'(세상의 종말)이 도래할 것이라고 예언했다. 그 책은 여러 나라 말로 번역되었고 제21판까지 출판되었는데(그의 생존시에는 제10판까지 나왔음), 네이피어는 이 책을 통해 자신의 이름이 역사에 영원히 남을 것이라고 확신했다. 물론, 세상이 종말을 고하면 함께 사라지겠지만.

그런데 네이피어의 관심사는 종교에만 국한되지 않았다. 그는 영주로서 농작물을 더 많이 수확하고 가축의 수를 늘리려고 고심했으며, 실험을 통해 여러 가지 거름과 양분을 이용해서 토지를 비옥하게 만들려고 했다. 1579년에는 채탄장의 수위를 조절하기 위한 수력 펌프를 발명하기도 했다. 그는 또한 군사 문제에도 깊은 관심을 보였는데, 이것은 의심할 여지 없이 스페인의 왕 필립 2세가 잉글랜드를 침

공할 것이라는 막연한 두려움에 사로잡혀 있었기 때문이었다. 그는 적선을 불태워버릴 수 있는 거대한 거울을 만들려는 계획을 세웠는데, 이것은 1800년 전 아르키메데스가 시라쿠사를 방어하기 위해 세웠던 계획을 떠올린다. 그는 '반경 4마일에 걸쳐 1피트 이상의 모든 생명체를 전멸시킬 수 있는' 병기와 '모든 방향을 파괴할 수 있는 혈기 왕성한 움직이는 입을 가진' 전차 및 '잠수부와 함께 물밑으로 항해하는 장치와 적함에게 해를 입히기 위한 다른 책략'들을 생각해냈는데, 이 모든 것은 현대적인 군사 기술의 선조였다.[5] 이런 기계들이 당시에 실제로 만들어졌는지는 알려지지 않고 있다

이렇게 관심사가 다양한 사람들이 종종 그러하듯이, 네이피어는 많은 이야기의 주인공이 되었다. 그는 매우 다혈질적이었던 것으로 보이는데, 이웃 및 소작농들과 자주 논쟁을 벌였다. 한 이야기에 따르면, 네이피어는 자신의 영지로 몰려와서 곡물을 먹어치우는 이웃집 비둘기들 때문에 화가 났다. 그래서 그는 이웃 사람에게 비둘기들을 제지하지 않으면 잡아버리겠다고 경고했다. 그렇지만 그 이웃 사람은 그의 경고를 얕잡아보고 무시했으며, 원한다면 마음대로 비둘기를 잡아보라고 말하였다. 다음 날 이웃 사람은 비둘기들이 거의 죽은 상태로 네이피어의 잔디밭 위에 누워 있는 장면을 목격했다. 네이피어는 곡식을 독한 술에 흠뻑 적셔서 뿌려 놓았었고 이를 쪼아먹은 비둘기들은 술에 취해서 거의 움직일 수 없었다. 또 다른 이야기에 따르면, 네이피어는 한 하인이 자신의 물건을 훔쳤다고 생각했다. 그는 검은 수탉이 범인을 찾아낼 것이라고 말했다. 하인들을 깜깜한 방으로 들어가게 한 다음에, 각자 수탉의 등을 만지라고 명령했다. 네이피어는 하인들 모르게 램프 그을음을 수탉의 등에 입혀놓았었다. 방을 나온 각 하인에게 손을 내보이도록 했다. 죄를 지은 하인은 수탉 만지기를 두려워한 나머지 깨끗한 손을 내밀었고, 스스로 죄인임을 드러내고 말았다.[6]

네이피어의 열렬한 종교 활동을 포함해서 이런 모든 행동은 잊혀진 지 오래 되었다. 만약 네이피어의 이름이 역사에 남게 된다면, 그것은 많이 팔린 그의 책이나 공학적인 천재성이 아니라 20년 동안 공을 들여 개발한 추상적인 수학적 개념, 즉 로그 때문일 것이다.

16세기와 17세기 초반기에는 모든 분야에서 과학적 지식이 엄청나게 팽창했다. 지리학, 물리학, 천문학은 드디어 고대의 독단으로부터 벗어났으며, 우주에 대한 인간의 인식을 빠르게 변화시켰다. 코페르니쿠스의 태양 중심설은 교회의 반대에 대항해서 거의 한 세기 동안 싸운 뒤 마침내 정설로 받아들여지기 시작했다. 1521년 마젤란의 세계 일주는 해양 탐험을 위한 새로운 시대를 예고했는데, 세계의 거의 모든 구석까지 사람의 발이 미치게 되었다. 1569년 메르카토르(Gerhard Mercator)는 그 유명한 새로운 세계 지도를 출판했는데, 이것은 항해 기술에 결정적인 영향을 끼쳤다. 이탈리아에서는 갈릴레이가 역학의 토대를 마련하고 있었으며, 독일에서는 케플러가 행성의 운동에 관한 세 가지 법칙을 공식화함으로써 천문학은 그리스의 지구 중심 우주론으로부터 완전히 그리고 영원히 벗어나게 되었다. 이런 발전은 수치적인 자료의 양을 엄청나게 증가시켰고, 과학자들을 지루한 수치 계산에 많은 시간을 허비하도록 만들었다. 이 시대는 이런 부담으로부터 과학자들을 완전히 그리고 영원히 해방시킬 수 있는 발명품을 요구했다. 네이피어가 도전에 나섰다.

네이피어가 최종적으로 로그를 발견하게 만든 발상을 처음에 어떻게 하게 되었는지는 알 수 없다. 그는 삼각법에 매우 정통해 있었고, 틀림없이 다음과 같은 공식도 잘 알고 있었다.

$$\sin A \cdot \sin B = \frac{1}{2}\{\cos(A-B) - \cos(A+B)\}$$

이 공식은, $\cos A \cdot \cos B$와 $\sin A \cdot \cos B$에 대한 유사한 공식과 함께 '합과 차'를 의미하는 그리스어에서 파생된 'prosthaphaeretic rules'(곱을 합과 차로 고치는 공식)라고 부르고 있다. 이런 공식들의 중요성은 $\sin A \cdot \sin B$와 같이 두 삼각 함수의 곱을 다른 삼각 함수들, 이 경우에는 $\cos(A-B)$와 $\cos(A+B)$의 합 또는 차로 바꾸어 계산할 수 있다는 사실에 근거한다. 곱하거나 나누는 것보다 더하거나 빼는 것이 더 쉽기 때문에, 이런 공식들은 하나의 산술 연산을 더 간단한 다른 산술 연산으로 환원하는 기본적인 체계를 제공한다. 네이피어를 올바른 방향으로 이끈 것은 바로 이런 발상일 것이다.

두 번째로 좀더 직접적인 발상은 '등비 수열'과 관계가 있다. 등비 수열은 이웃한 항 사이의 비가 일정한 수열인데, 이때 일정한 비를 '공비'라고 한다. 예를 들면, 수열 $1, 2, 4, 8, 16, \cdots$은 공비가 2인 등비 수열이다. 공비를 q로 나타내면, 첫째 항이 1일 때의 등비 수열은 $1, q, q^2, q^3, \cdots$이다(이 수열의 n째 항은 q^{n-1}이다). 네이피어의 시대보다 훨씬 앞서, 등비 수열의 항과 이에 대응하는 공비의 '지수' 사이에 어떤 간단한 관계가 있다는 사실이 이미 알려져 있었다. 독일 수학자 슈티펠(Michael Stifel, 1487-1567)은 그의 책 《산술 총서》(Arithmetica integra, 1544)에서 이 관계를 다음과 같이 공식화했다. "등비 수열 $1, q, q^2, q^3, \cdots$의 임의의 두 항의 곱은 그에 대응하는 지수들의 합을 지수로 택한 값과 같다."[7] 예를 들면, $q^2 \cdot q^3 = (q \cdot q) \cdot (q \cdot q \cdot q) = q \cdot q \cdot q \cdot q \cdot q = q^5$인데, 이 결과는 지수 2와 3을 더해서 얻을 수 있다. 마찬가지로, 등비 수열의 한 항을 다른 항으로 나누는 것은 그것들의 지수를 빼는 것과 같다. 예를 들면, $q^5/q^3 = (q \cdot q \cdot q \cdot q \cdot q)/(q \cdot q \cdot q) = q \cdot q = q^2 = q^{5-3}$이다. 이에 따라 간단한 공식 $q^m \cdot q^n = q^{m+n}$과 $q^m/q^n = q^{m-n}$을 얻는다.

그런데 q^3/q^5과 같이 분모의 지수가 분자의 지수보다 클 때, 문제가 발생한다. 위의 규칙에 따르면, $q^{3-5} = q^{-2}$이 되는데, 이것은 정의되지 않은 표현이다. 이런 어려움을 극복하기 위해서, 단순하게 q^{-n}을 $1/q^n$로 정의하자. 그러면 $q^{3-5}=q^{-2}=1/q^2$이 되는데, 이것은 q^3을 q^5으로 직접 나누었을 때 얻는 결과와 일치한다.[8] ($m=n$일 때도 규칙 $q^m/q^n=q^{m-n}$을 일관되게 적용하기 위해서는 반드시 $q^0=1$로 정의해야 한다는 점을 지적한다.) 이런 정의를 이용하면, 등비 수열을 다음과 같이 양방향으로 한없이 확장할 수 있다. "$\cdots, q^{-3}, q^{-2}, q^{-1}, q^0=1, q, q^2, q^3, \cdots$." 여기서 각 항은 공비 q의 거듭제곱이고, 지수 $\cdots, -3, -2, -1, 0, 1, 2, 3, \cdots$은 '등차 수열'을 이룸을 알 수 있다. (등차 수열은 이웃한 항 사이의 차가 일정한 수열이다. 일정한 차를 '공차'라고 하는데, 이 경우 공차는 1이다.) 이런 관계는 로그의 바탕이 되는 결정적인 발상이다. 그런데 슈티펠이 지수가 정수인 경우만을 고려한 반면에, 네이피어는 지수의 값을 연속적인 범위까지 확장시켰다.

그가 생각한 방향은 다음과 같다. 만약 임의의 양수를 어떤 고정된 수(나중에 '밑'이라 부름)의 거듭제곱으로 쓸 수 있다면, "수들의 곱셈과 나눗셈은 그 수들의 지수의 덧셈과 뺄셈과 일치한다." 게다가 어떤 수의 n제곱, 즉 그 수를 n번 거듭 곱한 값은 지수를 n번 거듭 더한 것, 즉 지수에 n을 곱한 것과 일치한다. 그리고 어떤 수의 n제곱근은 n번 거듭 뺀 것, 즉 n으로 나눈 것과 일치한다. 요약하면, 각 산술 연산은 연산 체계에서 그보다 쉬운 연산으로 환원됨으로써, 수치 계산의 어려움을 엄청나게 감소시켜 준다.

이런 발상을 실현하는 방법을 밑으로 수 2를 선택해서 예시해 보자. 표 1.1은 2의 거듭제곱을 지수가 $n=-3$부터 $n=12$까지인 경

▶ **표 1.1** 2의 거듭제곱

n	−3	−2	−1	0	1	2	3	4	5	6	7	8	9	10	11	12
2^n	$\frac{1}{8}$	$\frac{1}{4}$	$\frac{1}{2}$	1	2	4	8	16	32	64	128	256	512	1024	2048	4096

우를 보여준다. 32와 128의 곱을 구한다고 가정해 보자. 표에서 32와 128에 대응하는 지수를 찾아보면 각각 5와 7임을 알 수 있다. 이 지수들을 더하면 12이다. 이제 이 과정을 역으로 시행하여, 지수 12에 대응하는 수를 찾는다. 그 수는 4096인데, 이것이 원하는 답이다. 두 번째 예로, 4^5을 찾는다고 하자. 4에 대응하는 지수가 2인데, 이번에는 2에 5를 곱하여 10을 얻는다. 이제 지수가 10에 대응하는 수를 찾아보면 1024임을 알 수 있다. 그리고 실제로 $4^5 = (2^2)^5 = 2^{10} = 1024$이다.

물론, 정수만을 계산하는 경우 이렇게 정교한 표가 필요하지는 않다. 이 방법은 정수와 분수를 포함한 모든 수에 적용할 수 있어야만 실질적으로 유용할 것이다. 그러나 이렇게 하기 위해서는, 먼저 표에 있는 정수 사이의 큰 간격을 채워 넣어야 할 것이다. 두 가지 방법으로 채울 수 있는데, 분수 지수를 사용하거나 거듭제곱들이 매우 느리게 증가하도록 매우 작은 수를 밑으로 선택하는 방법을 이용할 수 있다. 분수 지수는 $a^{m/n} = \sqrt[n]{a^m}$으로 정의되는데(예를 들면, $2^{5/3} = \sqrt[3]{2^5} = \sqrt[3]{32} \approx 3.17480$), 네이피어의 시대에는 아직 확실하게 알려지지 않았었다.[9] 그래서 그는 두 번째 방법을 선택할 수밖에 없었다. 그렇다면 밑은 얼마나 작아야 할까? 분명히, 밑이 너무 작으면 거듭제곱들이 너무 느리게 증가할 것이고, 이렇게 되면 거의 쓸모 없는 체계를 만들게 될 것이다. 1에 가깝지만 너무 가깝지 않은 수가 합리적인 선택일 것이다. 네이피어는 이 문제를 오랫동안 고심한 끝에 수 0.9999999, 즉 $1 - 10^{-7}$을 선택했다.

그런데 왜 이 특별한 수를 선택했을까? 답은 네이피어가 가능한 한 소수를 적게 사용하려고 배려했기 때문인 것으로 보인다. 물론, 분수는 네이피어의 시대보다 수천 년 전부터 사용되었지만, 거의 언제나 정수의 비로 사용되었다. 십진법을 확장해서 1보다 작은 수를 표현하는 소수는 당시 유럽에 소개된 지 얼마 안 되었고,[10] 일반 대중은 여전히 소수를 편안하게 생각하지 않았었다. 네이피어는 소수의 사용을 최소화하기 위해서, 본질적으로 1시간을 60분으로 나누거나 1킬로미터를 1000미터로 나눌 때 오늘날 우리가 하는 것과 같은 방법을 이용했다. 즉, 한 단위를 많은 수의 하위 단위로 나누었고, 하위 단위 각각을 새로운 단위로 간주했다. 그의 주요한 목적이 삼각법 계산과 관련된 엄청난 작업을 줄이는 것이었기 때문에, 그는 삼각법에서 단위 원의 반지름을 10,000,000, 즉 10^7으로 나누는 관례를 따랐다. 그러므로 단위 1에서 이것의 10^7분의 1을 빼면, 이 체계에서 1에 가장 가까운 수 $1-10^{-7}=0.9999999$를 얻는다. 바로 이것이 네이피어가 자신의 표를 구성하는 데 사용한 공비였다.

다음에 그는 지루한 뺄셈을 반복해서, 긴 수열의 연속한 항들을 찾는 작업에 착수했다. 확실히 이것은 과학자가 직면한 가장 따분한 과제일 것이다. 그러나 네이피어는 20년(1594-1614)에 걸친 작업을 통해 이 과제를 완수했다. 그의 원래 표는 $10^7=10,000,000$에서 시작하고, $10^7(1-10^{-7})=9,999,999$와 $10^7(1-10^{-7})^2=9,999,998$로 진행해서 (소수 부분 0.0004950은 무시해서 얻은) $10^7(1-1^{-7})^{100}=9,999,900$으로 끝을 맺었는데, 각 항은 직전 항에서 그것의 10^7분의 1을 빼어 얻었다. 그리고 그는 한번 더 10^7에서 시작해서 이 과정을 다시 반복했다. 그러나 이번에는 원래 표에서 첫째 수에 대한 마지막 수의 비, 즉 $9,999,900:10,000,000=0.99999=1-10^{-5}$을 새로운 비로 선택했다. 둘째 표는 51개의 항을 포함하며, 마지막은 $10^7(1-10^{-5})^{50}$, 즉 거의 9,995,001이었다. 셋째 표는 31개의 항을 포함하는데, 9,995,001 : 10,000,000의 비가 사용되었다. 이 표의 마지막 항은 $10^7\times 0.9995^{20}$, 근사적으로 9,900,473이었다. 최종적으로, 네이피어는 마지막 표의 각 항으로부터 비 9,900,473 : 10,000,000, 즉 거의 0.99를 사용해서 68개의 항을 추가했다. 그런데 마지막 항은 $9,900,473 \times 0.99^{68}$으로, 근사적으로 원래 수의 거의 반에 가까운 4,998,609이었다.

물론, 오늘날 이런 작업은 컴퓨터가 대신해줄 수 있다. 심지어 휴대용 계산기로도 이 작업을 단 몇 시간 안에 마칠 수 있다. 그러나 네이피어는 모든 계산을 종이와 펜으로만 해야 했다. 그렇기 때문에 가능한 한 소수를 피하려는 그의 배려를 이해할 수 있을 것이다. 그의 말에 따르면, "이 수열[둘째 표의 항목들]을 만들 때 둘째 표의 첫째 항 10000000.00000과 마지막 항 9995001.222927 사이의 비는 성가시기 때문에, 이것에 매우 가까운 10000 대 9995의 간단한 비로 21개의 수를 계산하자. 실수하지 않는다면 이 중에서 마지막은 9900473.57808이 될 것이다."[11]

이런 기념비적인 과제를 완수한 네이피어에게는 자신의 창조물에 이름을 붙이는 일이 남았다. 처음에 그는 각 거듭제곱의 지수를 '인공 수'(artificial number)라고 불렀지만, 나중에 '로그'(logarithm)라는 용어를 사용하기로 결정했는데, 이 단어는 '비율 수'(ratio number)를 의미한다. 현대적인 방법으로 나타내면, 이것은 (그의 첫째 표에서) $N = 10^7(1-10^{-7})^L$일 때, 지수 L은 N의 (네이피어) 로그라고 말하는 것과 같다. 로그에 대한 네이피어의 정의는 1728년 오일러(Leonhard Euler)가 도입한 현대적인 정의, 즉 "1이 아닌 양의 상수 b에 대해 $N = b^L$일 때 L은 (밑 b에 대한) N의 로그이다."라는 정의와 몇 가지 점에서 차이가 난다. 이를테면 네이피어의 체계에서 $L = 0$은 $N = 10^7$에 대응하지만(즉, Nap $\log 10^7 = 0$이지만), 현대적인 체계에서 $L = 0$은 $N = 1$에 대응한다(즉, $\log_b 1 = 0$이다). 더욱 중요한 차이점은 로그의 기본적인 계산 규칙, 이를테면 곱의 로그값은 각각의 로그값의 합과 같다는 규칙은 네이피어가 정의한 로그에서는 성립하지 않는다. 마지막으로 $1-10^{-7}$이 1보다 작기 때문에 네이피어 로그는 수가 증가함에 따라 감소하는 반면에 (밑이 10인)

상용 로그는 그 값이 증가한다. 그렇지만 이런 차이점들은 사소한 문제이며, 단위가 10^7개의 하위 단위와 같아야만 한다고 네이피어가 고집한 결과에 불과하다. 그가 소수에 그렇게 연연하지 않았다면, 그의 정의는 훨씬 더 간단하고 현대의 것과 유사했을 것이다.[12]

물론, 지금 생각해 보면, 이런 배려는 불필요한 우회였다. 그러나 네이피어는 로그를 만들 때 한 세기 뒤에 로그의 보편적인 밑으로 인정받았고 수학에서 π 다음으로 중요한 역할을 하는 수의 발견에 부지불식간에 매우 가까이 접근했었다. 그 수 e는 n의 값이 무한대로 커질 때 $(1+1/n)^n$의 극한값이다.[13]

주석과 출전

1. 다음에서 인용했다. George A. Gibson, "Napier and the Invention of Logarithms," in *Handbook of the Napier Tercentenary Celebration, or Modern Instruments and Methods of Calculation*, ed. E. M. Horsburgh (1914; rpt. Los Angeles: Tomash Publishers, 1982), p. 9.
2. 네이피어의 이름은 Nepair, Neper, Naipper와 같이 여러 가지로 등장했다. 다음을 보라. Gibson, "Napier and the Invention of Logarithms," p. 3.
3. 이 가계(家系)는 다음과 같은 존 네이피어의 후손이 기록했다. Mark Napier, *Memoirs of John Napier of Merchiston: His Lineage, Life, and Times*(Edinburgh, 1834)
4. P. Hume Brown, "John Napier of Merchiston," in *Napier Tercentenary Memorial Volume*, ed. Cargill Gilston Knott (London: Longmans, Green and Company, 1915), p. 42.
5. 앞의 책, p. 47.
6. 앞의 책, p. 45.
7. 다음을 보라. David Eugene Smith, "The Law of Experiments in the

Works of the Sixteenth Century," in *Napier Tercentenary Memorial Volume*, p. 81.

8. 음수 지수와 분수 지수는 14세기에 이미 몇 명의 수학자가 제안했지만, 수학에서 널리 사용하게 된 것은 영국 수학자 월리스(John Wallis, 1616-1703)의 공헌이며, 뉴턴에 의해 더욱 공공히 되었다. 뉴턴은 1676년 현대적인 표기법 a^{-n}과 $a^{m/n}$을 제안했다. 다음을 보라. Florian Cajori, A *History of Mathematical Notations*, vol. 1, *Elementary Mathematics* (1928; rpt. La Salle, Ill.: Open Court, 1951), pp. 354-356.
9. 주석 8을 보라.
10. 소수는 플란더스 과학자 스테빈(Simon Stevin or Stevinus, 1548-1620)에 의해 도입되었다.
11. 다음에서 인용했다. David Eugene Smith, A *Source Book in Mathematics* (1929; rpt. New York: Dover, 1959), p. 150.
12. 네이피어 로그의 또 다른 면은 부록 1에 논의되어 있다.
13. 실제로 네이피어는 $n \to \infty$일 때 $(1-1/n)^n$의 극한값으로 정의되는 수 $1/e$을 거의 발견했었다. 이미 알아본 대로, 로그에 대한 그의 정의는 방정식 $N = 10^7(1-10^{-7})^L$과 동치이다. N과 L을 모두 10^7으로 나누면(이것은 변수를 축소하는 것에 불과한데), 방정식은 $N^* = [(1-10^{-7})^{10^7}]^{L^*}$이 된다. 여기서 $N^* = N/10^7$이고 $L^* = L/10^7$이다. 그런데 $(1-10^{-7})^{10^7} = (1-1/10^7)^{10^7}$은 $1/e$과 매우 가깝기 때문에, 네이피어의 로그는 실제로 밑이 $1/e$인 로그이다. 그렇지만 네이피어가 이 밑(또는 e 자체)을 발견했다고 자주 인용되는 말은 옳지 않다. 앞에서 알아본 대로, 그는 밑에 대해 생각하지 않았으며, 밑의 개념은 (밑이 10인) 상용 로그가 도입된 뒤에야 등장했다.

2장

승인

현대적인 계산 방법의 놀라운 힘은
인도-아라비아 기수법, 소수, 로그의
세 가지 발명품 덕분이다.
-캐조리, 《수학사》(1893)

네이피어는 자신이 발견한 내용을 1614년 라틴어로 쓴 《놀라운 로그 법칙 설명》(Mirifici logarithmorum canonis descriptio)이라는 제목의 책으로 발표했다. 그가 죽은 뒤에 나온 책 《놀라운 로그 법칙 구성》(Mirifici logarithmorum canonis constructio)은 아들인 로버트가 1619년에 출판했다. 과학의 역사에서 새로운 개념이 로그보다 더 열광적으로 환영받은 경우는 드물다. 발견자에게 절대적인 찬사가 쏟아졌고, 로그는 전 유럽의 과학자와 멀리 중국의 과학자들이 신속하게 받아들였다. 로그를 가장 먼저 이용한 사람 중에는 천문학자 케플러도 있었는데, 그는 이를 이용해서 행성의 궤도를 정교하게 계산하는 데 대단한 성공을 거두었다.

당시 브리그스(Henry Briggs, 1561-1631)는 런던에 있는 그레셤(Gresham) 대학의 기하학 교수였는데, 그도 네이피어의 로그표에 대한 소식을 듣게 되었다. 그는 이 새로운 발견에 깊은 감명을 받았기 때문에, 스코틀랜드로 가서 위대한 발견자를 직접 만나 보기로 결심했다. 릴리(William Lilly, 1601-1681)라는 점성가는 이들의 만남을

MIRIFICI

LOGARITHMORVM CANONIS DESCRIPTIO,

Ejusque usus, in utraque Trigonometria; *vt etiam in omni Logistica Mathematica, amplissimi, facillimi, & expeditissimi explicatio.*

ACCESSERVNT OPERA POSTHVMA;
Primò, Mirifici ipsius canonis constructio, & Logarithmorum ad naturales ipsorum numeros habitudines.
Secundò, Appendix de alia, eâque præstantiore Logarithmorum specie construenda.
Tertiò, Propositiones quædam eminentissimæ, ad Triangula sphærica mirâ facilitate resolvenda.

Autore ac Inventore IOANNE NEPERO, Barone Merchistonii, &c. Scoto.

EDINBVRGI,
EXCVDEBAT ANDREAS HART.
ANNO 1619.

▶ **그림 1** 네이피어의 놀라운 로그 법칙 설명 1619년 속표지. 이 책에는 놀라운 로그 법칙 구성도 포함되어 있다.

다음과 같이 생생하게 기록했다.

> 뛰어난 수학자이며 기하학자인 존 마르(John Marr)라는 사람은 브리그스보다 먼저 스코틀랜드에 가 있었으며, 박식한 이 두 사람의 만남을 보기 위해 의도적으로 그곳에 머물렀다. 브리그스는 에든버러에서 만날 날짜를 정했었다. 그러나 그가 제 시간에 도착하지 못하자, 네이피어 경은 그가 오지 않을 것이라고 생각했다. 네이피어가 말했다. "오! 존, 브리그스 교수는 이제 오지 않을 것 같네." 바로 그 순간 문 두드리는 소리가 들렸다. 존 마르는 급히 아래층으로 내려갔는데, 반갑게도 학수고대하던 브리그스가 그곳에 있었다. 그는 브리그스를 네이피어 경의 방으로 안내했으며, 이곳에서 두 사람은 거의 15분 동안 한 마디의 말도 없이 서로를 존경의 눈빛을 보내며 바라보기만 했다. 마침내 브리그스가 입을 열었다. "각하, 저는 당신을 만나 보기 위해서 이 긴 여행을 계획했습니다. 그리고 천문학에서 가장 큰 도움을 주는 로그를 어떤 기지와 독창력으로 당신이 발견하게 되었는지 알고 싶었습니다. 그러나 각하, 이제는 누구나 이것이 매우 쉽다는 것을 알게 되었지만, 당신이 발견해내기 전까지는 아무도 이것을 발견하지 못했었다는 사실을 저는 의아하게 생각하고 있습니다."[1]

브리그스는 이 만남에서 네이피어의 로그표를 더욱 편리하게 만들 수 있도록 두 가지 사항을 수정하자고 제안했다. 즉, 10^7이 아니라 1의 로그값을 0으로 정하고, 10의 로그값이 10의 적당한 거듭제곱이 되도록 로그를 수정하자고 제안했다. 그들은 몇 가지 가능성 있는 상황을 고려한 뒤에 마침내 $\log 10 = 1 = 10^0$으로 결정했다. 현대적으로 표현하면, 이것은 양수 N을 $N = 10^L$으로 나타낼 때 L을 N의 브리그스 로그 또는 '상용' 로그라고 한다는 말과 같다. 이것을 기호로 $\log_{10}N$ 또는 간단히 $\log N$으로 나타낸다. 이렇게 해서 '밑'의 개념이 탄생했다.[2]

네이피어는 이 제안에 흔쾌히 동의했지만, 당시 그는 매우 늙었고 새로운 로그표를 계산할 만한 기력이 부족했다. 브리그스가 이 과제를 떠맡았는데, 로그 산술(Arithmetica logarithmica)이라는 제목으로 1624년 그 결과를 발표했다. 그의 로그표에는 1부터 20,000까지와 90,000부터 100,000까지 모든 정수에 대한 상용 로그값이 소수점 아래 14자리까지 계산되어 있다. 20,000부터 90,000까지의 빈틈은 나중에 네덜란드의 출판업자 블락(Adriaan Vlacq, 1600-1667)이 채웠는데, 이렇게 추가된 부분은 로그 산술 제2판(1628)에 포함되었다. 이렇게 작은 개정을 통해, 이 연구 결과는 오늘날까지의 모든 로그표의 기초가 되었다. 1924년에야 비로소 로그 발견 300주년 기념 행사의 일환으로, 영국에서는 소수점 아래 20자리까지의 로그표를 만들기 시작했다. 이 작업은 1949년에 완성되었다.

네이피어는 수학에 또 다른 공헌도 했다. 그는 그의 이름이 붙은 (기계적으로 곱셈과 나눗셈을 할 수 있는 도구인) '막대' 또는 '뼈'를 발명했고, 구면 삼각법에서 이용되는 '네이피어의 유비'라고 부르는 일련의 규칙을 고안했다. 그리고 소수를 나타낼 때 1보다 큰 부분과 작은 부분을 구분하는 소수점의 사용을 옹호했는데, 이것은 소수 표현을 매우 단순화시켰다. 그렇지만 이런 업적 중 어느 것도 중요성이라는 점에서 로그의 발견과 비교되지 않는다. 1914년 에든버러에서 열린 300주년 기념 행사에서, 몰턴 경(Lord Moulton)은 다음과 같은 찬사를 보냈다. "로그의 발견은 청천벽력과 같이 이 세상에 등장했다. 이전의 어떠한 연구도 이것을 능가할 수 없고, 이것의 전조가 아니며, 이것의 등장을 예견하지 못했다. 이것은 다른 학자의 업적을 빌려오거나 이미 알려진 수학적 사고를 따르지 않고 갑작스럽게 출현해서 고고한 자태를 뽐내고 있다."[3] 네이피어는 1617년 4월 3일

67세의 나이로 자택에서 죽었고, 에든버러에 있는 성 커스버트(St. Cuthbert) 교회에 묻혔다.[4]

브리그스는 1619년 옥스퍼드 대학 최초의 새빌 기하학 교수가 되었는데, 이 자리는 월리스(John Wallis), 핼리(Edmond Halley), 렌(Christopher Wren) 등과 같은 영국의 유명한 과학자들이 이어서 차지하게 된다. 이와 동시에 그는 이전에 차지했던 그레셤 대학의 자리도 지켰는데, 이것은 그레셤(Thomas Gresham)이 1596년에 창설한 영국 최초의 수학 교수직이었다. 그는 1631년 죽을 때까지 두 자리를 모두 고수했다.

로그를 발견했다고 주장하는 사람이 또 있었다. 스위스의 시계제작자 뷔르기(Jobst or Joost Bürgi, 1552-1632)는 네이피어와 똑같은 일반적인 체계로 로그표를 만들었다. 그런데 한 가지 중요한 차이점이 있었다. 네이피어가 1보다 약간 작은 수 $1-10^{-7}$을 공비로 사용한 반면에 뷔르기는 1보다 약간 더 큰 수 $1+10^{-4}$을 공비로 사용했다. 그래서 뷔르기의 로그는 수가 증가함에 따라 증가하지만, 네이피어의 로그는 감소한다. 네이피어와 마찬가지로, 뷔르기도 소수를 피하려고 지나치게 고심했는데, 이에 따라 로그의 정의는 필요 이상으로 매우 복잡해졌다. 양의 정수 N을 $N=10^8(1+10^{-4})^L$로 나타낼 때, 뷔르기는 (L이 아니라) $10L$을 '검은 수'(black number) N에 대응하는 '붉은 수'(red number)라고 불렀다. (뷔르기의 로그표에는 이런 숫자들이 실제로 검은 글자와 붉은 글자로 인쇄되었고, 이에 따라 일반적인 용어가 되었다.) 그는 붉은 수, 즉 로그값을 각 쪽의 가장자리에, 검은 수를 가운데에 배치했고, 이에 따라 본질적으로 역 로그표를 만들었다. 뷔르기는 1588년에 이미 이런 결과에 도달했다는 증거가 있는데, 이것은 네이피어가 똑같은 발상으로 연구를 시작하기 6년 전이었다. 그러나 그는 어떤 이유에선지 자신의 결과를 1620년에야 발표했으며, 자신의 로그표를 프라하에서 익명으로 출판했다. 학계에는 '발표하지 않으면 사라진다'(publish or perish)는 냉혹한 철칙이 있다. 뷔르기는 늦게 발표함으로써 로그를 먼저 발견했다는 주장을 펼 수 없었다. 오늘날 그의 이름은 과학사가를 제외하면 거의 잊혀졌다.[5]

로그는 전 유럽으로 급속하게 퍼져나가서 사용되었다. 네이피어의 《놀라운 로그 법칙 설명》은 라이트(Edward Wright, 1560?-1615, 영국의 수학자, 악기 제작자)가 영어로 번역해서 1616년 런던에서 출판했다. 브리그스와 블락의 상용 로그표는 1628년 네덜란드에서 출판되었다. 갈릴레오와 같은 시대에 살았으며 미적분학의 선구자 중 한 사람인 수학자 카발리에리(Bonaventura Cavalieri, 1598-1647)는 이탈리아에서 로그의 사용을 장려했고, 케플러는 독일에서 이와 같은 일을 했다. 매우 흥미롭게도, 새롭게 발견된 로그를 그 다음으로 수용한 나라는 중국이었는데, 1653년 중국에서는 (폴란드의 예수회 회원 스모굴렌스키(John Nicholas Smogulęcki, 1611-1656)의 제자인) 설봉조(薛鳳祚)가 로그에 관한 책을 출판했다. 블락의 로그표는 1713년 베이징에서 《율력연원》(律曆淵源)에 다시 수록되었다. 그 뒤에 나온 책 《수리정온》(數理精蘊)은 1722년 베이징에서 출판되었으며, 마침내 일본까지 전파되었다. 이 모든 결과는 중국에서 활동한 예수회 회원들의 공헌이었고, 이들의 헌신적인 노력으로 서구의 과학이 전파되었다.[6]

과학계가 로그를 채택하자마자, 일부 혁신가들은 로그를 이용해서 계산할 수 있는 기계적인 장치를 만들 수 있음을 깨달았다. 수들을 그것들의 로그값에 비례해서 일정한 간격으로 표시한 자를 이용하는 것이 발상이었다. 최초의 그렇지만 원시적인 장치는 건터(Edmund Gunter, 1581-1626)가 만들었는데, 그는 영국의 성직자로 나중에 그레셤 대학의 천문학 교수가 되었다. 그가 고안한 장치는 1620년에 등장했는데, 단 하나의 로그자로 이루어져 있으며 길이를 측정할 수 있고 분할 컴퍼스로 더하거나 뺄 수 있었다. 서로를 따라 움직일 수 있는 두 개의 로그자를 사용하는 아이디어는 오트레드(William Oughtred, 1574-1660)가 처음으로 생각해냈다. 그는 건터와 마찬가지로 성직자이며 수학자였다. 오트레드는 이미 1622년에 이런 장치를 고안했던 것으로 보이지만, 이에 대한 설명은 10년이 지난 뒤에야 비로소 발표했다. 사실, 오트레드는 두 가지 형태, 즉 직선 계산자와 원형 계산자를 만들었는데, 두 개의 눈금자가 공통의 축을 중심으로 회전할 수 있는 원판 위에 새겨져 있다.[7]

오트레드는 대학에서 공식적인 자리를 얻지 못했지만, 수학에 대한 공헌은 대단했다. 그의 가장 영향력 있는 업적은 산술과 대수학에 관한 책 《수학의 열쇠》(Clavis mathematicae, 1631)로, 이 책에서 그는 새로운 수학 기호를 많이 소개했는데, 이 중 일부는 오늘날까지도 사용되고 있다. (이런 기호 중에는 곱셈 기호 ×가 있다. 라이프니츠는 나중에 이것이 문자 x와 유사하다는 이유로 이에 반대했다. 그리고 비율을 나타내는 기호 ::, 둘 사이의 차이를 나타내는 기호 ~ 등 두 개의 기호도 아직까지 이따금 사용됨을 볼 수 있다.) 오늘날 수학 문헌에 나타나는 수많은 기호를 당연하게 여기지만, 각 기호에는 나름대로의 역사가 있으며, 당시의 수학 상황을 반영하기도 한다. 종종 기호는 수학자의 일시적인 생각으로 고안되기도 하지만, 더 많은 기호의 경우에는 점진적인 발전의 결과이며, 오트레드는 이런 과정에서 중요한 역할을 했다. 수학 표기법을 발전시키는 데 크게 공헌한 또 다른 수학자는 오일러였는데, 그는 이 책에서 중요한 인물로 등장할 것이다.

오트레드의 생애에 관한 일화가 많이 있다. 그는 케임브리지에 있는 킹스 대학(King's College)의 학창 시절 밤낮으로 학업에 전념했는데, 다음과 같은 그의 말에서 이를 확인할 수 있다. "나는 다른 과목보다 훨씬 더 많은 시간을 수학을 공부하면서 보냈다. 나는 밤마다

조금씩 잠을 줄었으며, 내 몸을 속였다. 대부분의 학생이 휴식을 취하는 동안, 나는 추운 밤에도 자지 않고 공부하는 데 익숙해졌다."[8] 오브리(John Aubrey)의 재미있는 (그렇지만 완전히 믿을 수 있을 수만은 없는) 책 《소전기집》(Brief Lives)에서도 오트레드에 관한 다음과 같은 생생한 기록을 찾아볼 수 있다.

> 그는 체구가 작은 사람으로 검은 머리카락과 (대단히 기백 있는) 검은 눈을 가졌다. 그의 머리는 항상 활동하고 있었다. 그는 먼지나 재 위에도 선을 그리고 도형을 그릴 것이다. … 11시 또는 12시에 잠자리에 들었으며 밤늦도록 연구했다. 밤 11시까지는 잠자리에 들지 않았고, 자기 곁에 항상 부싯깃이 있었으며, 침대 위에 잉크 병을 고정시켜 놓았다. 그는 거의 잠을 자지 않았으며, 때로는 2, 3일 동안 잠을 자지 않았다.[9]

오트레드는 건강을 지키는 모든 원칙을 어겼지만 86세까지 살았다. 그는 임종 때 찰스 2세가 복위했다는 소식을 듣고 기뻐했다고 한다.

로그의 경우와 마찬가지로 서로 계산자를 먼저 발명했다는 주장이 있었다. 1630년 오트레드의 제자인 델라메인(Richard Delamain)은 《매우 작은 책》(Grammelogia, or The Mathematicall Ring)을 출판했는데, 이 책에서 원형 계산자가 자기의 발명품이라고 기술하고 있다. 델라메인은 찰스 1세(델라메인은 찰스 1세에게 계산자와 이 책 한 권을 보냄)에게 헌정한 서문에서 자신이 고안한 장치가 쉽게 작동함을 언급했고, "걸어갈 때와 마찬가지로 말 위에서도 사용하기가 알맞다"고 기록하고 있다.[10] 그는 당연히 특허를 얻었으며, 이에 따라 자신의 판권과 이름이 역사에 길이 남을 것이라고 믿었다. 그러나 오트레드의 또 다른 제자인 포스터(William Forster)는 그보다 몇 해 전에 델라메인의 집에서 오트레드의 계산자를 봤었노라고 주장했는데, 이는 델라메인이 오트레드의 아이디어를 훔쳤음을 암시하는 것이었다. 뒤이어 발생한 일련의 고발과 역고발이 당연히 예상될 것이다. 왜냐하면 표절에 대한 고발보다 과학자의 명성에 더 큰 훼손을 입힐 수 있는 것은 없기 때문이다. 현재, 오트레드가 계산자의 진정한 발명가라고 받아들이고 있지만, 델라메인이 발명 내용을 훔쳤다는 포스터의 주장을 뒷받침할 만한 증거는 없다. 여하튼 이 논쟁은 잊힌 지 오래되었다. 왜냐하면 이것은 곧 훨씬 더 중요한 발견, 즉 미적분학의 발견에 대한 훨씬 더 치열한 논쟁에 의해 가려졌기 때문이다.

여러 가지 변종이 있는 계산자는 그 뒤 350년 동안 모든 과학자와 공학자의 충실한 동료가 되었으며, 부모가 대학을 졸업하는 자녀에게 주는 자랑스러운 선물이었다. 그런데 1970년대 초 휴대용 전자계산기가 시판되었고, 10년 안에 계산자는 사라져버렸다. (1980년 미국에서 과학 기구의 주요 제조업체인 Keuffel & Esser는 계산자 생산을 중단했다. 이 회사는 1891년 이래 계산자의 생산으로 유명했었다.[11]) 로그표의 경우에는 약간 더 버티고 있다. 로그표를 수학 책의 뒤에서 아직도 찾아볼 수 있는데, 이것은 유용성에 비해 오래 살아남은 말없는 생존자의 예이다. 그러나 로그표 역시 머지않아 과거의 유물이 될 것이다.

그러나 로그가 계산 수학에서 중요한 도구로써의 역할은 상실했지만, 로그 함수는 순수 수학과 응용 수학의 거의 모든 분야의 핵심으로 남아 있다. 로그는 물리학과 화학으로부터 생물학, 심리학, 미술, 음악까지 응용 분야의 주인으로 나타난다. 사실, 현대 미술가 에스헤르(M. C. Escher)는 로그 함수를 (소용돌이선으로 변장시켜서) 그의 많은 작품의 중심 주제로 다루었다(194쪽을 보라).

네이피어의 《놀라운 로그 법칙 설명》(런던, 1618)에 대한 라이트의 번역서 제2판에, 오트레드가 썼을 것으로 생각되는 부록에는 $\log_e 10 = 2.302585$와 동치인 명제가 나타난다.[12] 이것은 수학에서 수 e의 역할을 최초로 명백하게 인정한 증거로 보인다. 그렇다면 이 수는 어디에서 나왔는가? 이것의 중요성은 무엇인가? 이런 질문에 답하기 위해서는, 지수와 로그로부터 멀리 떨어진 것으로 보이는 주제인 재정학의 수학을 먼저 알아봐야 한다.

주석과 출전

1. 다음에서 인용했다. Eric Temple Bell, *Men of Mathematics*(1937; rpt. Harmondsworth: Penguin Books, 1965), 2:580; Edward Kasner and James Newman, *Mathematics and the Imagination* (New York: Simon and Schuster, 1958), p. 81. 원문은 Lilly의 *Description of his Life and Times*에 나타난다.
2. 다음을 보라. George A. Gibson, "Napier's Logarithms and the Change to Briggs? Logarithms," in *Napier Tercentenary Memorial Volume*, ed. Cargill Gilston Knott (London: Longmans, Green and Company, 1915), p. 111. Julian Lowell Coolidge, *The Mathematics of Great Amateurs* (New York: Dover, 1963), ch. 6, esp. pp. 77-79.
3. Inaugural address, "The Invention of Logarithms," in Napier *Terentenary Memorial Volume*, p. 3.
4. *Handbook of the Napier Tercentenary Celebration, or Modern Instruments and Methods of Calculation*, ed E. M. Horsburgh(1914; Los Angeles: Tomash Publishers, 1982), p. 16. A부에는 네이피어의 생애와 업적이 자세하게 설명되어 있다.

5. 로그를 누가 먼저 발견했는지에 관한 문제는 다음을 보라. Florian Cajori, "Algebra in Napier? Day and Alleged Prior Inventions of Logarithms," in *Napier Tercentenary Memorial Volume*, p. 93.
6. Joseph Needham, *Science and Civilisation in China* (Cambridge: Cambridge University Press, 1959), 3:52-53
7. David Eugene Smith, *A Source Book in Mathematics*(1929; rpt. New York: Dover, 1959), pp. 160-164.
8. 다음에서 인용했다. David Eugene Smith, *History of Mathematics*, 2 vols. (1923; New York: Dover, 1958), 1:393.
9. John Aubrey, *Brief Lives*, 2:106. [Smith, *History of Mathematics*, 1:393에 인용된 대로]
10. 다음에서 인용했다. Smith, *A Source Book in Mathematics*, pp. 156-159.
11. *New York Times*, 3 January 1982.
12. Florian Cajori, *A History of Mathematics* (1893), 2d ed. (New York: Macmillan, 1919), p. 153; Smith, *History of Mathematics*, 2:517.

로그 계산

많은 사람들에게, 적어도 1980년 이후에 고등학교 교육을 받은 사람들에게 로그는 수학에서 함수 개념의 일부로 배우는 하나의 이론적인 주제에 불과하다. 그러나 1970년대 후반까지도 로그는 여전히 계산 도구로서 널리 사용되었고, 사실상 1624년에 등장한 브리그스의 상용 로그와 거의 다를 바 없었다. 휴대용 계산기의 출현으로 로그의 이런 용도는 종말을 고했다.

현재가 1970년이라고 가정하고, 다음 식을 계산한다고 하자.

$$x = \sqrt[3]{\frac{493.8 \times 23.67^2}{5.104}}$$

이 문제를 풀려면, 소수 넷째 자리까지 계산된 상용 로그표가 필요하다(이런 표는 아직도 대부분 수학 책 뒤쪽에 실려 있다). 또, 다음과 같은 로그 법칙을 사용할 필요가 있다.

$$\log ab = \log a + \log b, \quad \log \frac{a}{b} = \log a - \log b,$$

$$\log a^n = n \log a$$

여기서 a와 b는 임의의 양수이고, n은 임의의 실수이며, 'log'는 상용 로그, 즉 밑이 10인 로그를 나타낸다. 그렇지만 사정에 따라서 임의의 밑에 대한 로그표를 사용할 수 있다.

계산을 시작하기 전에, 로그의 정의를 다시 알아보자. 양수 N을 $N=10^L$과 같이 나타낼 때, L을 N의 (밑이 10인) 로그값이라 하고, 이것을 $\log N$으로 나타낸다. 그러므로 식 $N=10^L$과 $L=\log N$은 서로 동치이다. 즉, 두 식은 정확하게 똑같은 정보를 준다. $1=10^0$이고 $10=10^1$이므로, $\log 1=0$이고 $\log 10=1$이다. 따라서 1보다 크거나 같고 10보다 작은 임의의 수의 로그값은 1보다 작은 양수, 즉 $0.abc\cdots$ 꼴의 수이다. 마찬가지로, 10보다 크거나 같고 100보다 작은 임의의 수의 로그값은 $1.abc\cdots$꼴이며, 이와 같이 계속된다. 이를 요약하면 다음과 같다.

N의 범위	$\log N$
$1 \le N < 10,$	$0.abc\cdots$
$10 \le N < 100,$	$1.abc\cdots$
$100 \le N < 1000,$	$2.abc\cdots$
$\cdots$	

(이 표를 뒤로 확장하여 1보다 작은 수를 포함시킬 수 있지만, 논의를 간단하게 하기 위해서 이 정도만 다루겠다.) 그러므로 로그값이 $\log N=p.abc\cdots$로 표현될 때, 정수 p는 수 N이 위치하는 10의 거듭제곱의 범위를 알려준다. 예를 들어, $\log N=3.456$이면, N이 1,000과 10,000 사이의 수라고 결론지을 수 있다. N의 실제 값은 로그값의 소수 부분 $.abc\cdots$에 의해 결정된다. $\log N$의 정수 부분 p를 $\log N$의 지표(characteristic), 소수 부분 $.abc\cdots$를 $\log N$의 가수(mantissa)라고 한다.[1] 로그표는 통상 가수만을 알려주며, 지표는 사용자가 결정해야 한다. 가수가 서로 같고 지표가 서로 다른 두 로그값에 대응하는 두 수는 숫자들은 서로 같지만 소수점의 위치는 서로

다르다. 예를 들어, $\log N = 0.267$은 $N = 1.849$에 대응하지만, $\log N = 1.267$은 $N = 18.49$에 대응된다. 이 사실은 두 식을 지수 형태로 나타내면 분명해진다. 즉, $10^{0.267} = 1.848$이지만, $10^{1.267} = 10 \cdot 10^{0.267} = 10 \cdot 1.849 = 18.49$이다.

이제 앞에서 제시한 문제를 풀 계산할 준비가 되었다. 먼저 근호를 분수 지수로 바꾸어 x를 로그 계산에 좀더 적합한 다음과 같은 꼴로 나타내자.

$$x = \left(\frac{493.8 \times 23.67^2}{5.104} \right)^{1/3}$$

양변에 로그를 취하면 다음을 얻는다.

$$\log x = \frac{1}{3} (\log 493.8 + 2\log 23.67 - \log 5.104)$$

이제 각 항의 로그값을 찾는데, 표의 중심부에 있는 값에 비례 부분의 값을 더해서 원하는 값을 구할 수 있다. 예를 들어, $\log 493.8$을 찾기 위해서는 49로 시작하는 행에서 3으로 시작하는 열로 옮겨가고 (그러면 6928을 찾는다), 다음에 비례 부분에서 8로 시작하는 열에 있는 성분 7을 찾는다. 이 값을 6928에 더하면 6935를 얻는다. 493.8은 100과 1,000 사이에 있으므로 지표는 2이다. 따라서 $\log 493.8 = 2.6935$이다. 다른 항에 대해서도 똑같은 방법으로 로그값을 구한다. 이 과정은 다음과 같은 표를 이용해서 계산하면 편리하다.

N		$\log N$
23.67	→	1.3742
		× 2
		2.7484
493.8	→	+ 2.6935
		5.4419
5.104	→	− 0.7079
		4.7340:3
답: 37.84	←	1.5780

N	0	1	2	3	4	5	6	7	8	9	비례부분								
											1	2	3	4	5	6	7	8	9
10	0000	0043	0086	0128	0170	0212	0253	0294	0334	0374	4	8	12	17	21	25	29	33	37
11	0414	0453	0492	0531	0569	0607	0645	0682	0719	0755	4	8	11	15	19	23	26	30	34
12	0792	0828	0864	0899	0934	0969	1004	1038	1072	1106	3	7	10	14	17	21	24	28	31
13	1139	1173	1206	1239	1271	1303	1335	1367	1399	1430	3	6	10	13	16	19	23	26	29
14	1461	1492	1523	1553	1584	1614	1644	1673	1703	1732	3	6	9	12	15	18	21	24	27
15	1761	1790	1818	1847	1875	1903	1931	1959	1987	2014	3	6	8	11	14	17	20	22	25
16	2041	2068	2095	2122	2148	2175	2201	2227	2253	2279	3	5	8	11	13	16	18	21	24
17	2304	2330	2355	2380	2405	2430	2455	2480	2504	2529	2	5	7	10	12	15	17	20	22
18	2553	2577	2601	2625	2648	2672	2695	2718	2742	2765	2	5	7	9	12	14	16	19	21
19	2788	2810	2833	2856	2878	2900	2923	2945	2967	2989	2	4	7	9	11	13	16	18	20
20	3010	3032	3054	3075	3096	3118	3139	3160	3181	3201	2	4	6	8	11	13	15	17	19
21	3222	3243	3263	3284	3304	3324	3345	3365	3385	3404	2	4	6	8	10	12	14	16	18
22	3424	3444	3464	3483	3502	3522	3541	3560	3579	3598	2	4	6	8	10	12	14	15	17
23	3617	3636	3655	3674	3692	3711	3729	3747	3766	3784	2	4	6	7	10	11	13	15	17
24	3802	3820	3838	3856	3874	3892	3900	3927	3945	3962	2	4	5	7	9	11	12	14	16
25	3979	3997	4014	4031	4048	4065	4072	4099	4116	4133	2	3	5	7	9	10	12	14	15
26	4150	4166	4183	4200	4216	4232	4249	4265	4281	4298	2	3	5	7	9	10	11	13	15
27	4314	4330	4346	4362	4378	4393	4409	4425	4440	4456	2	3	5	6	8	9	11	13	14
28	4472	4487	4502	4518	4533	4548	4564	4579	4594	4609	2	3	5	6	8	9	11	12	14
29	4624	4639	4654	4669	4683	4698	4713	4728	4742	4757	1	3	4	6	8	9	10	12	13
30	4771	4786	4800	4814	4829	4843	4857	4871	4886	4900	1	3	4	6	7	9	10	11	13
31	4914	4928	4942	4955	4969	4983	4997	5011	5024	5038	1	3	4	6	7	8	10	11	12
32	5051	5065	5076	5092	5105	5119	5132	5145	5159	5172	1	3	4	5	7	8	9	11	12
33	5185	5198	5211	5224	5237	5250	5263	5276	5289	5302	1	3	4	5	6	8	9	10	12
34	5315	5328	5340	5353	5366	5378	5391	5403	5416	5428	1	3	4	5	6	8	9	10	11
35	5441	5453	5465	5478	5490	5502	5514	5527	5539	5551	1	2	4	5	6	7	9	10	11
36	5563	5575	5587	5599	5611	5623	5635	5647	5658	5670	1	2	4	5	6	7	8	10	11
37	5682	5694	5705	5717	5729	5740	5752	5763	5775	5786	1	2	3	5	6	7	8	9	10
38	5798	5809	5821	5832	5843	5855	5866	5877	5888	5899	1	2	3	5	6	7	8	9	10
39	5911	5922	5933	5944	5955	5966	5977	5988	5999	6010	1	2	3	4	5	7	8	9	10
40	6021	6031	6042	6053	6064	6075	6085	6096	6107	6117	1	2	3	4	5	6	8	9	10
41	6128	6138	6149	6160	6170	6180	6191	6201	6212	6222	1	2	3	4	5	6	7	8	9
42	6232	6243	6253	6263	6274	6284	6294	6304	6314	6325	1	2	3	4	5	6	7	8	9
43	6335	6345	6355	6365	6375	6385	6395	6405	6415	6425	1	2	3	4	5	6	7	8	9
44	6435	6444	6454	6464	6474	6484	6493	6503	6513	6522	1	2	3	4	5	6	7	8	9
45	6532	6542	6551	6561	6571	6580	6590	6599	6609	6618	1	2	3	4	5	6	7	8	9
46	6628	6637	6646	6656	6665	6675	6684	6693	6702	6712	1	2	3	4	5	6	7	7	8
47	6721	6730	6739	6749	6758	6767	6776	6785	6794	6803	1	2	3	4	5	5	6	7	8
48	6812	6821	6830	6839	6848	6857	6866	6875	6884	6893	1	2	3	4	4	5	6	7	8
49	6902	6911	6920	6928	6937	6946	6955	6964	6972	6981	1	2	3	4	4	5	6	7	8
50	6990	6998	7007	7016	7024	7033	7042	7050	7059	7067	1	2	3	3	4	5	6	7	8
51	7076	7084	7093	7101	7110	7118	7126	7135	7143	7152	1	2	3	3	4	5	6	7	8
52	7169	7168	7177	7185	7193	7202	7210	7218	7226	7235	1	2	2	3	4	5	6	7	7
53	7243	7251	7259	7267	7275	7284	7292	7300	7308	7316	1	2	2	3	4	5	6	6	7
54	7324	7332	7340	7348	7356	7364	7372	7380	7388	7396	1	2	2	3	4	5	6	6	7
N	0	1	2	3	4	5	6	7	8	9	1	2	3	4	5	6	7	8	9

네 자리 로그표

p	0	1	2	3	4	5	6	7	8	9	비례부분								
											1	2	3	4	5	6	7	8	9
.50	3162	3170	3177	3184	3192	3199	3206	3214	3221	3228	1	1	2	3	4	4	5	6	7
.51	3236	3243	3251	3258	3266	3273	3281	3289	3296	3304	1	2	2	3	4	5	5	6	7
.52	3311	3319	327	3334	3342	3350	3357	3365	3373	381	1	2	2	3	4	5	5	6	7
.53	3388	3396	3404	3412	3420	3428	3436	3443	3451	3459	1	2	2	3	4	5	6	6	7
.54	3467	3475	3483	3491	3499	3508	3516	3524	3532	3540	1	2	2	3	4	5	6	6	7
.55	3548	3556	3565	3573	3581	3589	3597	3606	3614	3622	1	2	2	3	4	5	6	7	7
.56	3631	3639	3648	3656	3664	3673	3681	3690	3698	3707	1	2	3	3	4	5	6	7	8
.57	3715	3724	3733	3741	3750	3758	3767	3776	3784	3793	1	2	3	3	4	5	6	7	8
.58	3802	3811	3819	3828	3837	3846	3855	3864	3873	3882	1	2	3	4	4	5	6	7	8
.59	3890	3899	3908	3917	3926	3936	3945	3954	3963	3972	1	2	3	4	5	5	6	7	8
.60	3981	3990	3999	4009	4018	4027	4036	4046	4055	4064	1	2	3	4	5	6	6	7	8
.61	4074	4083	4093	4102	4111	4121	4130	4140	4150	4159	1	2	3	4	5	6	7	8	9
.62	4169	4178	4188	4198	4207	4217	4227	4236	4246	4256	1	2	3	4	5	6	7	8	9
.63	4266	4276	4285	4295	4305	4315	4325	4335	4345	4355	1	2	3	4	5	6	7	8	9
.64	4365	4375	4385	4395	4406	4416	4426	4436	4446	4457	1	2	3	4	5	6	7	8	9
.65	4467	4477	4487	4498	4508	4519	4529	4539	4550	4560	1	2	3	4	5	6	7	8	9
.66	4571	4581	4592	4603	4613	4624	4634	4645	4656	4667	1	2	3	4	5	6	7	9	10
.67	4977	4688	4699	4710	4721	4732	4742	4753	4764	4775	1	2	3	4	5	7	8	9	10
.68	4786	4797	4808	4819	4831	4842	4853	4864	4875	4887	1	2	3	4	6	7	8	9	10
.69	4898	4909	4920	4932	4943	4955	4966	4877	4989	5000	1	2	3	5	6	7	8	9	10
.70	5012	5023	5035	5047	5058	5070	5082	5093	5105	5117	1	2	4	5	6	7	8	9	11
.71	5129	5140	5152	5164	5176	5188	5200	5212	5224	5236	1	2	4	5	6	7	8	10	11
.72	5248	5260	5272	6284	5297	5309	5321	5333	5346	5358	1	2	4	5	6	7	9	10	11
.73	4370	5383	5395	5408	5420	5433	5445	5458	5470	5483	1	3	4	5	6	8	9	10	11
.74	5495	5508	5521	5534	5516	5559	5572	5585	5598	5610	1	3	4	5	6	8	9	10	12
.75	5623	5636	5649	5662	5675	5689	5702	5715	5728	5741	1	3	4	5	7	8	9	10	12
.76	5754	5768	5781	5794	5808	5821	5834	5848	5861	5875	1	3	4	5	7	8	9	11	12
.77	5888	5902	5916	5929	5943	5957	5970	5984	5998	6012	1	3	4	5	7	8	10	11	12
.78	6025	6039	6053	6067	6081	6095	6109	6124	6138	6152	1	3	4	5	7	8	10	11	13
.79	6166	6180	6194	6209	6223	6237	6252	6266	6281	6295	1	3	4	6	7	9	10	11	13
.80	6310	6324	6339	6353	6368	6383	6397	6412	6427	6442	1	3	4	6	7	9	10	12	13
.81	6457	6471	6486	6501	6516	6531	6546	6561	6577	6592	2	3	5	6	8	9	11	12	14
.82	6607	6622	6637	6653	6668	6683	6699	6714	6730	6745	2	3	5	6	8	9	11	12	14
.83	6761	6776	6792	6808	6823	6839	6855	6871	6887	6902	2	3	5	6	8	9	11	13	14
.84	6918	6934	6950	6966	6982	6998	7015	7031	7047	7063	2	3	5	6	8	10	11	13	15
.85	7079	7096	7112	7129	7145	7161	7178	7194	7211	7228	2	3	5	6	8	10	12	13	15
.86	7244	7261	7278	7295	7311	7328	7345	7362	7379	7396	2	3	5	7	8	10	12	13	15
.87	7413	7430	7447	7464	7482	7499	7516	7534	7551	7568	2	3	5	7	9	10	12	13	16
.88	7586	7603	7621	7638	7656	7674	7691	7709	7727	7745	2	4	5	7	9	11	12	14	16
.89	7762	7780	7798	7816	7834	7852	7870	7889	7907	7925	2	4	5	7	9	11	13	14	16
.90	7943	7962	7980	7998	8017	8035	8054	8072	8091	8110	2	4	6	7	9	11	13	15	17
.91	8128	8147	8166	8185	8204	8222	8241	8260	8279	8299	2	4	6	7	9	11	13	15	17
.92	8318	8337	8356	7375	8395	8414	8433	8453	8472	8492	2	4	6	8	10	12	14	15	17
.93	8511	8531	8551	8570	8590	8610	8630	8650	8670	8690	2	4	6	8	10	12	14	15	18
.94	8710	8730	8750	8770	8790	8810	8831	8851	8872	8892	2	4	6	8	10	12	14	16	18
.95	8913	8933	8954	8974	8995	9016	9036	9057	9078	9099	2	4	6	8	10	12	15	17	19
.96	9120	9141	9162	9183	9204	9226	9247	9264	9290	9311	2	4	6	8	11	13	15	17	19
.97	9333	9354	9376	9397	9419	9441	9462	9484	9506	9528	2	4	7	9	11	13	15	17	20
.98	9550	9572	9594	9616	9638	9661	9683	9705	9727	9750	2	4	7	9	11	13	16	18	20
.99	9772	9795	9817	9840	9863	9886	9908	9931	9954	9977	2	5	7	9	11	14	16	18	20
p	0	1	2	3	4	5	6	7	8	9	1	2	3	4	5	6	7	8	9

네자리 역 로그표

마지막 단계에서 역 로그표를 이용했다. 즉, 가수 .5780을 보고 성분 3784를 찾는다. 1.5780의 지표가 1이므로, 이 수가 10과 100 사이에 있음을 알게 된다. 그러므로 소수 둘째 자리까지의 근삿값을 구하면 $x = 37.84$이다.

복잡하게 생각되는가? 계산기의 사용에만 익숙하다면, 그럴 것이다. 그러나 조금만 연습하면, 위의 계산을 2, 3분 안에 끝마칠 수 있다. 계산기를 사용하면 몇 초도 안 걸릴 것이다(그리고 소수 여섯째 자리까지의 정확한 답 37.845331을 얻을 것이다). 그러나 로그가 발견된 1614년부터 최초의 전자 컴퓨터가 활동하기 시작한 1945년까지 로그 또는 이와 기계적으로 동치인 계산자는 이런 계산을 시행하는 거의 유일한 방법이었다는 사실을 잊지 말자. 과학계가 로그를 대단한 열정으로 받아들인 것은 당연했다. 저명한 수학자 라플라스(Pierre Simon Laplace)가 말한 대로, "로그의 발견은 작업량을 줄임으로써, 천문학자의 수명을 두 배로 만들었다."

주석

1. characteristic(지표)과 mantissa(가수)라는 용어는 1624년 브리그스가 제안했다. 단어 mantissa는 에트루리아어에서 유래된 후기 라틴어로, 원하는 무게를 얻기 위해 저울에 추가하는 작은 평형추(makeweight)를 뜻한다. 다음을 보라. David Eugene Smith, *History of Mathematics*, 2 vols. (1923; rpt. New York: Dover, 1958), 2:514.

3장

금융 문제

너희 가운데 누가 …
나의 백성에게 돈을 꾸어 주게 되거든,
그에게 채권자 행세를 하거나
이자를 받지 말라.
−출애굽기 22:24

아주 먼 옛날부터 돈 문제는 사람들의 핵심적인 관심사였다. 우리의 삶 속에서 부를 얻고 재정적인 안정을 성취하려는 욕망보다 더 세속적인 면은 없다. 그래서 어떤 수학자(또는 상인이나 대금업자)가 17세기 초 돈이 불어나는 방법과 무한대에서 어떤 수식의 행동 사이의 신기한 관계를 지적했다는 사실을 알게 되면 틀림없이 약간은 놀랄 것이다.

돈에 대한 모든 생각의 핵심은 이자 또는 빚 갚을 돈의 개념이다. 돈을 빌릴 때 수수료를 부과하는 관행은 역사 시대의 시초까지 거슬러 올라간다. 사실, 현재까지 보존된 고대의 수학 문헌 중 많은 것은 이자와 관련된 문제를 다루고 있다. 예를 들면, 현재 루브르 박물관에 소장되어 있으며 기원전 1700년경으로 추정되는 메소포타미아에서 출토된 점토판에는 다음과 같은 문제가 제시되어 있다. "연이율 20%에 1년마다의 복리로 계산할 때, 원리합계가 원금의 두 배가 되려면 얼마나 걸리겠는가?"[1] 이 문제를 대수적으로 나타내기 위해서는 매년 말에 원리합계가 20%씩 늘어난다, 즉 1.2배가 된다는 사실에 주목해야 한다. 그러므로 x년 뒤의 원리합계는 원금의 1.2^x배가 된다. 원리합계가 원금의 두 배가 되어야 하므로, $1.2^x = 2$가 성립해야 한다(이 방정식에 원금이 등장하지 않음을 주목하자).

이제, 방정식을 풀기 위해서, 즉 지수에 있는 x를 소거하기 위해서는 반드시 로그를 사용해야 하는데, 바빌로니아 사람들은 이런 개념을 알지 못했다. 그럼에도 불구하고, 그들은 근사적인 해를 찾을 수 있었다. 그들은 $1.2^3 = 1.728$이고 $1.2^4 = 2.0736$이라는 사실을 관찰해서 x가 3과 4 사이에 있는 값임을 알아냈다. 이 간격을 좁히기 위해서, 그들은 선형 보간법이라 부르는 방법을 이용했다. 즉, 2가 1.728과 2.0736 사이의 간격을 나누는 것과 똑같은 비로 3과 4 사이의 간격을 나누는 수를 찾았다. 이것은 x에 관한 선형(일차) 방정식으로 환원되는데, 초등 대수학을 이용해서 쉽게 풀 수 있다. 그러나 바빌로니아 사람들은 이런 현대적인 대수학 기법을 몰랐기 때문에, 원하는 값을 찾기가 간단하지 않았다. 그렇지만 그들의 답 $x = 3.7870$은 정확한 값 3.8018(즉, 3년 9개월 18일)과 놀라울 정도로 근사하다. 바빌로니아 사람들은 십진법을 사용하지 않았다는 사실을 알아야 한다. 십진법은 중세 초기에 사용되기 시작했으며, 바빌로니아 사람들은 밑이 60인 60진법을 사용했다. 루브르 박물관에 소장된 점토판에 있는 답은 3;47, 13, 20인데, 이것은 60진법으로 $3 + 47/60 + 13/60^2 + 20/60^3$을 뜻하며, 3.7870과 거의 같다.[2]

어떻게 보면, 바빌로니아 사람들이 일종의 로그표를 사용했다고 볼 수 있다. 현존하는 점토판 중에는 수 1/36, 1/16, 9, 16의 거듭제곱을 십제곱까지 나열한 것들이 있다(처음 두 수는 60진법으로 0; 1, 40과 0; 3, 45로 표현된다). 이 수표에 지수가 아니라 수의 거듭제곱들이 나열되어 있기 때문에, 바빌로니아 사람들이 거듭제곱을 단 하나의 표준적인 밑을 사용하지 않았다는 사실을 제외하면, 실제로는 이를 역 로그표라고 할 수 있다. 이 수표들은 일반적인 용도가 아니라 복리 계산과 관련된 특정한 문제를 해결하기 위해서 제작된 것으로 보인다.[3]

복리를 계산하는 방법을 간략하게 알아보자. 원금 100달러를 저축하는데 연이율 5%로 1년마다의 복리로 계산된다고 가정하자. 1년 뒤의 잔액은 $100 \times 1.05 = 105$달러가 될 것이다. 그러면 은행은 이 금액을 새로운 원금으로 생각하고 똑같은 이율로 재투자될 것이다. 이에 따라 2년 뒤의 잔액은 $105 \times 1.05 = 110.25$달러, 3년 뒤에는 $110.25 \times 1.05 = 115.76$달러가 되며, 이와 같이 계속된다. (그러므로 원금뿐만 아니라 원금에 대한 이자에도 해마다 이자가 붙는다. 그래서 '복리'이다). 잔액은 공비가 1.05인 등비 수열로 불어남을 알 수 있다. 이와 대조적으로 단리로 계산되는 예금의 경우에는 연이율이 원금에만 적용되며, 매년 똑같은 이자가 붙는다. 연이율 5%의 단리로 100달러를 저축하면, 잔액은 매년 5달러씩 늘어날 것이고, 등차수열 100, 105, 110, 115, …을 얻게 된다. 분명히, 복리로 저금한 돈은 이율에 관계 없이 단리로 저금한 경우보다 결국에는 더 빠르게 증가할 것이다.

이 예에서, 일반적인 경우에 나타나는 현상을 쉽게 알 수 있다. 연이율 r%에 1년마다의 복리로 계산되는 계좌에 원금 P달러를 예금했다고 가정하자. (계산할 때는 이를테면 5%가 아니라 0.05와 같이 이율 r을 항상 소수로 나타낸다.) 이것은 잔액이 첫 해 뒤에는 $P(1+r)$, 2년 뒤에는 $P(1+r)^2$과 같이 되고, t년 뒤에는 $P(1+r)^t$

이 됨을 뜻한다. 이것을 S라고 놓으면, 다음과 같은 공식을 얻게 된다.

$$S = P(1+r)^t \tag{1}$$

이 공식은 은행 예금, 대출금, 저당, 연금 등을 포함한 거의 모든 금융 계산의 기초가 된다.

일부 은행은 이자를 1년에 한 번이 아니라 여러 번 나누어 계산한다. 예를 들어, 연이율 5%에 반년마다의 복리로 계산된다면, 은행은 연이율의 반을 각 주기의 이율로 이용할 것이다. 그러므로 1년 동안 원금 100달러는 한 번에 2.5%씩의 복리로 두 번 계산될 것이다. 이 경우 잔액은 100×1.025^2, 즉 105.0625달러가 되며, 이것은 똑같은 원금을 연이율 5%에 1년마다의 복리로 계산된 것보다 약 6센트가 더 많다.

금융업에서는 온갖 종류의 복리 계산법이 있는데, 1년, 반년, 3개월, 1주일, 심지어 1일을 주기로 복리가 계산되는 경우가 있다. 1년에 n번 복리로 계산한다고 가정하자. '환산 주기'마다 은행은 연이율 r을 n으로 나눈 값 r/n을 사용한다. t년 동안 nt번의 환산 주기가 있으므로, 원금 P의 t년 뒤의 원리합계는 다음과 같다.

$$S = P(1+r/n)^{nt} \tag{2}$$

물론, 식 (1)은 식 (2)의 특별한 경우로 $n=1$인 경우이다.

연이율은 똑같지만 환산 주기가 서로 다른 경우에 원금이 불어난 원리합계를 비교하면 흥미로울 것이다. 예로서 $P=100$달러, $r=5\%=0.05$라고 하자. 휴대용 계산기를 이용하면 편리하다. 계산기에 지수 키가 있으면(보통 y^x으로 표기된다), 그것을 이용해서 원하는 값을 직접 계산할 수 있다. 지수 키가 없는 경우에는 인수 $(1+0.05/n)$를 거듭 곱하는 방법을 이용할 수 있다. 결과는, 표 3.1

에 나타낸 대로, 매우 놀랍다. 보다시피, 원금 100달러를 매일 복리로 계산하면 1년마다의 복리로 계산한 경우보다 13센트가 더 많고, 매달 또는 매주 복리로 계산한 경우보다는 약 1센트가 더 많다! 이 정도라면, 예금한 계좌에 별로 영향을 미치지는 않을 것이다.[4]

이 문제를 좀더 깊이 알아보기 위해서, 식 (2)의 특별한 경우인 $r = 1$일 때를 생각해 보자. 이것은 연이율이 100%임을 뜻하는데, 이렇게 관대한 이자를 제시하는 은행은 분명히 없을 것이다. 그렇지만 실제의 상황이 아니라 가상의 상황으로 수학적인 결과를 많이 얻을 수 있는 경우를 고려하고 있음을 상기하자. 논의를 간단히 하기 위해서, $P = 1$달러이고 $t = 1$년이라고 가정하자. 그러면 식 (2)는 다음과 같이 된다.

$$S = (1 + 1/n)^n \tag{3}$$

목표는 n의 값이 커질 때 이 식의 행동을 조사하는 것이다. 그 결과는 표 3.2에 나타냈다. 이 표에서 n의 값이 더 커지더라도 최종적인 결과에 거의 영향을 미치지 않을 것처럼 보인다. 즉, 유효숫자는 점점 더 변하지 않을 것으로 보인다.

그렇다면 이 값은 고정될 것인가? n의 값이 아무리 커지더라도 $(1 + 1/n)^n$의 값은 수 2.71828 근처의 어딘가에 정착할 것인가? 이 흥미로운 가능성은 면밀한 수학적 분석을 통해 실제로 입증되었다(부

▶ **표 3.1** 환산 주기가 서로 다른 경우, 연이율 5%로 100달러를 1년 동안 예금했을 때의 원리합계

환산 주기	n	r/n	S(달러)
1년	1	0.05	105.00
반년	2	0.025	105.06
3개월	4	0.0125	105.09
1월	12	0.004166	105.12
1주	52	0.0009615	105.12
1일	365	0.0001370	105.13

▶ 표 3.2

n	$(1+1/n)^n$
1	2
2	2.25
3	2.37037
4	2.44141
5	2.48832
10	2.59374
50	2.69159
100	2.70481
1,000	2.71692
10,000	2.71815
100,000	2.71827
1,000,000	2.71828
10,000,000	2.71828

록 2를 보라). n의 값이 무한대로 커질 때 식 $(1+1/n)^n$의 특이한 행동을 처음으로 발견한 사람을 알 수는 없다. 그래서 나중에 기호 e로 나타낸 이 수의 정확한 탄생 일자는 여전히 불명확하다. 그러나 e의 기원은 17세기 초, 네이피어가 로그를 발견한 시기까지 거슬러 올라가는 것으로 보인다. (이미 알아봤듯이, 네이피어의 《설명》(1618)에 대한 라이트의 번역서 제2판에는 e가 간접적으로 언급되어 있다.) 이때는 국제 무역이 엄청나게 증가한 시기였으며, 모든 종류의 금융 거래가 확산된 시기였다. 그 결과, 복리 계산법에 대단히 큰 관심이 기울여졌는데, 이런 상황에서 수 e가 처음으로 인식되었을 가능성이 높다. 그런데 곧 알아보겠지만, 복리와 관계가 없는 문제들도 또한 거의 같은 시기에 똑같은 수에 도달했다. 그러나 이런 문제들을 알아보기 전에, 우선 수 e의 본질을 이루는 수학적 과정, 즉 극한 과정을 좀더 자세히 알아볼 필요가 있다.

주석과 출전

1. Howard Eves, *An Introduction to the History of Mathematics* (1964; rpt. Philadelphia: Saunders College Publishing, 1983), p. 36.
2. Carl B. Boyer, *A History of Mathematics*, rev. ed. (New York: John Wiley, 1989), p. 36.
3. 앞의 책, p. 35.
4. 물론, 이 차이는 여전히 원금에 비례한다. 100달러가 아니라 1,000,000달러를 예금했다면, 1년 뒤의 잔액은 1년마다의 복리로 계산하면 1,050,000달러, 1일마다 복리로 계산하면 1,051,267.50달러가 되어, 차이는 1267.50달러가 된다. 그래서 훨씬 더 부자가 될 것이다!

4장

극한까지, 존재한다면

금성의 경로를 볼 수 있듯이, 나는 무한대를 통과해서
지나가고 양에서 음으로 부호를 바꾸는 어떤 양(量)을 보았다.
나는 그런 일이 어떻게 일어났는지 정확히 알았다.…
그렇지만 그 때는 만찬 뒤였고, 더 이상 생각하지 않기로 했다.
–윈스턴 처칠, 《나의 어린 시절》(1930)

처음에는, n의 큰 값에 대해 식 $(1+1/n)^n$의 특이한 행동을 틀림없이 매우 이상하게 생각할 것이다. 괄호 안의 식 $1+1/n$만을 생각해 보자. n의 값이 커질수록 $1/n$의 값은 0에 더욱더 가까워지고, 이에 따라 $1+1/n$의 값은 항상 1보다 크겠지만 1에 더욱더 가까워진다. 그래서 '정말로 큰' n에 대해서는('정말로 큰'이 무엇을 뜻하든지) $1+1/n$을 거의 확실하게 1로 대체할 수 있다고 결론을 내리고 싶을 것이다. 그런데 1을 아무리 여러 번 거듭제곱해도 언제나 1이기 때문에, n의 큰 값에 대해 $(1+1/n)^n$은 수 1에 가까워질 것으로 보인다. 이렇게 된다면, 이 문제에 대해 논의할 사항이 더 이상

없을 것이다.

그렇다면 다른 방법으로 접근해 보자. 1보다 큰 수를 거듭제곱하면, 그 결과는 더욱 더 커진다는 사실을 알고 있다. $1+1/n$은 항상 1보다 크기 때문에, n의 큰 값에 대해 $(1+1/n)^n$의 값은 한없이 커져서 무한대에 가까워진다고 결론지을 수 있을 것이다. 또다시, 이 이야기는 결말이 날 것이다.

이런 종류의 추론에 심각한 결함이 있음은, 접근하는 방법에 따라 두 가지 서로 다른 결과에 도달한다는 사실을 통해 쉽게 알 수 있다. 첫째 경우에는 1에, 둘째 경우에는 무한대에 도달했다. 수학에서 모든 '정당한' 수치 연산의 최종적인 결과는 그것에 도달하는 방법과 관계 없이 언제나 똑같아야만 한다. 예를 들면, 식 $2 \cdot (3+4)$의 값은 먼저 3과 4를 더해서 7을 얻은 뒤 그 결과를 두 배 하거나, 먼저 수 3과 4를 각각 두 배 한 뒤에 그 값들을 더해서 구할 수 있다. 어느 경우에나 14를 얻는다. 그렇다면 왜 $(1+1/n)^n$에 대해서는 서로 다른 두 가지 결과를 얻었을까?

답은 '정당한'에 달려 있다. 식 $2 \cdot (3+4)$를 둘째 방법으로 계산할 때, 산술의 기본 법칙 중 하나인 분배 법칙을 묵시적으로 사용했다. 분배 법칙은 임의의 세 수 x, y, z에 대해 등식 $x \cdot (y+z) = x \cdot y + x \cdot z$가 언제나 참임을 보장한다. 이 식의 좌변에서 우변으로 가는 것은 정당한 연산이다. '부당한' 연산의 예로, 대수학을 처음 배우는 학생들이 종종 $\sqrt{9+16} = 3+4 = 7$과 같이 쓰는 오류를 들 수 있다. 이것이 틀린 이유는 제곱근을 시행하는 연산이 분배 법칙을 만족시키지 않기 때문이다. 사실, $\sqrt{9+16}$을 계산하는 유일하게 정당한 방법은, $\sqrt{9+16} = \sqrt{25} = 5$와 같이 먼저 근호 안의 수들을 더한 뒤에 제곱근을 구하는 것이다. 앞에서 식 $(1+1/n)^n$을 다룬 방법은 모두 부당했다. 왜냐하면 해석학에서 가장 기본적인 개념의 하나인 극한의 개념을 잘못 이해했기 때문이다.

n의 값이 한없이 커질 때 수열 a_1, a_2, a_3, $\cdots$, a_n, $\cdots$이 극한 L에 한없이 가까워진다고 말할 때, 이는 n의 값이 더욱더 커짐에 따라 수열의 항들이 수 L에 더욱더 가까워진다는 것을 의미한다. 달리 말하면, 수열을 따라 멀리까지 나아가면, 즉 n의 값을 충분히 크게 택하면, a_n과 L 사이의 차를 (절댓값으로) 원하는 만큼 작게 만들 수 있다. 예를 들어, 일반항이 $a_n = 1/n$인 수열 1, 1/2, 1/3, 1/4, $\cdots$를 택하자. n의 값이 커짐에 따라서, 항도 더욱더 0에 가까워진다. 이것은 n의 값을 충분히 크게 택하면, $1/n$과 극한 0 사이의 차를 (즉 $1/n$을) 원하는 만큼 작게 만들 수 있음을 의미한다. 차 $1/n$은 1/1,000보다 작게 만들고 싶다고 하자. 이 경우에는 n을 1,000보다 크게 택하면 충분하다. 차 $1/n$을 1/1,000,000보다 작게 하려면, 단순히 1,000,000보다 큰 임의의 n을 선택하면 된다. 이와 같이 계속할 수 있다. n의 값이 한없이 커질 때 $1/n$의 값이 0에 한없이 가까워진다는 말로 이 상황을 표현하고, 기호로 '$n \to \infty$ 일 때 $1/n \to 0$'과 같이 나타낸다. 또, 다음과 같이 간략한 표기법으로 나타낼 수 있다.

$$\lim_{n \to \infty} \frac{1}{n} = 0$$

그렇지만 주의해야 한다. $\lim_{n \to \infty} 1/n = 0$은 $n \to \infty$ 일 때 $1/n$의 '극한'이 0임을 뜻할 뿐이다. 이것은 $1/n$ 자체가 결국에는 0과 같음을 뜻하지 않는다. 사실, 그렇게 되지 않는다. 이것이 바로 극한 개념의 본질이다. 수열은 극한에 원하는 만큼 가까워질 수 있지만, 결코 극한에 실제로 도달할 수는 없다.[1]

수열 $1/n$의 경우에, 극한 과정의 결과는 확실히 예상할 수 있다. 그러나 많은 경우에, 극한값이 무엇인지 또 극한값이 존재할지조차 즉시 명확하지 않을 수 있다. 예를 들어, 수열 $a_n = (2n+1)/(3n+4)$

은 $n=1, 2, 3, \cdots$일 때의 항이 3/7, 5/10, 7/13, …인데, $n\to\infty$일 때 극한값 2/3에 가까워진다. 이 사실은 분자와 분모를 n으로 나누어 동치인 식 $a_n=(2+1/n)/(3+4/n)$로 바꾸어보면 쉽게 알 수 있다. $n\to\infty$일 때, $1/n$과 $4/n$는 모두 0에 가까워지므로 전체 식은 2/3에 가까워진다. 한편, 각 항이 3/7, 9/10, 19/13, …인 수열 $a_n=(2n^2+1)/(3n+4)$은 $n\to\infty$일 때 한없이 커진다. 이유는 항 n^2 분모보다 분자를 더 빠른 속도로 증가시키기 때문이다. 이 사실을 $\lim_{n\to\infty} a_n=\infty$로 나타낸다. 그렇지만 엄밀하게 말하면 이 수열의 극한은 존재하지 않는다. 극한은, 존재한다면, 반드시 일정한 실수이어야 하는데, 무한대는 실수가 아니다.

수세기 동안, 무한대의 개념은 수학자와 철학자들의 호기심을 자극했다. 모든 수보다 더 큰 수가 있을까? 만약 있다면, 그런 '수'는 얼마나 클까? 그것을 보통 수들과 같이 계산할 수 있을까? 그리고 작은 범위에서, 이를테면 수 또는 선분과 같은 양(量)을 계속해서 나누어 더 작은 양으로 만들 수 있을까? 또는 더 이상 나눌 수 없는 수학적인 원자인 불가분량에 결국 도달할 수 있을까? 이런 질문들은 2000년 이상 전의 고대 그리스의 철학자들을 괴롭혔고, 오늘날에도 여전히 우리를 괴롭히고 있다. 모든 물질을 구성한다고 믿고 있지만 이해하기 어려운 기본 원소인 소립자에 관한 결코 끝나지 않을 연구도 이와 같은 범주에 속한다.

무한대를 나타내는 기호 ∞를 일반적인 숫자와 같이 사용할 수 없다는 사실은 위에서 든 예로부터 명확할 것이다. 예를 들어, 식 $(2n+1)/(3n+4)$에 $n=\infty$ 대입하면, $(2\infty+1)/(3\infty+4)$이 된다. 그런데 ∞의 배수도 ∞이고 ∞에 수를 더해도 여전히 ∞이므로, ∞/∞을 얻게 된다. ∞가 보통의 수와 같고 산술의 통상적인 법칙을 따른다면, 이 식의 값은 간단히 1과 같을 것이다. 그러나 이것은 1이 아니고, 이미 알아본 대로 2/3이다. 비슷한 상황이 $\infty-\infty$를

'계산'하려고 할 때도 발생한다. 임의의 수에서 그 자신을 빼면 0이므로, $\infty - \infty = 0$이라 말하고 싶을 것이다. 이것이 틀릴 수 있음은 식 $1/x^2 - [(\cos x)/x]^2$으로부터 알 수 있다. 여기서 'cos'는 삼각법에서 배우는 코사인 함수이다. $x \to 0$일 때, 두 항은 모두 무한대로 커진다. 그렇지만 약간의 삼각법을 이용해서 전체 식이 극한 1에 접근함을 밝힐 수 있다.

∞/∞나 $\infty - \infty$와 같은 식을 '부정형'이라고 부른다. 이런 식들은 미리 정해진 값을 가지지 않는다. 오직 극한 과정을 통해서만 계산할 수 있다. 거칠게 말하면, 모든 부정형에는 식을 수치적으로 크게 만들려는 양과 작게 만들려는 양 사이의 '싸움'이 있다. 최종적인 결과는 이와 관련된 정확한 극한 과정에 달려 있다. 수학에서 가장 일반적으로 접하는 부정형은 $0/0$, ∞/∞, $0 \cdot \infty$, $\infty - \infty$, 0^0, ∞^0, 1^∞ 등이다. 식 $(1+1/n)^n$은 마지막 부정형에 속한다.

부정형의 경우, 대수적 조작만으로는 극한 과정의 최종적인 결과를 정하기가 불충분할 수 있다. 물론, 컴퓨터나 계산기를 사용해서 n의 아주 큰 값에 대한, 이를테면 억 또는 조에 대한 식의 값을 계산할 수 있다. 그러나 이런 계산은 단지 극한값을 암시할 뿐이다. 이 값이 n의 더 큰 값에 대해서도 실제로 성립할지는 확실하지 않다. 이런 상황은 물리학이나 천문과 같이 실험이나 관찰 자료에 근거하는 과학과 수학 사이의 기본적인 차이점을 드러낸다. 이런 과학에서 어떤 결과, 이를테면 일정한 양의 기체에서 온도와 압력 사이의 수치적인 관계는 여러 번의 실험으로 입증되고, 그 결과는 자연의 법칙으로 간주될 것이다.

고전적인 예로, 뉴턴이 발견했으며 그의 훌륭한 책《자연 철학의 수학적 원리》(Philosophiae naturalis principia mathematica, 1687)에 발표된 만유 인력의 법칙을 들 수 있다. 이 법칙에 따르면 임의의 두 물체는, 이를테면 태양과 그 주위를 공전하는 행성 또는 탁자 위에 놓인 두 개의 클립은 그것들의 질량의 곱에 비례하고 그것들 사이의 거리(좀더 정확하게 그것들의 무게 중심 사이의 거리)의 제곱에 반비례하는 중력을 서로에 대해 미친다. 2세기 이상 동안 이 법칙은 고전 물리학의 확실한 기초의 하나였다. 모든 천문 관측 결과는 이 법칙을 확증하는 것으로 보였으며, 아직도 행성과 위성의 궤도를 계산하는 기초가 되고 있다. 1916년에 이르러서야 뉴턴의 중력 법칙이 좀더 정밀한 법칙인 아인슈타인의 일반 상대성 이론으로 대체되었다. (아인슈타인의 법칙은 엄청나게 큰 질량과 광속에 가까운 속도에 대해서만 뉴턴의 법칙과 차이가 난다.) 그러나 뉴턴의 법칙이나 물리학의 모든 법칙을 수학적인 의미에서 '증명'할 수 있는 방법은 결코 없다. '수학적' 증명은 논리적 추론의 사슬인데, 적은 개수의 초기의 가정('공리')으로부터 출발하며 수리 논리학의 엄밀한 규칙에 따라 진행해야 한다. 이런 추론의 사슬만이 수학적 법칙, 즉 '정리'의 정당성을 입증할 수 있다. 그리고 이런 과정이 만족스럽게 시행되지 않으면, 어떠한 관계도, 그것이 아무리 많은 관찰을 통해 확인되었다고 할지라도 법칙으로 인정받지 못한다. 이런 관계에 대해서는 '가설' 또는 '추측'의 지위를 부여할 수 있고, 그것으로부터 모든 종류의 일시적인 결과를 유도할 수는 있겠지만, 이에 대해 명확한 결론을 내릴 수학자는 절대로 없다.

지난 장에서 알아봤듯이, n의 매우 큰 값에 대해 식 $(1+1/n)^n$은 극한으로서 수 2.71828에 가까워지는 것으로 보인다. 그러나 확신을 가지고 극한을 결정하기 위해서는 그리고 극한이 존재함을 증명하기 위해서라도, 단순히 개별적인 값을 계산하는 방법이 아닌 다른 방법을 이용해야만 한다. (게다가, n의 큰 값에 대해 식의 값을 계산하기가 더욱 어려워지고, 거듭제곱을 구하기 위해서는 로그를 사용해야만 한다.) 다행스럽게도, 그런 방법이 있는데, 그것은 '이항 정리'를 이용한다.

'이항식'은 두 항의 합으로 이루어진 식이다. 그런 식을 $a+b$로 쓸 수 있다. 초등 대수학에서 배우는 최초의 주제 중 하나는 이항식의 연속적인 거듭제곱을 찾는 방법, 즉 $n=0, 1, 2, \cdots$에 대해 식 $(a+b)^n$을 전개하는 방법이다. 처음 몇 개의 n에 대한 결과를 나열하면 다음과 같다.

$$
\begin{aligned}
(a+b)^0 &= 1 \\
(a+b)^1 &= a+b \\
(a+b)^2 &= a^2+2ab+b^2 \\
(a+b)^3 &= a^3+3a^2b+3ab^2+b^3 \\
(a+b)^4 &= a^4+4a^3b+6a^2b^2+4ab^3+b^4
\end{aligned}
$$

이런 몇 가지 예로부터 일반적인 양식을 쉽게 확인할 수 있다. 식 $(a+b)^n$은 $(n+1)$개의 항으로 이루어지며, 각 항은 $k=0, 1, 2$에 대해 $a^{n-k}b^k$의 꼴이다. 그러므로 왼쪽에서 오른쪽으로 나아감에 따라, a의 지수는 n에서 0으로 감소하고(마지막 항을 a^0b^n으로 쓸 수 있다), b의 지수는 0에서 n으로 증가한다. 각 항의 계수를 '이항 계수'라고 부르는데, 다음과 같은 삼각형을 형성한다.

$$
\begin{array}{c}
1 \\
1 \quad 1 \\
1 \quad 2 \quad 1 \\
1 \quad 3 \quad 3 \quad 1 \\
1 \quad 4 \quad 6 \quad 4 \quad 1 \\
\cdots
\end{array}
$$

이런 형태의 배열을 '파스칼의 삼각형'이라고 하는데, 프랑스의 철학자이자 수학자인 파스칼(Blaise Pascal, 1623-1662)의 이름을 따서 명명되었다. 파스칼은 이것을 확률론에 이용했다(이런 형태의 배열은 훨씬 전부터 알려졌었다. 그림 2, 3, 4를 보라). 파스칼의 삼각형에서, 각 수는 그 수의 윗줄에서 그 수의 바로 왼쪽과 오른쪽에 있는 두 수의 합이다. 예를 들면, 다섯째 열에 있는 수 1, 4, 6, 4, 1은 다음과 같이 넷째 열에 있는 수들로부터 얻는다.

Eyn Newe
Unnd wolgegründte
underweysung aller Kauffmanß Rech-
nung in dreyen Büchern/mit schönen Re
geln vñ fragstucken begriffen. Sunder-
lich was fortl unnd behendigkait in der
Welschē Practica vñ Tolletn gebraucht
wirdt/ des gleychen fürmalß weder in
Teützscher noch in Welscher sprach nie
gedrückt. durch Petrum Apianū
von Leyßnick/d Astronomei
zū Ingolstat Ordina-
riū/ verfertiget.

▶ **그림 2** 아피아누스(Petrus Apianus)의 산술 책(Ingolstadt, 1527) 표지에 등장한 파스칼의 삼각형

▶ **그림 3** 1781년 일본 책에 등장한 파스칼의 삼각형

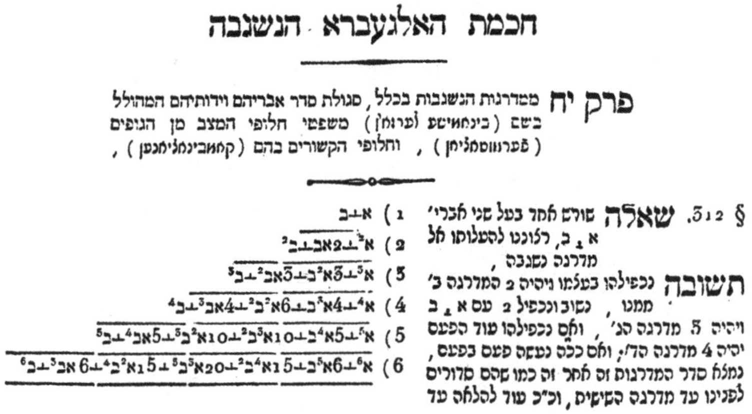

חכמת האלגעברא הנשגבה

פרק יח

▶ **그림 4** $n=1,2,3,\cdots$에 대한 식 $(a+b)^n$의 전개.
슬로님스키(Hayim Selig Slonimski)의 헤브루 대수학 책(Vilnius, 1834).
공식들은 헤브루 문자를 사용해서 오른쪽에서 왼쪽으로 쓰여 있다.

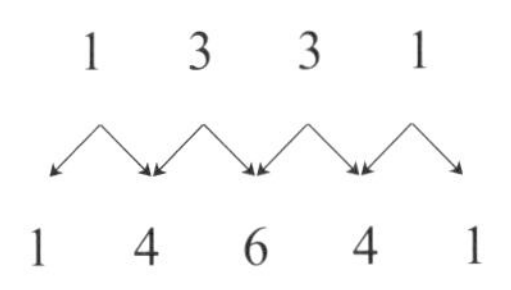

(계수들은 왼쪽부터 시작하거나 오른쪽에서 시작해도 똑같다는 점을 주목하자.)

파스칼의 삼각형을 이용해서 이항 계수를 찾는 경우에는 한 가지 결점이 있다. 즉, 관심 있는 열 위의 모든 열을 먼저 계산해야 하는데, 이런 과정에서 n의 값이 커질수록 더욱더 많은 시간을 허비하게 된다. 다행스럽게도, 파스칼의 삼각형에 의존하지 않고 이항 계수를 계산할 수 있는 공식이 있다. 항 $a^{n-k}b^k$의 계수를 ${}_nC_k$로 나타내면, 다음이 성립한다.

$$ {}_nC_k = \frac{n!}{k!(n-k)!} \tag{1} $$

기호 $n!$은 'n계승'이라고 읽으며, 곱 $1 \cdot 2 \cdot 3 \cdot \cdots \cdot n$을 뜻한다. n!의 처음 몇 개의 값은 $1! = 1$, $2! = 1 \cdot 2 = 2$, $3! = 1 \cdot 2 \cdot 3 = 6$, $4! = 1 \cdot 2 \cdot 3 \cdot 4 = 24$ 등이다(또 $0!$을 1로 정의한다). 예를 들어, 이 공식을 $(a+b)^4$의 전개에 적용하면, 다음과 같은 계수를 얻는다.

$$ {}_4\mathrm{C}_0 = \frac{4}{0! \cdot 4!} = 1, \quad {}_4\mathrm{C}_1 \frac{4!}{1! \cdot 3!} = \frac{1 \cdot 2 \cdot 3 \cdot 4}{1 \cdot 2 \cdot 3} = 4, $$

$$ {}_4\mathrm{C}_2 = \frac{4}{2! \cdot 2!} = 6, \quad {}_4\mathrm{C}_3 \frac{4!}{3! \cdot 1!} = 4, \quad {}_4\mathrm{C}_4 = \frac{4!}{4! \cdot 0!} = 1. $$

이것들은 파스칼의 삼각형에서 다섯째 행에 나타나는 수들과 똑같다.

이항 정리를 수학적 귀납법이라고 부르는 과정을 사용해서 모든 양의 정수 n에 대해 쉽게 증명할 수 있다. 수학적 귀납법에서는 이 식이 이를테면 m까지의 n의 모든 양의 정수에 대해 참이면, $n =$

$m+1$에 대해서도 반드시 참임을 밝힌다(물론, $n=1$이면 $(a+b)^1 = a+b$이므로 이 식은 참이다). 식 $(a+b)^n$의 전개는 정확히 $(n+1)$개의 항으로 끝난다는 사실에 주목하자. 8장에서 알아보겠지만, 뉴턴의 최초의 뛰어난 업적 중 하나는 이 공식을 n이 음의 정수이거나 심지어 분수인 경우까지 확장시킨 것이었다. 이런 경우, 전개식에는 무수히 많은 항이 포함될 것이다.

식 (1)을 자세히 보면, 다음과 같은 형태로 바꿀 수 있음을 알 수 있다.

$$_nC_k = \frac{n \cdot (n-1) \cdot (n-2) \cdot \cdots \cdot (n-k+1)}{k!} \tag{2}$$

이것은 $n! = 1 \cdot 2 \cdot 3 \cdot \cdots \cdot n$이고 $(n-k)! = 1 \cdot 2 \cdot 3 \cdot \cdots \cdot (n-k)$이므로, 식 (1)의 분자에서 1부터 $(n-k)$까지의 모든 인수가 분모의 인수들과 약분되어 인수 $n \cdot (n-1) \cdot (n-2) \cdot \cdots \cdot (n-k+1)$만이 남기 때문이다. 이제 식 (2)를 고려하면, 식 $(1+1/n)^n$에 이항 정리를 적용할 수 있다. $a=1$, $b=1/n$이므로 다음을 얻는다.

$$\left(1+\frac{1}{n}\right)^n = 1 + n \cdot \frac{1}{n} + \frac{n \cdot (n-1)}{2!} \cdot \left(\frac{1}{n}\right)^2 + \frac{n \cdot (n-1) \cdot (n-2)}{3} \cdot \left(\frac{1}{n}\right)^3 + \cdots + \left(\frac{1}{n}\right)^n$$

약간 정리하면, 위의 식은 다음과 같이 된다.

$$\left(1+\frac{1}{n}\right)^n = 1 + 1 + \frac{\left(1-\frac{1}{n}\right)}{2!} + \frac{\left(1-\frac{1}{n}\right) \cdot \left(1-\frac{2}{n}\right)}{3!} + \cdots + \frac{1}{n^n} \tag{3}$$

$n \to \infty$ 일 때 $(1+1/n)^n$의 극한을 찾고 있으므로, n의 값을 한없이 증가시켜야 한다. 그러면 전개식에는 항이 더욱 더 많아진다. 이와

동시에, $n \to \infty$ 일 때 $1/n$, $2/n$, $\cdots$의 극한은 모두 0이므로, 괄호 안의 각 식은 1에 가까워진다. 그러므로 다음을 얻는다.

$$\lim_{n \to \infty}\left(1+\frac{1}{n}\right)^n = 1+1+\frac{1}{2!}+\frac{1}{3!}+\cdots \tag{4}$$

덧붙여야 할 말이 있다. 이렇게 유도된 식조차도 원하는 극한이 실제로 존재함을 증명하기에 완전히 충분하지는 않다(완전한 증명은 부록 2에 실었다). 그러나 현재로서는 이 극한의 존재를 사실로 받아들이자. 이 극한을 문자 e로 나타내면(이 문자의 선택에 대해서는 나중에 이야기하겠다), 다음을 얻는다.

$$e = 2+\frac{1}{2!}+\frac{1}{3!}+\frac{1}{4!}+\cdots \tag{5}$$

식 $(1+1/n)^n$을 직접 계산할 때보다 이 무한 급수의 각 항을 계산하고 원하는 만큼 많은 항을 더하기가 훨씬 더 쉬울 뿐만 아니라, 부분 합이 극한에 훨씬 더 빠르게 가까워진다. 이 급수의 처음 일곱 개의 부분 합은 다음과 같다.

$2=$	2
$2+1/2=$	2.5
$2+1/2+1/6=$	$2.666\cdots$
$2+1/2+1/6+1/24=$	$2.708333\cdots$
$2+1/2+1/6+1/24+1/120=$	$2.716666\cdots$
$2+1/2+1/6+1/24+1/120+1/720=$	$2.7180555\cdots$
$2+1/2+1/6+1/24+1/120+1/720+1/5040=$	$2.718253968\cdots$

각 항의 값이 매우 빠르게 감소해서(이는 각 항의 분모에 있는 $k!$의 값이 매우 빠르게 증가하기 때문이다), 이 급수가 매우 빠르게 수렴함을 알 수 있다. 게다가, 모든 항이 양수이기 때문에, 이 급수는 단조 수렴한다. 즉, 항을 더할수록 극한에 더 가까워진다(항의 부호가

번갈아 바뀌는 급수는 이렇지 않다). 이런 사실들은 $\lim_{n\to\infty}(1+1/n)^n$의 존재 증명에서 중요한 역할을 한다. 그렇지만 현재로서는 2.71828이 e의 근삿값이고, 원하는 만큼 정확한 근삿값은 이 급수의 항을 더 많이 더해서 얻을 수 있다는 사실을 받아들이자.

주석

1. 수열의 모든 항이 똑같거나 인위적으로 수열의 한 항에 극한값을 끼워 넣은 사소한 경우는 배제한다. 물론, 극한의 정의는 이런 경우들에 대해서도 성립한다.

e와 관련된 특이한 수

$e^{-e} = 0.065988036\cdots$

오일러는 x가 $e^{-e}(=1/e^{e})$과 $e^{1/e}$ 사이의 수이면 지수가 무수히 많은 식 $x^{x^{x^{x}}}$이 극한을 가짐을 증명했다.[1]

$e^{-\pi/2} = 0.207879576\cdots$

오일러가 1746년에 밝힌 대로, 식 i^{i}은 무수히 많은 값을 가지는데 (여기서 $i=\sqrt{-1}$이다), $k=0,\ \pm 1,\ \pm 2,\ \cdots$에 대해 $i^{i}=e^{-(\pi/2+2k\pi)}$와 같이 모두 실수이다. 이 중에서 ($k=0$에 대응하는 값인) 주치(principal value)는 $e^{-\pi/2}$이다.

$1/e = 0.367879441\cdots$

이 수는 $n\rightarrow\infty$일 때 수열 $(1-1/n)^{n}$의 극한이다. 이 수는 지수 함수 $y=e^{-at}$의 감소율을 측정하는 데 이용된다. $t=1/a$일 때, $y=e^{-1}=1/e$이다. 이 수는 또한 베르누이(Nicolaus Bernoulli)가 제시한 다음과 같은 '잘못 넣은 편지 봉투' 문제에도 등장한다. 편지지 n개를 주소가 쓰인 n개의 편지 봉투에 넣을 때, 모든 편지지를 잘못된 편지 봉투에 넣을 확률은 얼마인가? $n\rightarrow 0$일 때, 이 확률은 $1/e$에 가까워진다.[2]

$e^{1/e} = 1.444667861 \cdots$

이 수는 다음과 같은 슈타이너(Jakob Steiner)의 문제에 대한 답이다. "함수 $y = x^{1/x} = \sqrt[x]{x}$의 최댓값은 얼마인가?" 이 함수는 $x = e$일 때 최댓값을 취한다.[3]

$878/323 = 2.718266254 \cdots$

이 수는 1000보다 작은 정수들의 분수로 얻을 수 있는 e와 가장 가까운 근삿값이다.[4] 이것을 쉽게 암기할 수 있으며, p에 대한 분수 근삿값 355/113=3.14159292…를 연상시킨다.

$e = 2.718281828 \cdots$

이 수는 (역사적으로 정확하지는 않지만 네이피어 로그라고도 부르는) 자연 로그의 밑이며, $n \to \infty$일 때 수열 $(1+1/n)^n$의 극한이다. 숫자 1828이 반복해서 나타나기 때문에 오해를 일으키지만, e는 무리수로서 순환하지 않는 무한 소수로 표현된다. e가 무리수라는 사실은 1737년 오일러가 증명했다. 에르미트(Charles Hermite)는 1873년 e가 초월수임을, 즉 계수가 정수인 다항 방정식의 근이 될 수 없음을 증명했다.

수 e를 여러 가지 기하학적인 방법으로 해석할 수 있다. $x = -\infty$부터 $x = 1$까지 곡선 $y = e^x$ 아래의 넓이는 e이고, $x = 1$에서 이 곡선의 기울기도 e이다. $x = 1$부터 $x = e$까지 쌍곡선 $y = 1/x$ 아래의 넓이는 1이다.

$e + \pi = 5.859874482 \cdots$

$e \cdot \pi = 8.539734223 \cdots$

이 수들은 거의 응용되고 있지 않다. 이 수들이 대수적 수인지 초월수인지 밝혀지지 않았다.[5]

$e^e = 15.15426224 \cdots$

이 수가 대수적 수인지 초월수인지 밝혀지지 않았다.[6]

$\pi^e = 22.45915772\cdots$
이 수가 대수적 수인지 초월수인지 밝혀지지 않았다.[7]

$e^\pi = 23.14069263\cdots$
겔폰트(Alexandr Gelfond)는 1934년 이 수가 초월수임을 증명했다.[8]

$e^{e^e} = 3,814,279.104\cdots$
이 수가 e^e보다 얼마나 더 큰지 주목하자. 이렇게 진행하면 다음 수 $e^{e^{e^e}}$은 정수 부분이 1,656,521자리의 수이다.

---

e와 관련된 다음과 같은 두 개의 수가 있다.

$\gamma = 0.577215664\cdots$
그리스 문자 감마로 나타내는 이 수를 '오일러 상수'라고 부른다. 이 수는 $n \to \infty$일 때 수열 $1 + 1/1 + 1/2 + 1/3 + 1/4 + \cdots + 1/n - \ln n$의 극한이다. 오일러는 1781년 이 수를 소수점 16째 자리까지 계산했다. 이 수열의 극한이 존재한다는 사실은, (조화 급수라고 부르는) 급수 $1 + 1/1 + 1/2 + 1/3 + \cdots + 1/n \cdots$은 $n \to \infty$일 때 발산하지만, 이것과 $\ln n$ 사이의 차는 상수에 접근함을 의미한다. 수 γ가 대수적 수인지 초월수인지 밝혀지지 않았으며, 유리수인지 무리수인지도 알려지지 않고 있다.[9]

$\ln 2 = 0.693147181\cdots$
이 수는 부호가 교대로 바뀌는 조화 급수 $1 - 1/2 + 1/3 - 1/4 + \cdots$의 합이다. 위의 급수는 머케이터의 급수 $\ln(1 + x) = x - x^2/2 + x^3/3 - x^4/4 \pm \cdots$에 $x = 1$을 대입해서 얻을 수 있다. 이 수는 2를 얻기

위해서 e의 지수로 택해야 하는 수이다. 즉 $e^{0.693147181\cdots}=2$이다.

주석과 출전

1. David Wells, *The Penguin Dictionary of Curious and Interesting Numbers* (Harmondsworth: Penguin Books, 1986), p. 35.
2. 앞의 책, p. 27. 다음을 보라. Heinrich Dörie, 100 *Great Problems of Elementary Mathematics: Their History and Solutions*, trans. David Antin (New York: Dover, 1965), pp. 19-21.
3. Dörie, 100 *Great Problems*, p. 359.
4. Wells, *Dictionary of Curious and Interesting Numbers*, p. 46.
5. George F. Simmons, *Calculus with Analytic Geometry* (New York: Mc-Graw-Hill, 1985), p. 737.
6. Carl B. Boyer, *A History of Mathematics*, rev. ed. (New York: John Wiley, 1989), p. 687.
7. 앞의 책.
8. 앞의 책.
9. Wells, *Dictionary of Curious and Interesting Numbers*, p. 28.

5장

미적분학의 선구자들

내가 [당신과 데카르트보다] 더 멀리 볼 수 있었다면,
그것은 거인들의 어깨 위에 서 있었기 때문이다.
–뉴턴[이 훅에게 한 말]

일반적으로, 그 동안 발견된 뛰어난 개념들을 두 가지 범주로 나눌 수 있다. 즉, 한 개인의 창조적인 정신의 산물로 청천벽력과 같이 이 세상에 갑자기 나타나는 경우가 있고, 매우 많은 사람들의 머릿속에서 (수세기가 아니라면) 수십 년 동안 맴돌면서 긴 진화 과정을 거친 산물로 나타나는 경우가 있다. 로그의 발견은 첫째 범주에 속하고, 미적분학의 발견은 둘째 범주에 속한다.

흔히, 미적분학은 1665년과 1675년 사이에 뉴턴(Isaac Newton, 1642-1727)과 라이프니츠(Gottfried Wilhelm Leibniz, 1646-1716)가 발견하였다고는 하지만, 이것이 전적으로 정확하다고 단정할 수는 없다. 무한 과정을 이용해서 일상적인 유한한 대상에 관한 결과

를 유도하는 미적분학의 핵심 개념은 그리스 시대까지 거슬러 올라간다. 시라쿠사의 아르키메데스(기원전 287?-212)는 시라쿠사를 쳐들어온 로마 군대를 여러 가지 전쟁 무기를 발명해서 3년 이상 동안 막았다는 전설적인 과학자인데, 그는 최초로 극한 개념을 이용해서 다양한 평면 도형과 입체 도형의 넓이와 부피를 구했다. 곧 알아볼 이유에서, 그는 '극한'이라는 용어를 사용하지 않았지만, 그가 마음속으로 생각한 개념은 정확하게 극한의 개념이었다.

초등 기하학을 이용해서 임의의 삼각형과 이에 따라 임의의 다각형(선분으로 이루어진 닫힌 평면 도형)의 둘레와 넓이를 구할 수 있다. 그러나 곡선으로 이루어진 도형에 대해서는 초등 기하학은 힘을 발휘하지 못한다. 원을 예로 들어보자. 초등 기하학에서 원의 둘레와 넓이는 각각 간단한 공식 $C=2\pi r$과 $A=\pi r^2$으로 주어진다는 사실을 배운다. 이 공식들은 겉으로 보기에는 단순해 보이지만 오해를 살 수 있다. 왜냐하면 이 공식들에 등장하는 π(원의 지름에 대한 둘레의 비)는 수학에서 가장 흥미로운 수의 하나이기 때문이다. 이 수의 본질은 19세기 말까지도 완전히 파악되지 않았었고, 오늘날까지도 해결되지 않은 문제가 일부 남아 있다.

π의 값은 아주 오래 전부터 놀란 만큼 정확하게 알려졌었다. 기원전 1650년경으로 추정되는 린드 파피루스(1858년 이것을 구입한 스코틀랜드의 이집트학자 린드(A. Henry Rhind)의 이름을 따서 명명됨)에는 원의 넓이는 한 변의 길이가 원의 지름의 8/9인 정사각형의 넓이와 똑같다는 문장이 쓰여 있다(그림 5). 원의 지름을 d로 나타내면, 이 문장을 등식 $\pi(d/2)^2=[(8/9)d]^2$으로 나타낼 수 있다. 양변에서 d^2을 소거하면, $\pi/4=64/81$ 또는 $\pi=256/81\approx 3.16049$를 얻을 수 있다.[1] 이 값은 π의 참값(반올림해서 소수점 다섯째 자리까지 나타내면 3.14159이다)과 0.6%의 오차 범위 내에 있다. 이 문헌이 거의 4000년 전에 쓰였다는 사실을 감안하면, 이 수치는 대

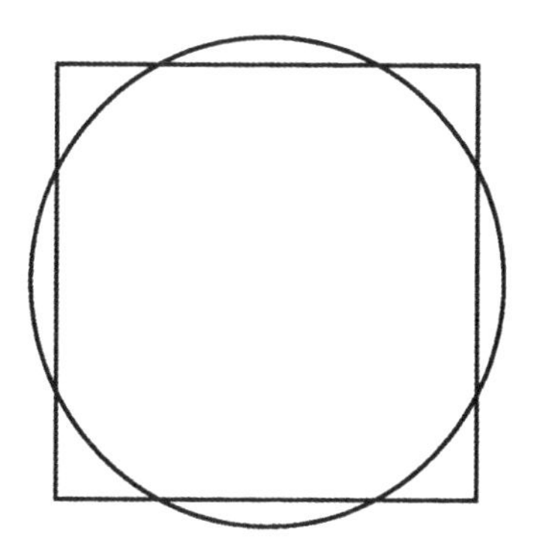

▶ **그림 5** 린드 파피루스에 따르면, 원의 넓이는 한 변의 길이가 그 원의 지름의 8/9인 정사각형의 넓이와 같다.

단히 정확한 값이다![2]

많은 세기를 거치면서 π의 값이 여러 가지 제시되었다. 그런데 그리스 시대까지의 모든 값은 본질적으로 경험적인 결과였다. 즉, 원의 둘레를 실제로 측정한 다음에 그 값을 지름으로 나누어 얻은 결과였다. 측정이 아니라 '수학적 과정'(알고리즘)을 통해 π의 값을 원하는 만큼 정확하게 구할 수 있는 방법을 처음으로 제시한 사람이 바로 아르키메데스였다.

아르키메데스의 발상은 원을 택하고 그 원 안에 정다각형들을 변의 개수를 늘리면서 내접시키는 것이었다. (정다각형에서 모든 변의 길이는 서로 같고, 모든 내각의 크기도 서로 같다.) 각 정다각형의 둘레는 원의 둘레보다 약간 짧다. 그러나 변의 개수가 늘어감에 따라, 정다각형은 점점 더 원에 가까워질 것이다(그림 6). 각 정다각형의 둘레를 계산하고, 그 값을 원의 지름으로 나누면 π에 대한 근삿값을 얻게 되는데, 이런 근삿값은 변의 개수를 늘림으로써 더 정확하게 만들 수 있다. 그런데 내접하는 정다각형은 안쪽에서 원에 접근하기 때문에, 이 모든 근삿값은 π의 참값보다 작을 것이다. 이에 따라 아르키메데스는 원에 외접하는 정다각형들을 이용해서 이

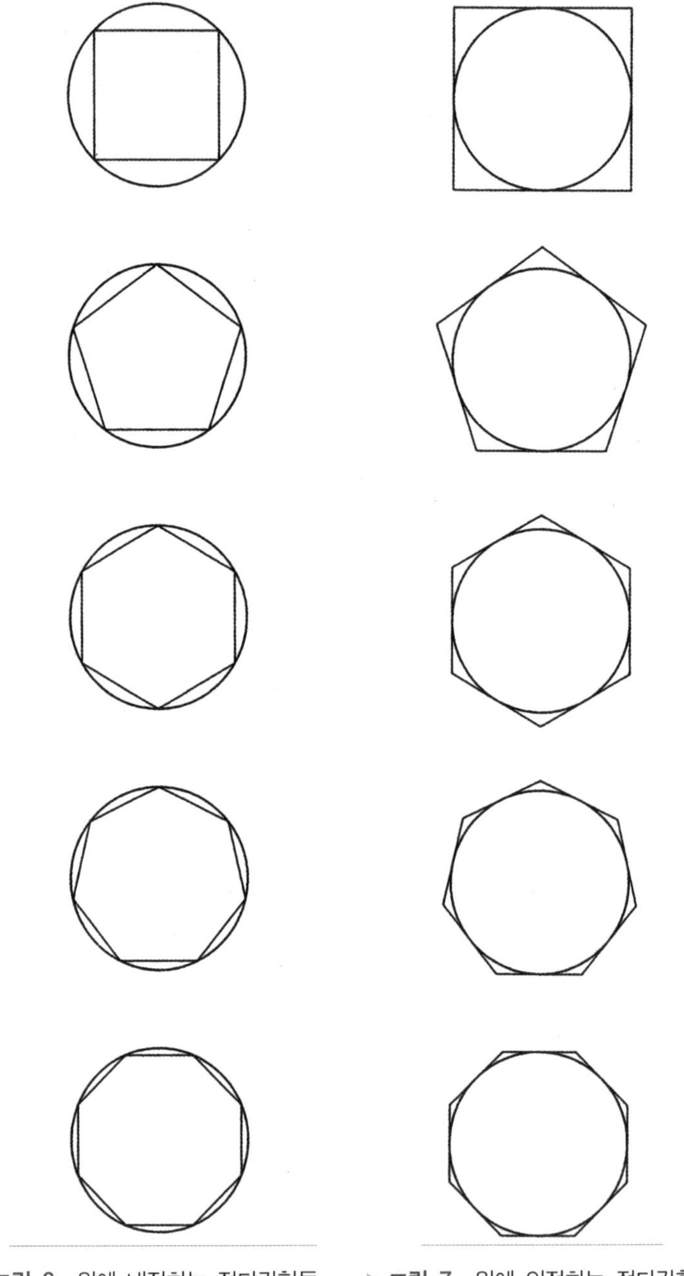

▶ **그림 6** 원에 내접하는 정다각형들 ▶ **그림 7** 원에 외접하는 정다각형들

과정을 반복했는데(그림 7), π의 값보다 큰 근삿값들의 수열을 얻었다. 그러면 변의 개수에 관계 없이 π의 값은 크고작은 근삿값 사이에 끼이게 된다. 변의 개수를 늘려서, 바이스의 턱을 죄듯이, 크고작은 근삿값 사이의 간격을 원하는 만큼 줄일 수 있다. 아르키메데스는 내접하고 외접하는 정96각형을 이용해서(정육각형에서 출발하고 변의 개수를 두 배씩 늘려서 96각형에 도달했다), π의 값을 3.14103과 3.14271 사이로 계산했다. 이 정도로 정확한 값은 오늘날에도 대부분의 실질적인 목적으로 이용하기에 충분하다.[3] 지름이 12인치인 구의 적도에 정96각형을 외접시키면, 구의 부드러운 곡면 위에 있는 모서리를 거의 식별할 수 없다.

아르키메데스의 업적은 수학사에서 획기적인 사건이었지만, 그는 거기에서 멈추지 않았다. 그는 흔히 볼 수 있는 또 다른 곡선인 포물선에도 똑같이 관심을 가졌다. 포물선은 공중으로 비스듬히 던진 돌이 지나는 경로와 비슷한데, 공기의 저항이 없다면 이 경로는 정확하게 포물선이 된다. 포물선은 매우 많은 상황에 응용된다. 현대적인 원거리 통신에 사용되는 거대한 접시형 안테나의 단면은 포물선이고, 자동차 전조등에서 은으로 도금된 반사경의 단면도 포물선이다. 아르키메데스가 포물선에 관심을 가진 이유는 포물선이 평행으로 들어온 빛을 반사시켜 한 점으로 집중시키는 성질을 갖고 있기 때문으로 보인다. [그 점은 바로 포물선의 초점(focus)인데, focus는 라틴어에서 벽난로(fireplace)를 뜻한다.] 그는 거대한 포물면 거울들을 만들어서 시라쿠사를 포위하고 있는 로마 함대를 향해 배치하고 각 포물면 거울의 초점에 집중된 태양 광선으로 적의 배를 불태웠다는 이야기가 있다.

아르키메데스는 또한 포물선의 좀더 이론적인 면을 고찰했는데, 특히 포물선 일부의 넓이를 찾는 방법을 연구했다. 그는 이런 부분을 넓이가 등비 수열로 작아지는 일련의 삼각형들로 나누어 이 문제

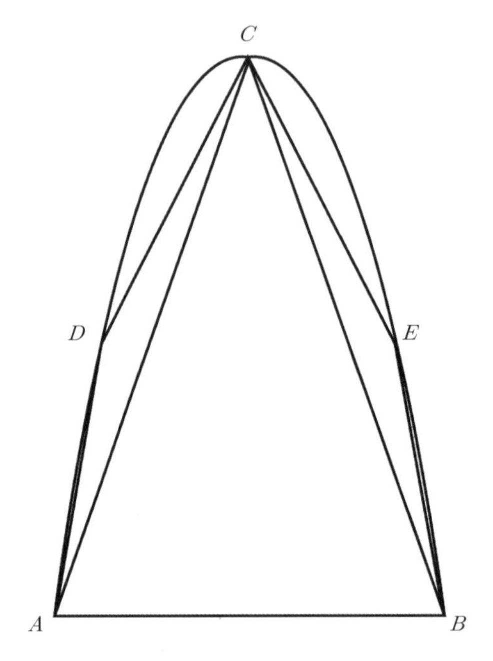

▶ **그림 8** 포물선에 적용된 아르키메데스의 실진법

를 해결했다(그림 8). 그는 이 과정을 계속 반복해서, 삼각형으로 포물선의 일부를 원하는 만큼 빈틈없이 채울 수 있었다. 말하자면, 포물선의 일부를 고갈시켰다(exhaust). 아르키메데스는 각 삼각형의 넓이를 더해서(등비 급수의 합을 구하는 공식을 이용해서) 전체 넓이가 삼각형 ABC의 넓이의 4/3에 가까워진다는 사실을 발견했다. 좀 더 정확하게 말하면, 그는 더욱더 많은 삼각형을 택해서, 전체 넓이를 이 값에 원하는 만큼 가까이 접근시킬 수 있었다.[4] 현대적인 용어로 표현하면, (삼각형 ABC의 넓이가 1이라면) 삼각형의 개수가 무한대로 커질 때 삼각형들의 넓이는 극한 4/3에 가까워진다. 그러나 아르키메데스는 유한 합만을 이용해서 자신의 풀이 방법을 조심스럽게 전개했다. 그의 논증에 '무한대'라는 말이 결코 등장하지 않았다. 36분명한 이유에서, 그리스 사람들은 무한대에 대한 논의를 금지했

고, 무한대를 수학 체계에 포함시키기를 거부했다. 그 이유는 곧 알아볼 것이다.

아르키메데스의 방법을 '실진법'(method of exhaustion)이라고 부른다. 그는 이 방법을 처음으로 고안하지는 않았지만(이것은 기원전 370년경 에우독소스가 발견했다), 이를 포물선에 성공적으로 적용한 최초의 사람이었다. 그렇지만 그는 두 가지 유명한 곡선인 타원과 쌍곡선에는 이를 적용하지 못했다. 포물선과 함께 타원과 쌍곡선은 '원뿔 곡선'(conic sections)을 이룬다.[5] 아르키메데스는 타원 전체의 넓이가 πab라고 정확하게 추측했고(여기서 a와 b는 장축과 단축의 길이의 반을 뜻한다), 반복해서 시도했지만 타원과 쌍곡선 일부의 넓이를 구할 수 없었다. 이런 경우들은 2000년 뒤 적분법의 발견을 기다려야만 했다.

실진법은 현대적인 적분법과 매우 비슷하다. 그렇다면 왜 그리스 사람들은 적분법을 발견하지 못했을까? 두 가지 이유를 들 수 있다. 첫째는 무한대의 개념에 대한 그리스 사람들의 불안감이고[무시무시한 무한대(horror infiniti)라고 불렸다], 둘째는 그리스 사람들이 대수학의 언어를 가지고 있지 않았다는 사실이다. 먼저 둘째 이유를 알아보겠다. 그리스 사람들은 기하학의 대가였고, 그들에 의해 거의 모든 고전 기하학이 발전되었다. 그렇지만 대수학에 대한 기여는 미미했다. 대수학은 본질적으로 언어로서, 기호들의 모임이며 이런 기호들을 조작하는 규칙들의 집합이다. 이런 언어를 발전시키기 위해서는 반드시 훌륭한 기호 체계를 갖추어야 하는데, 바로 여기에서 그리스 사람들은 실패했다. 이런 실패는 세계에 대한, 특히 기하학에 대한 그들의 정적인 견해 때문일 수 있다. 그들은 모든 기하학적 양을 고정되고 정해진 크기를 가졌다고 생각했다. 그들은 어떤 양을 x와 같이 단 하나의 문자로 나타내고 이것을 어떤 범위의 값을 취할 수 있는 변수로 생각하는 현대의 관행을 용납하지 않았다. 그리스 사람들은 A와 B 사이의 선분을 AB로, 꼭지점이 A, B, C, D인 직사각형을 $ABCD$로 나타냈다. 이런 기호 체계는 한 도형의 여러 부분 사이에 존재하는 대부분의 관계, 즉 고전 기하학을 형성하는 정리들을 입증하려는 목적을 충실하게 달성할 수 있었다. 그러나 이런 체계는 '변량' 사이의 관계들을 표현할 때는 형편없이 부적절했다. 이런 관계를 효율적으로 표현하기 위해서는 대수학의 언어에 의존하지 않을 수 없다.

그리스 사람들이 대수학에 완전히 무지하지는 않았다. 그들은 초등 대수학의 공식을 많이 알고 있었지만, 이런 공식을 언제나 도형의 여러 부분 사이의 기하학적 관계를 표현하는 것으로 이해했다. 우선, 수는 선분의 길이로, 두 수의 합은 두 선분을 한 직선 위에서 끝끼리 연결해서 붙여 놓은 선분의 길이로, 두 수의 곱은 그에 대응하는 선분들로 이루어진 직사각형의 넓이로 해석했다. 그래서 친숙한 공식 $(x+y)^2=x^2+2xy+y^2$은 다음과 같이 해석되었다. 한 직선을 따라서 길이가 x인 선분 AB를 긋고, 한쪽 끝에 길이가 y인 선분 BC를 그린다. 그리고 그림 9와 같이 한 변의 길이가 $AC=x+y$인 정사각형을 작도한다. 이 정사각형을 넓이가 $AB \cdot AB=x^2$

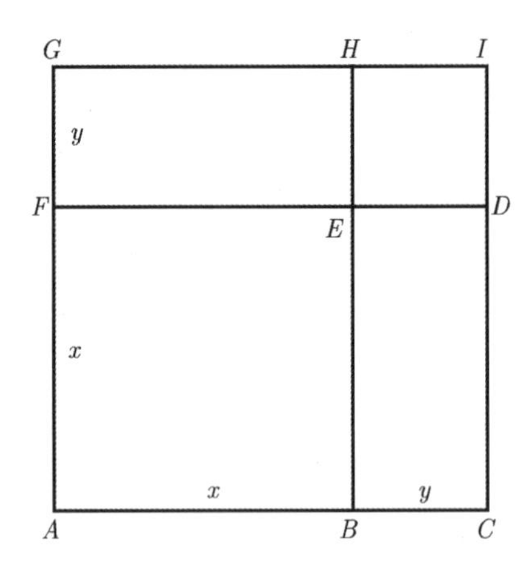

▶ **그림 9** 공식 $(x+y)^2=x^2+2xy+y^2$에 대한 기하학적 증명

이고 $BC \cdot BC = y^2$인 두 개의 작은 정사각형과 넓이가 $AB \cdot BC = xy$인 두 개의 직사각형 등 네 부분으로 나눌 수 있다. (이런 증명에는 직사각형 $BCDE$와 $EFGH$가 합동이고 이에 따라 넓이가 서로 같다는 사실과 같이 미묘한 점이 포함되어 있다. 그리스 사람들은 이런 상세한 부분까지 설명하기 위해서 대단한 고통을 감내했으며, 증명의 모든 단계가 정당함을 꼼꼼하게 입증했다.) 마찬가지 방법을 이용해서 $(x-y)^2 = x^2 - 2xy + y^2$이나 $(x+y)(x-y) = x^2 - y^2$과 같은 대수적인 관계들을 증명할 수 있다.

그리스 사람들이 기하학적 방법만을 이용해서 초등 대수학의 많은 부분을 성공적으로 확립했다는 사실에 놀라지 않을 수 없다. 그렇지만 이런 '기하 대수학'을 효율적이고 실행 가능한 수학적 도구로 이용할 수 없다. 훌륭한 기호 체계, 현대적인 의미에서 대수학의 결핍 때문에, 그리스 사람들은 이런 체계의 가장 큰 장점, 즉 변량 사이의 관계를 간결하게 나타내는 재주를 발휘할 수 없었다. 그리고 거기에는 무한대의 개념도 포함된다.

무한대는 실수가 아니기 때문에, 순수하게 수치적인 의미에서 다룰 수는 없다. 앞에서 이미 알아봤듯이, 여러 가지 부정형의 값을 구하기 위해서는 반드시 극한 과정을 이용해야 하는데, 이에 따라 대수적 기법이 많이 요구된다. 이런 기법이 없었던 그리스 사람들은 무한대를 적절하게 다룰 수 없었다. 그 결과, 그들은 무한대를 회피했고, 심지어 두려워하기까지 했다. 기원전 4세기의 철학자 엘레아의 제논은 네 가지 역설을 제시했는데[그는 이를 '논증'(argument)이라고 불렀다], 무한대의 개념에 대처하는 수학의 무능력을 입증하기 위한 것이었다. 한 가지 역설은 운동이 불가능함을 보이는 것이 목적이었다. A 지점에서 출발해서 B 지점까지 달리기 위해서는, 먼저 AB의 중간 지점에 도달해야 하고, 다시 남은 거리의 중간 지점에 도달해야 하며, 이와 같은 과정을 한없이 반복해야 한다(그림

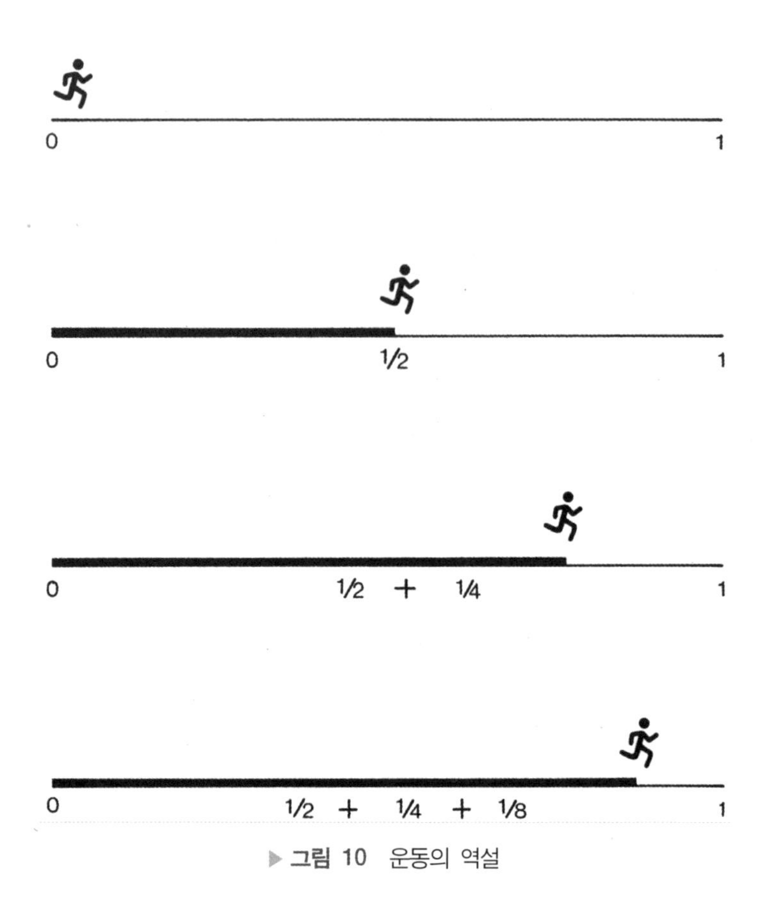

▶ **그림 10** 운동의 역설

10). 이 과정은 무수히 많은 단계를 요구하기 때문에, 제논의 주장대로, 결코 목적지에 도달할 수 없다.

극한 개념을 이용하면 이 역설을 쉽게 설명할 수 있다. 선분 AB의 길이를 1이라고 하면, 달려야 할 전체 거리는 무한 등비 급수 $1/2+1/4+1/8+1/16+\cdots$로 표현된다. 이 급수에는 아무리 많은 항을 더해도 부분합이 결코 1이 될 수 없다는 성질이 있다. 물론, 1을 초과할 수도 없다. 그렇지만 더욱더 많은 항을 더해서 원하는 만큼 1에 가까운 부분합을 얻을 수는 있다. 이때, 이 급수는 항의 개수가 무한

대로 커질 때 '1에 수렴한다'고 하거나 '극한값이 1이다'라고 한다. 그래서 길이가 정확하게 1인 전체 거리(원래의 거리 AB의 길이)를 달릴 수 있고, 역설은 해결된다. 그러나 그리스 사람들은 무수히 많은 수의 합이 유한한 극한값으로 수렴할 수 있다는 사실을 받아들이는 데 어려움을 겪었다. 무한대로 간다는 생각조차 그들에게는 금기였다. 이것이 바로 아르키메데스가 실진법에서 무한대란 말을 결코 언급하지 않았던 이유이다. 비록 그는 무한 과정을 마음 속으로 생각했더라도(틀림없이 그랬을 것이다), 원하는 만큼 정확한 값을 얻을 때까지 몇 번이고 반복할 수 있는 유한 과정으로 이를 조심스럽게 공식화했다.[6] 결론적으로, 실진법은 엄밀한 사고의 모형이지만, 현학적인 세부 내용으로 매우 성가시기 때문에 아주 단순한 기하학적 도형을 제외한 모든 경우를 다루는 데 거의 쓸모가 없다. 게다가, 특정한 모든 문제에 대한 답을 미리 알고 있어야 한다. 그 다음에야 결과를 엄밀하게 확립하기 위해서 실진법을 사용할 수 있다.[7]

그래서 아르키메데스는 극한 개념을 직관적으로 확고하게 파악하고 있었지만, 이를 여러 가지 서로 다른 경우에 적용할 수 있는 일반적이고 체계적인 과정(알고리즘)으로 전환시키는 결정적인 단계를 완성시키지 못했다. 느보 산에서 약속의 땅을 내려다봤지만 밟아 볼 수 없었던 모세와 같이, 그는 새로운 과학을 거의 발견했지만,[8] 이를 발견하는 영예를 후세에게 넘겨주어야만 했다.

주석과 출전

1. 값 256/81을 $(4/3)^4$과 같이 간결하게 쓸 수 있다.
2. *The Rhind Mathematical Papyrus*, trans. Arnold Buffum Chace (Reston, Va.: National Council of Teachers of Mathematics, 1978),

problems 41-43 and 50. 린드 파피루스는 현재 대영 박물관에 소장되어 있다.

3. Ronald Calinger, ed., *Classics of Mathematics* (Oak Park, Ill.: Moore Publishing Company, 1982), pp. 128-131.
4. 앞의 책, pp. 131-133.
5. 원뿔 곡선에는 원과 한 쌍의 직선도 또한 포함된다. 그러나 이것들은 타원과 쌍곡선의 특별한 경우에 불과하다. 원뿔 곡선에 대해서는 나중에 좀더 자세하게 논의할 것이다.
6. 예를 들면, 포물선의 경우 아르키메데스는 이중 '귀류법'(증명하려는 명제가 거짓이라는 가정에서 출발해서 모순을 유도하는 간접 증명법)으로 무한 급수 $1+1/4+1/4^2+\cdots$의 합이 $4/3$보다 클 수 없고 작을 수도 없기 때문에 결국 $4/3$와 같다고 증명했다. 물론, 오늘날에는 $-1<q<1$일 때, $1+q+q^2+\cdots=1/(1-q)$이라는 무한 등비 급수의 합을 구하는 공식을 사용해서 답 $1/(1-1/4)=4/3$를 얻을 것이다.
7. 아르키메데스가 이런 결과를 미리 '추측'하는 방법을 알고 있었다는 사실이 〈방법론〉(The Method)이라고 부르는 그의 논문에서 확인되었다. 이 논문은 1906년 발견되었는데, 당시 하이베르크(J. L. Heiberg)는 훨씬 오래 된 문헌을 부분적으로 물로 닦아내고 그 위에 새로 쓴 중세의 문헌을 콘스탄티노플에서 찾아냈다. 더 오래 된 문헌은 아르키메데스의 몇 가지 책을 10세기에 복사한 것으로 밝혀졌다. 그중 영원히 분실되었을 것으로 오랫동안 생각했던 방법론이 있었다. 그래서 아르키메데스의 사고 과정을 어렴풋이 알아볼 수 있는 귀중한 자료를 얻게 되었는데, 그리스 사람들은 기하학적 정리를 증명할 때 그 증명을 발견한 방법에 대해서는 전혀 언급하지 않았기 때문에 이것은 매우 귀중한 기회를 제공한다. 다음을 보라. Thomas L. Heath, *The Works of Archimedes* (1897; rpt. New York: Dover, 1953). 이 책에는 예비적인 설명과 함께 1912년에 추가된 *The Method of Archimedes*가 포함되어 있다.
8. 이 주제에 대해서는 다음을 보라. Heath, *The Works of Archimedes* ch. 7 ("Anticipations by Archimedes of the Integral Calculus").

6장

해결의 전조

무한대와 불가분량은 우리의 유한한 이해력을
초월한다. 전자가 그것의 광대함 때문이라면
후자는 그것의 미소함에 기인한다. 이것들이
결합되었을 때 무엇이 될지를 상상해 보라.
–갈릴레오, 《두 가지 새로운 과학에 관한 대화[1]》(1638)에서 살비아티의 말

아르키메데스의 시대보다 약 1800년 뒤, 비에트(Françis Viète 혹은 Vieta, 1540-1603)라는 프랑스의 수학자는 삼각법을 연구하는 과정에서 수 π와 관련된 다음과 같은 놀라운 공식을 발견했다.

$$\frac{2}{\pi}=\frac{\sqrt{2}}{2}\cdot\frac{\sqrt{2+\sqrt{2}}}{2}\cdot\frac{\sqrt{2+\sqrt{2+\sqrt{2}}}}{2}\cdot\cdots$$

1593년 이 '무한 곱'의 발견은 수학사에서 획기적인 사건이었다. 이것은 무한 과정이 수학 공식으로 명확하게 쓰인 최초의 예였다. 사실, 비에트 공식의 세련된 형태는 생각하지 않더라도, 이것의 가장

놀라운 특징은 끝에 있는 점 세 개로, 이와 같이 한없이 계속됨을 알려준다. 이 공식은, 적어도 원칙적으로는, 수 2에 적용된 초등 수학의 네 가지 연산, 즉 덧셈, 곱셈, 나눗셈, 제곱근 풀이를 반복 적용해서 π를 구할 수 있음을 보여준다.

비에트의 공식은 중요한 심리적 한계를 깨뜨렸다. 왜냐하면 끝에 점 세 개를 찍는 단순한 행동은 수학에서 무한 과정을 받아들인 신호였으며, 이를 널리 사용할 수 있는 길을 열었기 때문이다. 무한 과정을 포함하는 다른 공식들이 곧 이 뒤를 이었다. 나중에 젊은 뉴턴에게 영향을 준 책 《무한 산술》(Arithmetica infinitorum, 1655)을 쓴 영국 수학자 월리스(John Wallis, 1616-1703)는 다음과 같이 π와 관련된 또 다른 무한 곱을 발견했다.

$$\frac{\pi}{2}=\frac{2}{1}\cdot\frac{2}{3}\cdot\frac{4}{3}\cdot\frac{4}{5}\cdot\frac{6}{5}\cdot\frac{6}{7}\cdot\cdots$$

그리고 1671년 스코틀랜드의 그레고리(James Gregory, 1638-1675)는 다음과 같은 무한 급수를 발견했다.

$$\frac{\pi}{4}=\frac{1}{1}-\frac{1}{3}+\frac{1}{5}-\frac{1}{7}+-\cdots$$

이런 공식들이 대단히 놀라운 점은, 원래 원과의 관계에서 정의된 수 π를 정수만으로 표현할 수 있음을 보여주었다는 사실이다. 물론 무한 과정을 이용해야 하지만. 오늘날까지도 이런 공식들은 수학 전체에서 가장 아름다운 공식에 속한다.

그런데 이 공식들은 아름답지만, π를 계산하는 도구라는 의미에서의 유용성은 오히려 한정되어 있다. 이미 알고 있듯이, π에 대한 훌륭한 근삿값 여러 개가 이미 고대부터 알려졌었다. 수세기 동안 더 좋은 근삿값을 얻으려는, 즉 π의 값을 소수점 아래의 더욱더 많은 자리까지 찾으려는 시도가 엄청나게 많이 이루어졌다. π의 소수 전개가 결국에는 끝나거나(즉 어느 곳부터는 0만이 나타나거나) 주기적으로 순환할 것이라는 희망이 있었다. 이런 상황 중 어느 것이라도 일어난다면, π는 두 정수의 비, 즉 '유리수'임을 뜻할 것이다(현재 그런 비는 존재하지 않으며 π는 순환하지 않는 무한 소수로 전개된다는 사실이 알려져 있다). 이런 목적을 성취하려고 원했던 많은 수학자 가운데 특히 주목할 만한 사람이 있다. 독일-네덜란드 수학자 루돌프 판 코일렌(Ludolph van Ceulen, 1540-1610)은 생산적인 일생의 대부분을 π를 계산하는 일에 바쳤고, 사망한 해에는 35자리까지의 정확한 값에 도달했다. 당시 이 업적은 매우 높이 평가받아서, 그가 계산한 값이 라이든에 있는 그의 묘비에 새겨졌다는 이야기가 있으며, 독일 교과서에서는 오랫동안 π가 '루돌프의 수'(Ludolphine number)라고 언급되었다.[2] 그렇지만 그의 업적은 π의 본질에 대해서는 새로운 면을 전혀 밝혀내지 못했고(판 코일렌은 변이 더 많은 다각형을 이용해서 아르키메데스의 방법을 반복했을 뿐이다), 수학 일반에 새로운 점을 공헌한 것도 결코 아니었다.[3] 수학을 위해서는 다행스럽게도, 이런 어리석은 일이 e의 경우에는 발생하지 않았다.

이렇게 새롭게 발견된 공식들은 실용적이라기보다는 무한 과정의 본질을 꿰뚫어보는 통찰력 때문에 주목할 만했다. 여기에 수학적 사고에 대한 서로 다른 두 가지 철학, 즉 '순수' 학파와 '응용' 학파의 좋은 예가 있다. 순수 수학자는 실용적인 응용에는 거의 관심을 두지 않고 연구를 수행한다(수학이 실용적인 문제로부터 더 멀리 떨어질수록 더 좋다고 주장하는 수학자도 있다). 일부 순수 수학자에게 수학 연구는 훌륭한 체스 게임과 매우 유사한데, 그 활동으로부터 얻은 지적 자극이 주요한 보상이다. 다른 순수 수학자는 자유를 얻기 위해 연구를 수행하는데, 여기서 자유는 정의와 규칙을 스스로 창조하고 그것들 위에 수리 논리학의 법칙에 의해서만 결합되는 구조를 세우는 자유이다. 이와 대조적으로, 응용 수학자들은 과학과 기술로부터 발생하는 방대한 범위의 문제에 관심을 더 둔다. 이들은 순수 수학자와 같은 정도의 자유를 만끽하지는 못한다. 왜냐하면 조사하는 현상을 지배하는 자연의 법칙에 구속을 받기 때문이다. 물론, 두 학파 사이를 명쾌하게 경계짓기가 언제나 분명하지는 않다. 순수 연구 분야에서 예상하지 못한 실용적인 응용이 종종 발견되기도 하고(비밀 메시지를 암호화하고 해독하는 데 수론이 응용되는 예를 들 수 있다), 역으로 응용 문제가 최고 수준의 이론적 발견을 이끌기도 한다. 게다가, 수학사에서 이름을 드높인 사람 중에는 이를테면 아르키메데스, 뉴턴, 가우스와 같은 수학자는 두 영역 모두에서 똑같이 탁월했다. 그렇지만 경계선은 여전히 존재하고, 편협한 전문화가 지난 세대들의 보편주의를 대체한 현재는 경계선이 훨씬 더 뚜렷해졌다.

세월이 흐르면서, 순수 수학과 응용 수학 사이의 경계선은 이리저리 이동했다. 그리스 시대 이전 고대의 수학은 완전히 실용적인 분야였으며, 측정법(넓이, 부피, 무게의 측정), 금전 문제, 시간 계산 등과 같은 현실적인 문제를 다루기 위해 창조되었다. 수학을 실용적인 학문에서 지적 학문으로 바꾼 것은 바로 그리스 사람들이었다. 수학 지식은 그 자체로 주요한 목적이 되었다. 기원전 6세기에 유명한 철학 학교를 세운 피타고라스는 순수 수학의 궁극적인 목적을 최고조로 실현했다. 그는 자연의 질서와 조화로부터 영감을 얻었다. 이 자연은 주위에서 가까이 접할 수 있는 자연만이 아니라 우주 전체를 뜻했다. 피타고라스 학파는 수가 음악의 화성법으로부터 행성의 운동까지 우주의 모든 현상을 좌우하는 제 1 원인이라고 믿었다. 그들의 좌우명은 '수가 만물을 지배한다'였는데, 여기서 수는 자연수와 이것들의 비를 뜻했다. 그 밖의 모든 것, 음수, 무리수, 심지어 0도 배제되었다. 피타고라스 학파의 철학에서 수는 그것에 부여된 온갖 종류의 신비적 의미와 함께 거의 숭배받을 정도의 지위에 있었다. 이런 수들이 실세계를 실제로 묘사하는지는 중요하지 않았다. 그 결과, 피타고라스 학파의 수학은 비밀스럽고, 일상 생활과 동떨어진 초연한 주제였으며, 철학, 예술, 음악과 똑같은 지위를 얻었다. 사실, 피타고라스는 많은 시간을 들여 음악의 화성법을 연구했다. 그는 2:1(1옥타브), 3:2(5도), 4:3(4도)의 완벽한 비율에 기초한 음계를 고안했다고 한다. 음향의 법칙이 음들의 더 복잡한 배합을 요구한다는 사실에 신경 쓰지 않았다. 중요한 것은 음계가 단순한 수학적 비에 의존한다는 사실이었다.[4]

피타고라스 학파의 철학은 2000년 이상 동안 과학자들에게 엄청난 영향을 미쳤다. 그러나 서구 문명이 중세 시대를 벗어나기 시작하면서 다시 한 번 응용 수학으로 무게 중심이 이동되었다. 두 가지 요인이 이런 이동을 부채질했다. 15세기와 16세기의 지리학상의 대발견은 탐험할 (그리고 나중에 탐험한) 먼 지역을 가시권 안으로 끌어들였고, 이것은 새롭고 개선된 항해 방법을 개발할 것을 요구했다. 그리고 코페르니쿠스의 태양 중심설은 과학자들로 하여금 우주 안에서 지구의 위치와 지구의 운동을 지배하는 물리 법칙을 다시 연구하도록 만들었다. 이 두 가지 발전은 모두 실용적인 수학, 특히 구면삼각법을 요구했다. 그래서 다음 두 세기 동안 일류 응용 수학자들의 행진이 두드러졌는데, 코페르니쿠스로부터 시작해서 케플러, 갈릴레오, 뉴턴에 이르러 최고점에 이르렀다.

과학의 역사에서 대단히 특이한 사람에 속하는 케플러(Johannes Kepler, 1571-1630)는 그의 이름이 붙은 행성의 운동 법칙 세 가지를 발견했다. 그렇지만 그는 이 법칙들을 아무런 성과도 없는 연구로 오랜 시간을 보낸 뒤에야 발견했다. 그는 처음에 음악의 화성법을 찾으려고 노력했는데, 이것이 행성의 운동을 지배한다고 믿었다(이로부터 '천구의 음악'이라는 문구가 생겼다). 그 뒤 그는 다섯 가지 플라톤 입체의 기하학을 연구했는데,[5] 그에 따르면 이것들이 당시에 알려진 행성 여섯 개의 궤도 사이의 간격을 결정했다. 케플러는 구세계에서 신세계로의 과도기를 완벽하게 상징하는 인물이었다. 그는 최고 수준의 응용 수학자였고 이와 동시에 열렬한 피타고라스 추종자였다. 그는 건전한 과학적 추론만큼이나 형이상학적인 고찰을 통해 결과를 얻은 (또는 잘못 얻은) 신비주의자였다(그는 엄청난 천문학적 사실을 발견한 만큼이나 적극적으로 점성술을 시행했다). 오늘날 케플러의 비과학적인 활동은 당대의 네이피어의 활동과 마찬가지로 거의 잊혀졌고, 그의 이름은 역사에서 현대적인 수리 천문학의 창시자로 자리매김하고 있다.

케플러의 첫째 법칙은 행성이 태양 주위를 타원 궤도를 따라 공전하며, 태양은 이 타원의 한 초점에 있다고 주장한다. 이 발견은 행성과 별들이 지구 주위를 24시간마다 한 번씩 공전하는 투명한 구에 박혀 있다는 고대 그리스의 우주론인 지구 중심설의 종말을 알리는 마지막 조종이었다. 뉴턴은 나중에 타원(특별한 경우인 원과 함께)이 천체가 움직일 수 있는 여러 가지 궤도 중 한 가지임을 밝혔다. 다른 종류의 궤도로 포물선과 쌍곡선이 있다. (쌍곡선의 극한적인 경우로서 한 쌍의 직선을 추가하면) 이런 곡선들은 '원뿔 곡선'의 집합을 구성한다. 이 모든 곡선은 원뿔을 입사각이 여러 가지인 평면으로 자름으로써 얻을 수 있기 때문에 이렇게 불린다(그림 11). 원뿔 곡선은 그리스 사람들도 이미 알고 있었고, 아르키메데스와 동

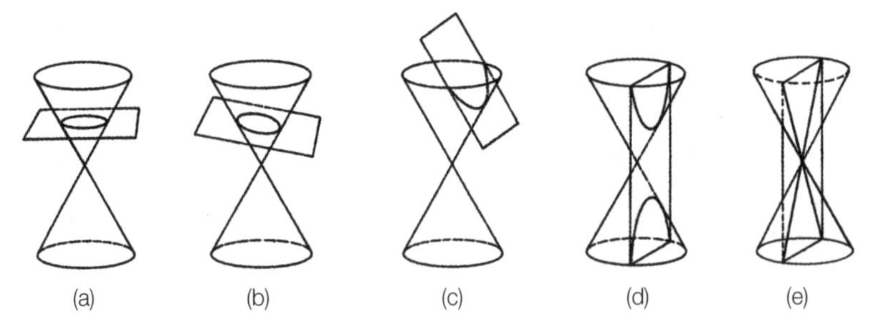

▶ **그림 11** 다섯 가지 원뿔 곡선

시대의 아폴로니오스(기원전 260?-190)는 이에 관한 광범위한 책을 썼다. 그런데 2000년이 지난 뒤 수학자들은 원뿔 곡선에 다시 한 번 관심을 집중시켰다.

케플러의 제2법칙은 넓이의 법칙으로, 행성과 태양을 연결하는 선분이 같은 시간에 지나가는 영역의 넓이는 서로 같다고 주장한다. 그래서 타원의 일부(좀더 일반적으로는 임의의 원뿔 곡선의 일부)의 넓이를 찾는 문제가 갑자기 매우 중요하게 되었다. 이미 알고 있듯이, 아르키메데스는 실진법을 이용해서 포물선 일부의 넓이를 성공적으로 찾았지만, 타원과 쌍곡선의 경우는 실패했다. 케플러와 당시의 사람들은 아르키메데스의 방법에 다시 관심을 가졌다. 그런데 아르키메데스는 단지 유한 과정만을 조심스럽게 이용했지만(그는 무한대의 개념을 결코 명시적으로 사용하지 않았다), 이들은 엄밀하고 미묘한 점을 무시해버렸다. 그들은 무한대의 개념을 마음내키는 대로 거의 무자비한 방법으로 사용했고, 가능한 경우에는 언제나 이를 최대한 이용했다. 그 결과 그리스의 방법과 같은 엄밀성은 전혀 없었지만, 그럭저럭 적용되는 것으로 보이는 '불가분량의 방법'이라는 불완전한 장치를 고안했다. 평면 도형을 폭이 한없이 좁은 가늘고 긴 조각(이른바 불가분량)이 무수히 많이 모여서 이루어졌다고 생각하면, 그 도형의 넓이를 구하거나 그에 관한 다른 결론을 유도할 수 있다. 예를 들면, 원을 꼭지점은 원의 중심에 있고 밑변은 원의 둘레를 따라 있는 폭이 좁은 삼각형이 무수히 많이 모여서 이루어진 것으로 생각하면, 원의 넓이와 둘레 사이의 관계를 증명할 수 있다(더 좋은 표현으로 '설명할 수 있다')(그림 12). 각 삼각형의 넓이는 밑변과 높이의 곱의 반이므로, 이런 삼각형 전체의 넓이는 이것들의 공통 높이(원의 반지름)와 밑변의 합(원 둘레)의 곱의 반이다. 이에 따라 $A = Cr/2$라는 공식을 얻는다.

물론, 이 공식을 불가분량의 방법으로 유도하는 것은 이미 얻은

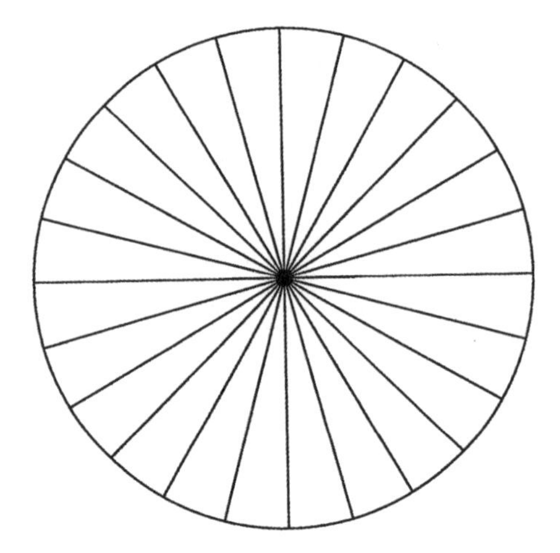

▶ **그림 12** 원을 꼭지점은 원의 중심에 있고 밑변은 원의 둘레를 따라 있는 폭이 좁은 삼각형이 무수히 많이 모여서 이루어진 것으로 생각할 수 있다.

지식이 있기 때문에 가능하다. 왜냐하면 이 공식은 고대부터 알려졌기 때문이다(이것을 식 $A=\pi r^2$과 $C=2\pi r$에서 π를 소거해서 간단히 얻을 수 있다). 게다가, 이 방법은 여러 면에서 결점이 있다. 우선, 어느 누구도 '불가분량'의 의미를 정확하게 이해하지 못했다. 불가분량을 조작하는 방법은 두말할 것도 없다. 불가분량을 한없이 작은 양으로 생각했다. 사실, 크기가 0인 양으로 생각했는데, 이런 양을 아무리 많이 더해도 결과는 여전히 0이 될 것이다(여기서 부정형 ∞의 예를 찾을 수 있다). 둘째, 이 방법은 잘 적용되더라도, 기하학적으로 교묘한 솜씨를 대단히 많이 요구한다. 그러므로 각 문제에 대해 적절한 종류의 불가분량을 고안해야만 한다. 그러나 이런 결함에도 불구하고 불가분량의 방법은 어쨌든 적용되었고, 실제로 많은 경우에 새로운 결과를 낳았다. 케플러는 이 방법을 처음으로 완벽하게 이용한 사람에 속한다. 그는 잠시 동안 천문학 연구를 제쳐두고 현실적인 문제를 다루었는데, 다양한 포도주 통의 부피를 구했다(소문에 의하면 그는 포도주 상인들이 포도주 통의 내용물을 측정하는 방법에 불만을 품었다고 한다). 케플러는 그의 책 《포도주 통의 입체 기하학》(Nova stereometria doliorum vinariorum, 1615)에서 불가분량의 방법을 이용해서 여러 가지 회전체의 부피를 구했다(회전체는 축을 중심으로 평면 도형을 회전시켜서 얻는다). 그는 이 방법을 삼차원으로 확장시키고 입체를 무수히 많은 얇은 조각이나 엷은 막의 모임으로 간주해서 각각의 부피를 더해서 이런 결과를 얻었다. 그는 이런 발상을 적용함으로써 현대적인 적분법에 매우 가까이 접근했었다.

주석과 출전

1. Translated by Henry Crew and Alfonso De Salvio (1914; rpt. New York: Dover, 1914)
2. Petr Beckmann, *A History of* π (Boulder, Colo.: Golem Press, 1977), p. 102.
3. 판 코일렌의 기록은 오래 전에 깨졌다. 1989년 컬럼비아 대학교의 미국 연구원 2명은 슈퍼컴퓨터를 이용해서 π를 소수점 4.8억 자리까지 계산했다. 이 수를 인쇄한다면 약 600마일까지 뻗을 것이다. 다음을 보라. Beckmann, *A History of* π, ch. 10.
4. 피타고라스에 관한 많은 이야기는 그의 추종자들의 연구로부터 알게 된 것인데, 종종 그가 죽고 수세기가 지난 뒤에 쓰인 글을 통한 것이다. 그래서 그의 삶에 관한 많은 '사실'은 적당히 소화해서 받아들여야 할 것이다. 15장에서 피타고라스에 대해 더 알아볼 것이다.
5. 정다면체 또는 플라톤 입체에서는 모든 면이 똑같은 정다각형이고 각 꼭지점에 똑같은 개수의 모서리가 모인다. 플라톤 입체에는 정확하게 다섯 가지가 있는데, 정사면체(정삼각형 면이 4개), 정육면체, 정팔면체(정삼각형 면이 8개), 정십이면체(정오각형 면이 12개), 정이십면체(정삼각형 면이 20개) 등이 그것이다. 다섯 가지 모두 고대 그리스 시대부터 알려졌다.

불가분량의 방법

불가분량 방법의 예로서, 포물선 $y = x^2$ 아래의 넓이를 $x = 0$부터 $x = a$까지 구해 보자. 넓이를 구하려는 영역을 매우 많은 개수(n)의 수직 선분('불가분량')으로 이루어졌다고 생각하는데, 각 수직 선분의 높이 y는 방정식 $y = x^2$에 따라서 x와 함께 변한다(그림 13). 이런 선분들이 일정한 수평 거리 d만큼씩 떨어져 있으면, 선분들의 높이는 d^2, $(2d)^2$, $(3d)^2$, $\cdots$, $(nd)^2$이다. 그러므로 구하려는

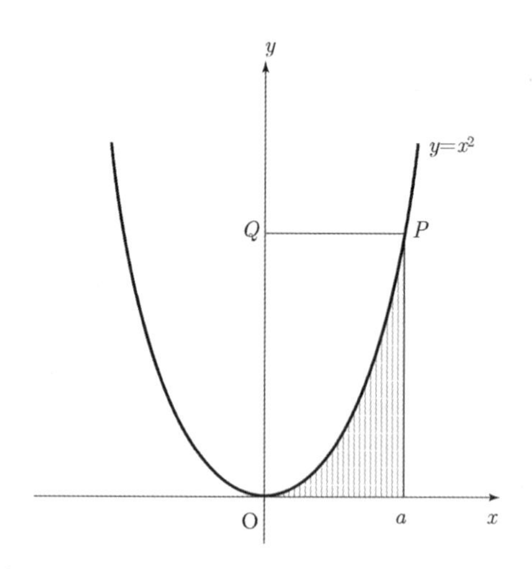

▶ **그림 13** 포물선 아래의 넓이를 불가분량 방법으로 구하기

넓이는 다음 합과 근사적으로 같다.

$\{d^2+(2d)^2+(3d)^2+\cdots+(nd)^2\}\cdot d=(1^2+2^2+3^2+\cdots+n^2)\cdot d^3$

정수의 제곱을 더하는 잘 알려진 공식을 이용하면 이 식은 $\{n(n+1)(2n+1)/6\}\cdot d^3$과 같은데, 대수적으로 약간 정리하면 다음과 같다.

$$\frac{\left(1+\frac{1}{n}\right)\left(2+\frac{1}{n}\right)(nd)^3}{6}$$

$x=0$부터 $x=a$까지의 구간의 길이는 a이므로 $nd=a$이고, 따라서 마지막 식은 다음과 같이 된다.

$$\frac{\left(1+\frac{1}{n}\right)\left(2+\frac{1}{n}\right)a^3}{6}$$

마지막으로 불가분량의 개수를 한없이 늘릴 때(즉, $n\to\infty$일 때), 항 $1/n$과 $2/n$은 0으로 수렴하고, 다음과 같이 원하는 넓이를 얻는다.

$$A=\frac{a^3}{3}$$

이것은 물론 적분으로 얻는 결과 $A=\int_0^a x^2dx=a^3/3$과 일치한다. 이것도 또한 실진법으로 얻은 아르키메데스의 결과와 비교할 수 있는데, 쉽게 확인할 수 있듯이, 실진법의 경우 그림 13에서 포물선의 일부인 OPQ의 넓이는 삼각형 OPQ의 넓이의 4/3이다.

불가분량 방법의 개척자들이 '불가분량'의 의미를 명확하게 제시하지 않았다는 사실을 제쳐두더라도, 이 방법은 조잡하며 적절한 합의 공식을 찾는 데 크게 의존한다. 예를 들면, 이 방법을 쌍곡선 $y=1/x$ 아래의 넓이를 찾는 데 적용할 수 없는데, 정수의 역수들을 더하는 공식이 존재하지 않기 때문이다. 그래서 이 방법은 여러 가지 특별한 경우에 적용할 수 있지만, 현대적인 적분법의 보편적이고 알고리즘적인 속성이 결여되어 있다.

7장

쌍곡선의 구적

그레구아르 생-빈센트는
가장 뛰어난 원-구적자이다…
그는 쌍곡선 넓이의 성질을 발견했는데, 이것은
네이피어의 로그를 쌍곡적이라 부르게 만들었다.
—드 모르간, 《기인 백과 사전》(1915)

평면 도형의 넓이를 구하는 문제를 '구적'(quadrature, squaring)이라고 한다. 이 말은 넓이를 넓이의 단위, 즉 정사각형으로 나타내는 이 문제의 핵심적인 본질을 잘 보여준다. 그리스 사람들에게 구적은 주어진 도형을 기초적인 원리를 이용해서 넓이를 구할 수 있는 동치인(즉 넓이가 같은) 도형으로 변환시킴을 의미했다. 간단한 예를 제시하기 위해서, 각 변의 길이가 a와 b인 직사각형의 넓이를 구한다고 하자. 이 직사각형의 넓이가 한 변의 길이가 x인 정사각형의 넓이와 같으면, 틀림없이 $x^2 = ab$, 즉 $x = \sqrt{ab}$가 성립해야 한다. 그림 14에 나타낸 대로, 자와 컴퍼스를 이용해서 길이가 $\sqrt{ab}$인 선

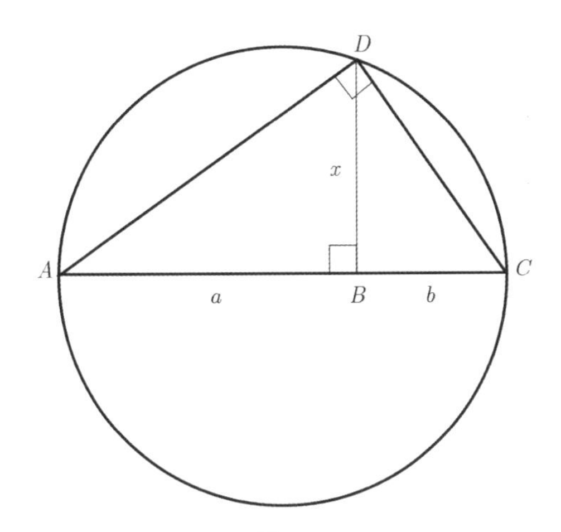

▶ **그림 14** 자와 컴퍼스로 길이가 $\sqrt{ab}$ 인 선분을 작도하기. 직선 위에 길이가 a 인 선분 AB를 표시하고, 이 선분의 끝점에서 길이가 b인 선분 BC를 표시한 다음, 지름이 AC인 반원을 그린다. 점 B에서 AC에 수선을 올려서 원과 만나는 점을 D라고 하자. BD의 길이를 x라고 하자. 기하학의 잘 알려진 정리에 의해, $\angle ADC$는 직각이다. 그러므로 $\angle BAD = \angle BDC$이고, 이에 따라 삼각형 BAD와 BDC는 닮은꼴이다. 따라서 $AB/BD = BD/BC$이므로, $x = \sqrt{ab}$ 이다.

분을 쉽게 작도할 수 있다. 그래서 임의의 직사각형의 구적을 시행할 수 있고, 이에 따라 임의의 평행사변형과 임의의 삼각형의 구적도 시행할 수 있다. 왜냐하면 이런 도형을 간단한 작도를 이용해서 직사각형으로부터 얻을 수 있기 때문이다(그림 15). 임의의 다각형의 구적도 즉시 시행할 수 있는데, 언제나 다각형을 몇 개의 삼각형으로 분해할 수 있기 때문이다.

시간이 지나면서, 구적 문제의 이렇게 순수하게 기하학적인 면은 좀더 계산적인 접근 방법에 밀리게 되었다. 넓이가 같은 도형을 구체적으로 작도하는 과정은, 그런 작도를 '원칙적으로' 시행할 수 있음을 밝힐 수 있는 한, 더 이상 필요하지 않다고 생각되었다. 이런 의미에서 실진법은 진정한 구적이 아니었다. 왜냐하면 실진법은 무수히 많은 단계를 요구했고 이에 따라 순수하게 기하학적인 방법으

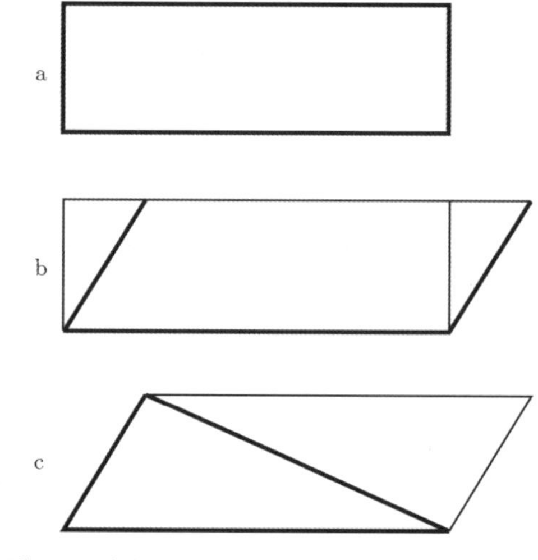

▶ **그림 15** 직사각형 a와 평행사변형 b의 넓이는 서로 같다. 삼각형 c의 넓이는 이런 넓이의 반이다.

로 성취할 수 없었기 때문이다. 그런데 1600년경 무한 과정이 수학에 들어오면서, 이런 제한도 제거되었고, 구적 문제는 순수하게 계산적인 문제가 되었다.

구적을 위한 모든 시도를 고집스럽게 저항한 도형 중에는 쌍곡선(hyperbola)이 있었다. 이 곡선은 원뿔을 원뿔의 밑면과 옆면 사이의 각보다 큰 각의 평면으로 자를 때 얻어진다(그래서 '…을 초과하는'을 뜻하는 접두어 'hyper'가 붙었다). 그렇지만 친숙한 아이스크림 콘과 다르게, 여기서는 꼭지점끼리 붙어 있는 두 개의 원뿔면을 생각하고 있다. 이에 따라 쌍곡선은 두 개의 분리된 대칭적인 곡선으로 이루어진다(72쪽 그림 11[d]를 보라). 게다가, 쌍곡선에는 이와 연관된 한 쌍의 직선, 즉 무한대에서의 접선 두 개가 있다. 각 곡선을 따라서 중심으로부터 밖으로 이동하면, 이 직선에 더욱더 접근하지만 결코 도달하지는 못한다. 이런 직선을 쌍곡선의 '점근선'이라고 한다(그리스 말에서 이 용어는 '만나지 않음'을 뜻한다). 점근선은 앞에서 논의한 극한 개념을 기하학적으로 표현한다.

그리스 사람들은 원뿔 곡선을 순수하게 기하학적인 관점에서 연구했다. 그러나 17세기 해석 기하학의 발견과 함께 기하학적 대상, 특히 곡선에 대한 연구는 점점 더 대수학의 일부가 되었다. 곡선 자체 대신에, 그 곡선 위의 점의 x좌표와 y좌표를 관련짓는 '방정식'을 고려했다. 이에 따라 각 원뿔 곡선의 방정식이 어떤 이차 방정식의 특별한 경우라는 사실이 밝혀졌다. 그 이차 방정식의 일반적인 꼴은 $Ax^2+By^2+Cxy+Dx+Ey=F$이다. 예를 들면, $A=B=F=1$이고 $C=D=E=0$일 때 방정식 $x^2+y^2=1$을 얻는데, 이것의 그래프는 중심이 원점이고 반지름이 1인 원(단위 원)이다. 그림 16에 나타낸 쌍곡선은 $A=B=D=E=0$과 $C=F=1$에 대응한다. 이 곡선의 방정식은 $xy=1$(또는 $y=1/x$)이며, 점근선은 x축과 y축이다. 점근선들이 서로 수직이기 때문에, 이 특별한 쌍곡선을 '직교 쌍곡선'이라고 부른다.

앞에서 지적했듯이, 아르키메데스는 쌍곡선을 구적하려고 시도했지만 실패했다. 17세기 초 불가분량의 방법이 발견되었을 때, 수학자들은 이 과제를 완수하려고 다시 시도했다. 그런데 원이나 타원과

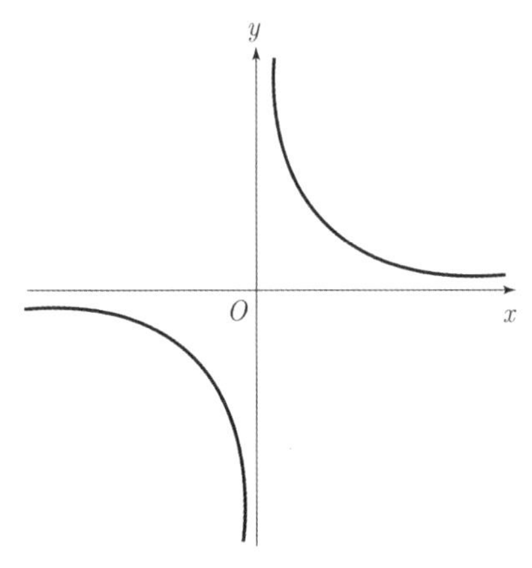

▶ 그림 16 직교 쌍곡선 $y=1/x$

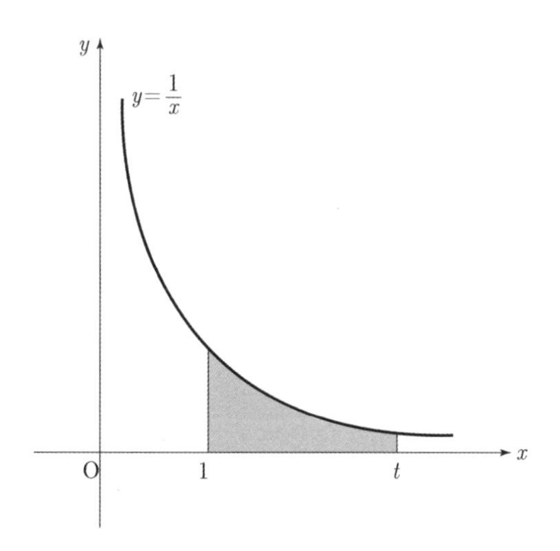

▶ **그림 17** $x=1$부터 $x=t$까지 직교 쌍곡선 아래의 넓이

달리 쌍곡선은 무한대로 뻗어가는 곡선이다. 그래서 이런 경우 구적의 의미를 명확하게 해야 한다. 그림 17은 쌍곡선 $xy=1$의 그래프의 한 곡선을 보여준다. '쌍곡선 아래의 넓이'는 $xy=1$의 그래프와 x축 및 세로 직선 $x=1$과 $x=t$로 둘러싸인 영역의 넓이를 의미한다. 물론, 이 넓이의 수치적인 값은 t의 선택에 좌우되며, 이에 따라 t의 함수이다. 이 함수를 $A(t)$로 나타내자. 쌍곡선의 구적 문제는 이 함수를 찾는 것, 즉 넓이를 변수 t를 포함하는 공식으로 나타내는 것과 같다.

17세기에 접어들었을 무렵, 몇 명의 수학자가 독자적으로 이 문제를 해결하려고 시도했다. 그중에서 유명한 사람으로 페르마(Pierre de Fermat, 1601-1665)와 데카르트(René Descartes, 1596-1650)가 있었다. 이들은 파스칼(Blaise Pascal, 1623-1662)과 함께 미적분학이 발견되기 이전 시대에 수학계를 이끈 프랑스의 위대한 삼두마차였다. 음악에서 바흐와 헨델과 같이, 데카르트와 페르마를 함께 '수학의 쌍둥이'라고 종종 부른다. 그렇지만 둘 모두 프랑스 사람이고 거의 같은 시대에 살았다는 사실을 제외한다면, 두 사람과 같이 서로 다른 인물을 찾아보기 어려울 것이다. 데카르트의 첫째 직업은 군인이었으며, 당시 유럽 전역에서 맹위를 떨치던 국지적인 전투에 여러 번 참가했다. 그는 충성을 바칠 대상을 두 번 이상 바꾸었으며, 어느 쪽이든 자신을 필요로 하는 편에 섰다. 그러던 어느 날 밤 신으로부터 우주의 비밀을 풀 수 있는 열쇠를 하사 받는 꿈을 꾸었다. 여전히 군 복무를 하고 있던 그는 철학 연구에 몰두했고, 곧 유럽에서 가장 영향력 있는 철학자의 한 사람이 되었다. 그의 좌우명 "나는 생각한다, 그러므로 나는 존재한다."는 이성과 수학적 구도가 지배하는 합리적인 세계에 대한 그의 믿음을 간략하게 요약했다. 그렇지만 수학에 대한 그의 관심은 최우선 과제인 철학적 문제에 비하면 부차적인 것이었다. 그는 단 하나의 중요한 수학 논문을 발표했다. 그러나 이 논문은 수학의 진로를 바꾸었다. 그의 주된 철학 저서 《방법서설》(Discours de la méthode pour bien conduire sa raison et chercher la vérité dans les sciences)의 세 가지 부록 중 하나로 1637년에 발표한 《기하학》(La Gémérie)에서 이 세상에 해석 기하학을 소개했다.

해석 기하학의 핵심적인 발상은 평면의 모든 점을 두 개의 고정된 직선으로부터의 거리인 두 수로 나타내는 것이었다(그림 18). 이런 발상은 데카르트가 어느 날 아침 늦게까지 침대에 누워 있을 때 천장을 날아다니는 파리를 보고 떠올랐다고 한다. 데카르트는 그 점의 '좌표'인 이런 두 수를 이용해서 기하학적 관계를 대수적 방정식으로 해석할 수 있었다. 특히, 그는 곡선을 어떤 공통된 성질을 가진 점들의 궤적으로 생각했다. 그는 그 곡선 위의 점의 좌표를 변수로 생각해서, 이런 변수들을 관련짓는 방정식으로 공통된 성질을 나타낼 수 있었다. 간단한 예를 들면, 단위 원은 중심으로부터 단위 길이만큼 떨어져 있는 (평면 위의) 점 전체의 궤적이다. 좌표계의 원점을

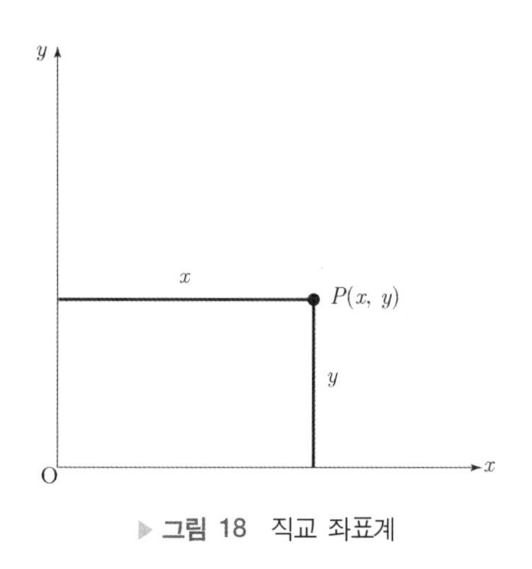

▶ **그림 18** 직교 좌표계

중심으로 택하고 피타고라스 정리를 이용하면, 단위 원의 방정식 $x^2+y^2=1$을 얻는다(이미 지적했듯이 이것은 일반적인 이차 방정식의 특별한 경우이다). 여기서 데카르트의 좌표계는 직교 좌표계가 아니라 사교 좌표계이며, 그는 양의 좌표만을, 즉 제1사분면의 점만을 고려했다는 사실을 지적해야 한다. 이것은 오늘날의 통상적인 상황과 매우 다르다.

《기하학》은 그 뒤 세대의 수학자들에게 엄청난 영향을 끼쳤다. 그 중에는 젊은 뉴턴도 있었는데, 그는 케임브리지 대학생이었을 때 라틴어로 번역된 이 책을 구입해서 혼자 힘으로 공부했다. 데카르트의 연구는 고대 그리스의 엄밀한 기하학을 다시 살렸는데, 고대 그리스의 기하학의 진수는 기하학적 작도와 증명이었다. 그 뒤부터 기하학은 대수학과 떨어질 수 없는 관계가 되었으며, 곧 미적분학도 마찬가지의 상황이 되었다.

페르마는 데카르트와 정반대였다. 변덕스러운 데카르트는 끊임없이 거주지와 충성 서약 및 직업을 바꾸었지만, 페르마는 착실한 사람의 본보기였다. 사실, 그의 삶은 매우 평온했기 때문에 그에 관한 일화는 거의 전해지지 않는다. 그는 첫째 직업이 공무원이었고, 1631년 툴루즈 시의회의 일원이 되었으며, 여생을 그 자리에서 보냈다. 그는 여가 시간에 어학, 철학, 문학, 시작을 연구했다. 그러나 주로 수학 연구에 몰두했는데, 수학을 일종의 지적 유희로 생각했다. 당시의 많은 수학자는 또한 물리학자이거나 천문학자였지만, 페르마는 순수 수학자의 화신이었다. 그의 주요 관심사는 수학의 모든 분야 중에서도 가장 '순수한' 수론이었다. 이 분야에 대한 그의 많은 공헌 중에는 방정식 $x^n + y^n = z^n$은 $n = 1$과 $n = 2$인 경우를 제외하면 양의 정수 해를 갖지 않는다는 주장이 있다. $n = 2$인 경우는 피타고라스 정리와 관련해서 그리스 사람들도 이미 알고 있었다. 그들은 특정한 직각 삼각형의 각 변의 길이가 정수인 경우가 있음을 알고 있었다. 이를테면, 각 변의 길이가 3, 4, 5 또는 5, 12, 13인 직각 삼각형이 있다(실제로, $3^2 + 4^2 = 5^2$이고 $5^2 + 12^2 = 13^2$이다). 그래서 x, y, z의 더 큰 거듭제곱에 대해 이와 유사한 방정식이 정수 해를 가질 수 있는지를 묻는 것이 매우 자연스러웠을 것이다(자명한 경우인 0, 0, 0과 1, 0, 1은 배제한다). 페르마의 답은 '아니오'였다. 서기 3세기에 알렉산드리아에서 썼으며 1621년 라틴어로 번역된 수론에 관한 고전인 디오판토스의 《산학》(Arithmetica)의 여백에 그는 다음과 같이 썼다. "세제곱수를 두 개의 세제곱수의 합으로 또는 네제곱수를 두 개의 네제곱수의 합으로 또는 일반적으로 차수가 2보다 큰 임의의 거듭제곱수를 그와 같은 차수의 두 개의 거듭제곱수로 나타낼 수 없다. 나는 이 명제에 대한 정말로 놀라운 증명을 발견했지만, 이 여백이 너무 좁아서 이를 적을 수 없다." 수없이 많은 시도와 수많은 잘못된 증명 및 이 주장이 참임을 보여주는 수천 가지의 특별한 n의 값에도 불구하고, 일반적인 명제는 미해결 상태로 남아 있다. '페르마의 마지막 정리'로 불리는 이 명제는 수학에서 가장 유명한 미해결 문제이다.[1]

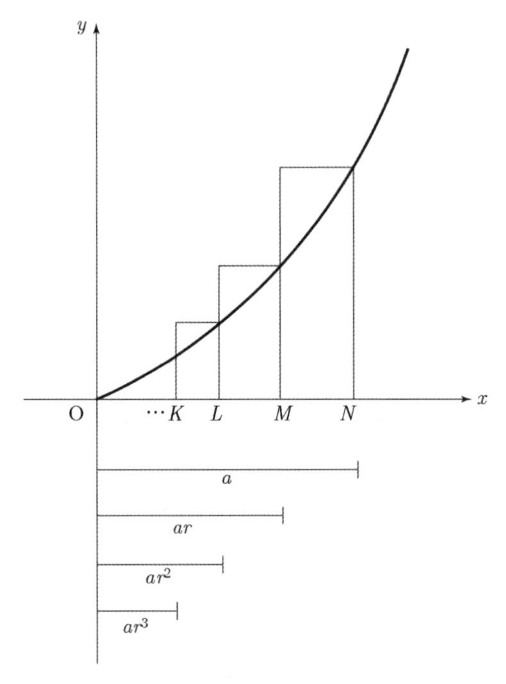

▶ **그림 19** 곡선 $y=x^n$ 아래의 넓이를 밑변의 길이가 등비 수열을 이루는 일련의 직사각형으로 근사시키는 페르마의 방법

현재의 주제와 좀더 가까운 내용으로, 페르마는 일반적인 방정식이 $y=x^n$인 곡선의 구적에 관심을 가졌다. 여기서 n은 양의 정수이다. 이런 곡선을 일반화된 포물선이라고 부르기도 한다(포물선은 $n=2$인 경우이다). 페르마는 각 곡선 아래의 넓이를 일련의 직사각형으로 근사시켰는데, 이런 직사각형의 밑변의 길이는 감소하는 등비 수열을 이룬다. 이것은 물론 아르키메데스의 실진법과 매우 비슷했다. 그러나 선배들과 달리 페르마는 무한 급수의 합을 구하는 데 겁내지 않았다. 그림 19는 x축에서 $x=0$과 $x=a$ 사이에 있는 곡선 $y=x^n$의 일부를 보여준다. $x=0$부터 $x=a$까지의 구간을 점 $\cdots$, K, L, M, N으로 무수히 많은 작은 구간으로 나누었다고 가정

하자. 여기서 $ON = a$이다. 그러면 N에서 출발해서 거꾸로 진행할 때 이런 작은 구간들이 감소하는 등비 수열을 이룬다면, 1보다 작은 r에 대해서 $ON = a$, $OM = ar$, $OL = ar^2$과 같이 될 것이다. 그리고 이런 점에서 곡선까지의 높이(세로 좌표)는 a^n, $(ar)^n$, $(ar^2)^n$, …이 된다. 이것으로부터 각 직사각형의 넓이를 구하고, 무한 등비 급수의 합의 공식을 이용해서 넓이의 합을 구하기는 쉽다. 그 결과는 다음 공식으로 주어진다.

$$A_r = \frac{a^{n+1}(1-r)}{1-r^{n+1}} \tag{1}$$

여기서 A의 아래 첨자 r은 이 넓이가 아직도 r의 선택에 좌우됨을 지적한다.[2]

그 다음에 페르마는 실제의 곡선과 직사각형들 사이의 빈틈을 줄이기 위해서는 각 직사각형의 폭을 작게 만들어야 한다고 판단했다(그림 20). 이렇게 하기 위해서는 공비 r이 1에 가까워야 한다. 가까울수록 빈틈은 줄어든다. 그런데 불행하게도, $r \to 1$일 때 식 (1)은

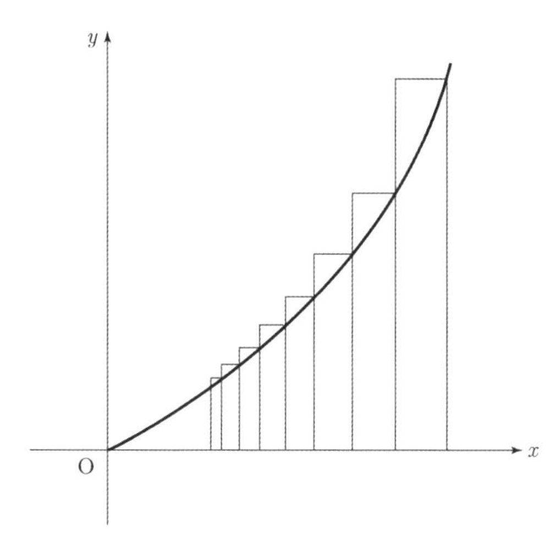

▶ **그림 20** 직사각형을 작게 만들고 직사각형의 개수를 늘리면 더 좋은 근삿값을 얻는다.

0/0 꼴의 부정형이 된다. 페르마는 식 (1)의 분모 $1-r^{n+1}$이 $(1-r)(1+r+r^2+\cdots+r^n)$으로 인수 분해된다는 사실을 찾아내어 이 난관을 극복할 수 있었다. 분모와 분자에 있는 공통 인수 $1-r$을 약분하면 식 (1)은 다음과 같이 된다.

$$A_r = \frac{a^{n+1}}{1+r+r^2+\cdots+r^n}$$

그러면 $r \to 1$일 때, 분모의 각 항은 1에 한없이 가까워져서, 결국 다음 공식을 얻는다.

$$A = \frac{a^{n+1}}{n+1} \tag{2}$$

미적분학을 배운 사람은 식 (2)를 적분 공식 $\int_0^a x^n dx = a^{n+1}/(n+1)$으로 알아볼 것이다. 그런데 페르마의 이 연구는 1640년경에 이루어졌으며, 뉴턴과 라이프니츠가 이 공식을 적분법의 일부로 확증하기 약 30년 전이었다는 사실을 상기해야 한다.[3]

페르마의 연구 결과는 주목할 만한 비약적 발전이었다. 왜냐하면 그의 연구는 단 하나의 곡선이 아니라 n의 양의 정수 값에 대해 방정식 $y=x^n$으로 정의되는 모든 곡선의 구적을 얻었기 때문이다. (확인하기 위해서, $n=2$일 때 이 공식의 값 $A=a^3/3$은 포물선에 대한 아르키메데스의 결과와 일치함을 지적한다.) 게다가, 페르마는 자신이 이용한 과정을 약간 수정해서, $x=a(a>0)$로부터 무한대까지의 영역을 택하면, n의 값이 '음'의 정수일 때도 식 (2)가 여전히 유효함을 밝혔다.[4] n의 값이 음의 정수일 때, 이를테면 $n=-m$(m은 양의 정수)일 때, 종종 일반화된 쌍곡선이라고 부르는 곡선족 $y=x^{-m}=1/x^m$을 얻는다. 페르마의 공식이 이런 경우에도 성립한다는 사실은 매우 놀랍다. 왜냐하면 방정식 $y=x^m$과 $y=x^{-m}$은 겉으로 보기에는 비슷하지만 매우 다른 형태의 곡선을 나타내기 때문이다. 즉, 곡선 $y=x^m$은 모든 곳에서 연속이지만, 곡선 $y=x^{-m}$은 $x=0$에서 무한대가 되고 이에 따라 '절단'(수직 점근선)된다. 페르마가 이전의 결과를 처음에 얻을 때 가정한 제약을 제거해도 그 결과가 여전히 정당함을 발견하고 그가 기뻐했을 장면을 충분히 상상할 수 있다.[5]

그런데 안타깝게도 여기에는 한 가지 예외가 있었다. 페르마의 공식은 전체 곡선들의 이름이 유래된 곡선인 쌍곡선 $y=1/x=x^{-1}$의 경우에는 적용되지 않는다. 이것은 $n=-1$인 경우 식 (2)에서 분모 $n+1$이 0이 되기 때문이다. 이 중요한 경우를 설명할 수 없었던 페르마는 틀림없이 대단히 실망했겠지만, 다음과 같은 간단한 말로 이를 감추었다. "아폴로니오스의 쌍곡선[$y=1/x$]을 제외하고 무수히 많은 모든 쌍곡선을 똑같이 일반적인 과정에 따라서 등비 급수의 방법으로 구적할 수 있다고 나는 주장한다."[6]

완고하게 버티는 예외적인 경우를 해결하는 과제는 페르마와 같은 시대의 인물로 이름이 덜 알려진 사람의 몫이 되었다. 벨기에의 예수회 수사 그레구아르 드 생-빈센트(Gréoire(Gregorius) de Saint-Vincent)는 많은 시간을 들여 여러 가지 구적 문제를 연구했는데, 특히 원의 구적 문제를 연구했다. 이에 따라 동료들은 그를 원-구적자라고 불렀다(이 경우 그의 구적 결과가 거짓임이 밝혀졌다). 생-빈센트의 주된 연구 저서 《원과 원뿔 곡선의 기하학적 구적 연구》(Opus geometricum quadraturae circuli et sectionum coni, 1647)는 1631년 스웨덴 사람들이 침입해오기 전에 서둘러 프라하를 떠나면서 그가 남긴 수천 편의 과학 논문을 편집한 것이다. 이 논문들은 한 동료가 보관했다가 10년 뒤에 저자에게 되돌려줬다. 이렇게 발표가 지연되었기 때문에 생-빈센트가 이 사실을 먼저 입증했다고 확실하게 말하기 어렵다. 그러나 $n=-1$일 때 쌍곡선 아래의 영역을 넓이가 서로 같은 직사각형으로 근사시키는 생각을 그가 처음으로 언

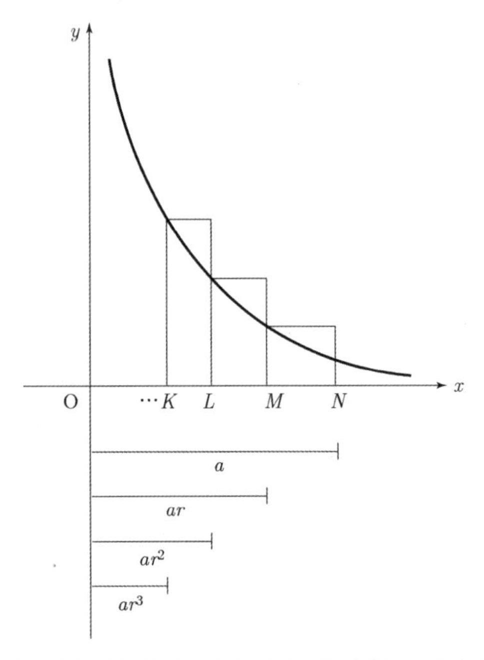

▶ **그림 21** 쌍곡선에 적용된 페르마의 방법. 생-빈센트는 밑변의 길이가 등비수열을 이룰 때 직사각형들의 넓이는 서로 같고, 이에 따라 넓이는 수평 거리의 로그값에 비례한다는 사실을 알았다.

급한 것으로 보인다. 실제로(그림 21을 보라), 연속한 직사각형의 폭은 N에서 시작하면 $a-ar=a(1-r)$, $ar-ar^2=ar(1-r)$, $\cdots$이고 높이는 N, M, L, $\cdots$에서 $a^{-1}=1/a$, $(ar)^{-1}=1/ar$, $(ar^2)^{-1}=1/ar^2$, $\cdots$이므로, 넓이는 $a(1-r)\cdot 1/a=1-r$, $ar(1-r)\cdot 1/ar=1-r$, $\cdots$이다. 이것은 0으로부터의 거리가 등비수열로 증가하면 그에 대응하는 넓이는 똑같은 증분으로(즉, 등차수열로) 증가하는데, 이는 $r\to 1$일 때의(즉, 이산적인 직사각형으로부터 연속적인 포물선으로 변화시킬 때의) 극한으로 접근해도 참이라는 사실을 의미한다. 그런데 이것은 역으로 넓이와 거리 사이가 로그의 관계라는 사실을 함의한다. 좀더 정확하게 말하면, 어떤 고

Problem $\frac{n}{n-1} - 1 = a$, which gives $n = \frac{a+1}{a}$; ſo the Equation to the Hyperbola ſought, is $\overline{y\,x}|^{\frac{a+1}{a}} = 1$.

Let (as before) AC, AH be the Aſymtotes of any Hyperbola DLF defined by this Equation $y\,x^n = 1$, in which the Abſciſſa $AK = x$, and Ordinate $KL = y$, and n is ſuppoſed either equal to, or greater than Unity. 1°. It appears that in all Hyperbola's the interminate Space $CAKLD$ is infinite, and the interminate Space $HAGLF$ (except in the *Apollonian* where $n = 1$) is finite. 2°. In every Hyperbola, one Part of it continually approaches nearer and nearer to the Aſymptote AC, and the other part continually nearer to the other Aſymptote AH; that is, LD meets with AC at a Point infinitely diſtant from A, and LF meets with AH at a Point infinitely diſtant from A.

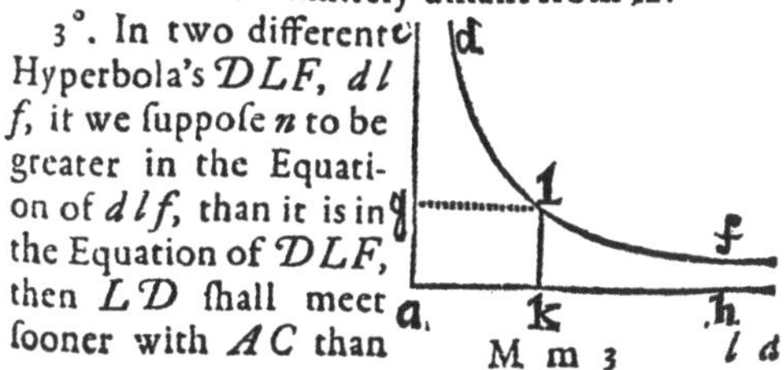

3°. In two different Hyperbola's DLF, dlf, it we ſuppoſe n to be greater in the Equation of dlf, than it is in the Equation of DLF, then LD ſhall meet ſooner with AC than

M m 3   *l d*

▶ **그림 22** 쌍곡선의 구적을 논의하고 있는 샤이엔(George Cheyene)의 《종교의 철학적 원리》(Philosophical Principles of Religion, London, 1734)의 한 쪽.

정된 기준점 $x > 0$으로부터(편의를 위해 통상 $x = 1$을 선택하는데) 변수 $x = t$까지 쌍곡선 아래의 넓이를 $A(t)$로 나타내면 $A(t) = \log t$가 성립한다. 생-빈센트의 제자 사라사(Alfonso Anton de Sarasa, 1618-1667)는 이 관계를 명확하게 기록했는데,[7] 이것은 로

그 함수를 활용한 최초의 경우 중 하나였다. 당시까지 로그는 주로 계산 도구로 간주되었었다.[8]

그래서 쌍곡선의 구적이 마침내 해결되었는데, 이것은 그리스 사람들이 처음으로 이 문제와 씨름하고 약 2000년이 지난 뒤였다. 그렇지만 한 가지 문제점이 여전히 남아 있었다. 공식 $A(t) = \log t$는 변수 t에 관한 함수로 쌍곡선 아래의 넓이를 나타내지만, 로그의 밑이 분명하게 정해지지 않았기 때문에 수치적인 계산에는 여전히 적절하지 않다. 이 공식을 실용적으로 이용하기 위해서는 반드시 밑을 결정해야 한다. 아무런 밑이나 관계없을까? 아니다. 왜냐하면 쌍곡선 $y = 1/x$과 이 곡선 아래의 (이를테면 $x = 1$부터 $x = t$까지의) 넓이는 밑의 선택과 관계없이 독립적으로 존재하기 때문이다. (이 상황은 원의 경우와 비슷하다. 넓이와 반지름 사이의 일반적인 관계 $A = kr^2$을 알고 있지만, k의 값을 임의로 선택할 자유는 없다.) 그래서 이 넓이를 수치적으로 결정할 수 있는 어떤 특정한 '자연스러운' 밑이 반드시 있어야 한다. 제10장에서 알아보겠지만, 그 밑은 수 e이다.

1600년대 중반까지 적분법의 기초를 이루는 주요한 개념은 수학계에 매우 잘 알려져 있었다.[9] 불가분량의 방법은 불안정한 기반 위에 있었지만, 수많은 곡선과 입체 도형에 성공적으로 적용되었다. 그리고 아르키메데스의 실진법은 현대적인 형태로 수정되어 곡선족 $y = x^n$의 구적 문제를 해결했다. 그런데 이런 방법들이 성공을 거두었지만, 여전히 단 하나의 통일된 체계로 융합되지는 않았다. 문제마다 다른 방법으로 접근해야 했고, 기하학적 직관력, 대수적 기교, 대단한 행운에 따라 성공이 좌우되었다. 필요한 것은, 이런 문제들을 쉽고 효율적으로 해결할 수 있도록 도와주는 일반적이고 체계적인 과정, 즉 알고리즘이었다. 그 과정을 뉴턴과 라이프니츠가 제공했다.

주석 및 출전

1. 이 책을 출간하는 중에 프린스턴 대학의 앤드류 와일스(Andrew Wiles)가 마침내 이 정리를 증명했다는 발표를 하였다(New York Times, 1993. 6. 24). 200쪽에 달하는 그의 증명은, 아직 발표되지 않았지만, 세밀하게 검증을 받아야 할 것이다.
2. 다음을 보라. Ronald Calinger, ed., *Classics of Mathematics*(Oak Park, Ill.: Moore Publishing Company, 1982), pp. 336-338.
3. 무한 곱과 관련해서 이미 언급한 월리스는 페르마와 거의 같은 시기에 이와 똑같은 결과를 독자적으로 얻었다. 양의 정수 n에 대해 이와 똑같은 공식을 그 이전의 여러 수학자들도 이미 알고 있었는데, 그중에는 카발리에리(Bonaventura Cavalieri, 1598?-1647), 로베르발(Gilles Persone de Roberval, 1602-1675), 토리첼리(Evangelista Torricelli, 1608-1647) 등이 있다. 이들은 모두 불가분량의 방법을 발전시킨 개척자였다. 이 주제에 대해서는 다음을 보라. D. J. Struik, ed., *A Source Book in Mathematics*, 1200-1800 (Cambridge, Mass.: Harvard University Press, 1969), ch. 4.
4. 사실, $n=-m$일 때 식 (2)로부터 얻는 넓이는 음수이다. 이것은 함수 $y=x^n$이 x의 값이 커짐에 따라서 $n>0$일 때는 증가하고 $n<0$일 때는 감소하기 때문이다. 그렇지만 (거리와 같이) 넓이를 절댓값으로 생각하는 한, 음의 부호는 중요하지 않다.
5. 페르마와 월리스 모두 나중에 식 (2)를 n이 분수 p/q인 경우까지 확장했다.
6. Calinger, ed., *Classics of Mathematics*, p. 337.
7. Margaret E. Baron, *The Origins of the Infinitesimal Calculus* (1969; rpt. New York: Dover, 1987), p. 147.
8. 쌍곡선 영역의 넓이와 로그와의 관계에 대한 역사는 다음을 보라. Julian Lowell Coolidge, *The Mathematics of Great Amateurs* (1949; rpt. New York: Dover, 1963), pp. 141-146.
9. 미분법의 기원은 다음 장에서 논의될 것이다.

8장

새로운 과학의 탄생

[뉴턴의] 특이한 재능은 순수하게 정신적인 문제를
완전히 꿰뚫어 볼 수 있을 때까지
마음 속에서 끊임없이 간직할 수 있는 힘이었다.
-케인즈(John Maynard Keynes)

뉴턴은 1642년 성탄절 영국 링컨셔 주의 울즈소프(Woolsthorpe)에서 태어났다. 그 해는 갈릴레오가 사망한 해였다. 이 우연의 일치에는 상징적인 뜻이 있는데, 갈릴레오가 반세기 전에 기초를 닦은 역학의 토대를 바탕으로 뉴턴은 우주를 수학적으로 훌륭하게 설명했기 때문이다. "한 세대가 가면 또 한 세대가 오지만 이 땅은 영원히 그대로이다."라는 성경 구절(전도서 1장 4절)이 이처럼 잘 들어맞은 경우는 없었다.[1]

뉴턴의 어린 시절은 가정의 불운으로 점철되었다. 아버지는 그가 태어나기 몇 달 전에 사망했고, 어머니는 그 뒤 곧 재혼했는데, 둘째 남편도 머잖아 잃게 된다. 그래서 어린 뉴턴은 외할머니가 돌봐주었다. 열세 살 때 중학교에 입학해서, 그리스어와 라틴어를 공부했지만 수학은 거의 공부하지 못했다. 1661년 케임브리지 대학의 트리니티 대학에 입학한 뒤 그의 인생은 완전히 바뀌었다.

그는 신입생일 때 언어, 역사, 종교를 특히 강조하는 당시의 전통적인 교과 과정에 따라 공부했다. 수학에 대한 관심이 언제 그리고 어떻게 타오르게 되었는지는 정확하게 알 수 없지만, 그는 손수 구할 수 있었던 수학의 고전들인 유클리드의 《원론》, 데카르트의 《기하학》, 월리스의 《무한 산술》, 비에트와 케플러의 저서들을 혼자 힘으로 공부했다. 이 책들은 그 내용이 거의 대부분 잘 알려져 있는 오늘날에도 결코 읽기가 쉽지 않다. 더욱이 수학적 소양이 극소수의 특권이었던 뉴턴의 시대에는 더욱 그랬을 것이다. 다른 사람의 도움을 전혀 받지 않고 자신의 생각을 서로 나눌 친구도 없이 혼자 힘으로 이런 책들을 공부했다는 사실은, 외부의 도움을 거의 받을 필요도 없이 뛰어난 결과를 발견할 외로운 천재의 탄생을 예고했다.[2]

뉴턴이 23세였던 1665년 흑사병이 발생해서 케임브리지 대학은 휴교해야만 했다. 대부분의 학생들에게 이런 상황은 학업의 중단을 의미할 것이고, 어쩌면 미래의 진로가 크게 손상될 수도 있을 것이다. 뉴턴에게는 정반대의 현상이 발생했다. 그는 링컨셔의 집으로 돌아가서 만물에 대해 자유롭게 생각하고 자신의 생각을 구체화하면서 즐겁게 2년을 보냈다. (그의 표현대로) 이 '최상의 시기'는 그의 인생에서 가장 알찬 시간이었으며, 과학의 진로를 바꾼 시기였다.[3]

뉴턴이 수학에서 발견한 최초의 중요한 사실은 무한 급수와 관련이 있다. 제4장에서 알아봤듯이, n이 양의 정수일 때 식 $(a+b)^n$을 전개하면 $(n+1)$개의 항의 합으로 이루어지며, 계수는 파스칼의 삼각형에서 찾을 수 있다. 뉴턴은 1664/65년 겨울에 이 식을 n이 분수인 경우로 확장시켜 전개했고, 그 다음 가을에는 n이 음수인 경우까지 확장시켰다. 그렇지만 이런 경우들에서 전개식은 무수히 많은 항으로 이루어진다. 즉 '무한 급수'가 된다. 이를 알아보기 위해서, 앞에서 사용했던 것과 약간 다른 다음과 같은 형태로 파스칼의 삼각형을 써보자.

$$
\begin{array}{lcccccccc}
n=0: & 1 & 0 & 0 & 0 & 0 & 0 & \cdots \\
n=1: & 1 & 1 & 0 & 0 & 0 & 0 & \cdots \\
n=2: & 1 & 2 & 1 & 0 & 0 & 0 & \cdots \\
n=3: & 1 & 3 & 3 & 1 & 0 & 0 & \cdots \\
n=4: & 1 & 4 & 6 & 4 & 1 & 0 & \cdots
\end{array}
$$

(파스칼의 삼각형을 이렇게 '계단'으로 나타낸 그림은 제1장에서 이미 언급한 책인 슈티펠의 《산술 총서》에 1544년 처음 등장했다.) 다시 말하지만, 각 행의 j째 성분과 $(j-1)$째 성분의 합은 그 다음 행의 j째 성분이 된다. 그래서 $\rightarrow\!\downarrow$ 의 양식이 형성된다. 각 행의 끝에 있는 0들은 단순히 이 전개식이 유한함을 나타낸다. 뉴턴은 n이 음의 정수인 경우를 다루기 위해서, 각 행의 j째 성분에서 그 위 행의 $(j-1)$째 성분을 뺀 차를 계산해서 이 수표를 확장했다. 이 때는 $\nwarrow\!\rightarrow$ 의 양식이 형성된다. 그는 각 행이 1로 시작한다는 사실을 알고, 다음과 같은 배열을 얻었다.

$$
\begin{array}{lrrrrrrrl}
n=-4: & 1 & -4 & 10 & -20 & 35 & -56 & 84 & \cdots \\
n=-3: & 1 & -3 & 6 & -10 & 15 & -21 & 28 & \cdots \\
n=-2: & 1 & -2 & 3 & -4 & 5 & -6 & 7 & \cdots \\
n=-1: & 1 & -1 & 1 & -1 & 1 & -1 & 1 & \cdots \\
n=0: & 1 & 0 & 0 & 0 & 0 & 0 & 0 & \cdots \\
n=1: & 1 & 1 & 0 & 0 & 0 & 0 & 0 & \cdots \\
n=2: & 1 & 2 & 1 & 0 & 0 & 0 & 0 & \cdots \\
n=3: & 1 & 3 & 3 & 1 & 0 & 0 & 0 & \cdots \\
n=4: & 1 & 4 & 6 & 4 & 1 & 0 & 0 & \cdots
\end{array}
$$

예를 들면, $n=-4$에 대한 행의 성분 84는 그 아래 행의 28에서 왼쪽에 있는 -56을 뺀 차이다. 즉 $28-(-56)=84$이다. 이렇게 뒤로 확장하면, n이 음의 정수일 때 전개식은 결코 끝나지 않는다는 결과를 얻는다. 그래서 유한 합 대신에 무한 급수를 얻는다.

뉴턴은 n이 분수인 경우를 다루기 위해서 파스칼의 삼각형에 나타나는 수치적인 양식을 면밀하게 연구했고 '행간의 숨은 뜻을 알아내어' $n=1/2,\ 3/2,\ 5/2,\ \cdots$일 때의 계수들을 끼워 넣을 수 있었다. 예를 들면, $n=1/2$일 때 1, 1/2, −1/8, 1/16, −5/128, 7/256, …과 같은 계수를 얻었다.[4] 그러므로 식 $(1+x)^{1/2}$, 즉 $\sqrt{1+x}$의 전개식은 다음과 같은 무한 급수이다.

$$1+\frac{1}{2}x-\frac{1}{8}x^2+\frac{1}{16}x^3-\frac{5}{128}x^4+\frac{7}{256}x^5-\cdots$$

뉴턴은 음의 정수와 분수인 n에 대해 일반화된 이항 전개를 '증명'하지는 않았다. 단지 추측했을 뿐이다. 그는 이중 점검을 위해서 $(1+x)^{1/2}$에 대한 급수 전개를 항끼리 곱해서 제곱했는데, 매우 기쁘게도 결과가 $1+x$임을 발견했다.[5] 그리고 그는 자신이 올바르게 진행하고 있음을 보여주는 또 다른 단서도 발견했다. $n=-1$인 경우에 파스칼의 삼각형에서 계수는 1, −1, 1, −1, …이다. 이 계수를 이용해서 식 $(1+x)^{-1}$을 x의 거듭제곱들로 전개하면, 다음 무한 급수를 얻는다.

$$1-x+x^2-x^3+-\cdots$$

그런데 이것은 첫째 항이 1이고 공비가 $-x$인 무한 등비 급수이다. 초등 대수학에 따르면, 공비가 −1과 1 사이의 값이면, 이 급수는 정확하게 $1/(1+x)$에 수렴한다. 그래서 뉴턴은 자신의 추측이 적어도 이 경우에는 정확함을 알았다. 이와 동시에 이것은 무한 급수를 유한 급수와 똑같은 방식으로 다룰 수 없다는 사실을 그에게 보여주는 경고였다. 왜냐하면 여기서 수렴의 문제는 결정적이기 때문이다. 그는 '수렴'이라는 용어를 사용하지 않았지만(당시 극한과 수렴의 개념은 알려지지 않았다), 자신의 결과가 정당하기 위해서는 반드시 x의 값이 매우 작아야 한다는 점을 분명하게 알았다.

뉴턴은 이항 전개를 다음과 같은 형태로 공식화했다.

$$(P+PQ)^{\frac{m}{n}} = P^{\frac{m}{n}} + \frac{m}{n} \cdot AQ + \frac{m-n}{2n} \cdot BQ$$
$$+ \frac{m-2n}{3n} \cdot CQ + \cdots$$

여기서 A는 이 전개식의 첫째 항, 즉 $P^{\frac{m}{n}}$을 나타내고, B는 둘째 항을 나타내며, 이와 같이 계속된다(이것은 제4장에서 제시한 공식과 동치이다). 뉴턴은 이 공식을 1665년에 생각해냈지만, 1676년에야 왕립 학회의 비서인 올덴버그(Henry Oldenburg)에게 보낸 편지에서 처음으로 공개했다. 그 편지는 이 주제에 대해 더 많은 정보를 요청한 라이프니츠에 대한 답신이었다. 뉴턴이 평생 동안 변함 없이 보여준 특징은 자신이 발견한 내용의 발표를 꺼렸다는 점인데, 이로 인해 라이프니츠와 누가 먼저 미적분학을 발견했는지에 관한 치열한 논쟁이 일어나게 되었다.

뉴턴은 이항 정리를 이용해서 여러 가지 곡선의 방정식을 변수 x에 관한 무한 급수 또는 오늘날의 표현으로 x에 관한 거듭제곱 급수(멱 급수)로 나타냈다. 그는 이런 급수를 단순히 다항식으로 생각했고, 대수학의 통상적인 규칙에 따라 처리했다. (오늘날 이런 규칙들을 무한 급수에 언제나 적용할 수 없음을 알고 있지만, 뉴턴은 이런 잠재적인 어려움을 미처 깨닫지 못했다.) 그는 페르마의 공식 $x^{n+1}/(n+1)$을 급수의 각 항에 적용시켜서(현대적인 표현으로 항별로 적분해서) 많은 새로운 곡선의 구적을 시행할 수 있었다.

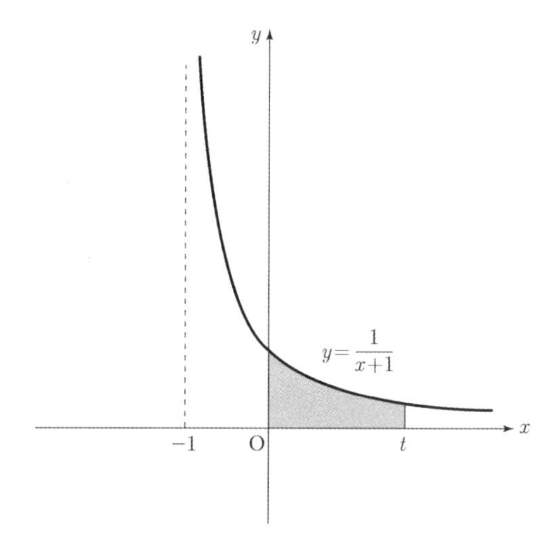

▶ **그림 23** $x=0$부터 $x=t$까지 쌍곡선 $y=1/(x+1)$ 아래의 넓이는 $\log(t+1)$이다.

뉴턴은 방정식 $(x+1)y=1$에 특별한 관심을 가졌는데, 이 방정식의 그래프는 그림 23에 나타낸 쌍곡선이다(이 곡선은 $xy=1$의 그래프를 왼쪽으로 1만큼 평행 이동한 것과 똑같다). 이 방정식을 $y=1/(x+1)=(1+x)^{-1}$로 놓고 x의 거듭제곱들로 전개하면 이미 알아본 대로 급수 $1-x+x^2-x^3+\cdots$을 얻는다. 뉴턴은 쌍곡선 $y=1/x$과 x축 및 직선 $x=1$과 $x=t$로 둘러싸인 영역의 넓이가 $\log t$라는 생-빈센트의 발견을 알고 있었다. 이것은 $y=1/(x+1)$과 x축 및 직선 $x=0$과 $x=t$로 둘러싸인 영역의 넓이가 $\log(t+1)$임을 뜻한다(그림 23을 보라). 그래서 뉴턴은 페르마의 공식을 다음 식의 각 항에 적용했다.

$$(1+x)^{-1}=1-x+x^2-x^3+\cdots$$

그리고 이 결과를 넓이 사이의 등식으로 고려해서 다음과 같은 놀라운 급수를 발견했다.

$$\log(1+t)=t-\frac{t^2}{2}+\frac{t^3}{3}-\frac{t^4}{4}+\cdots$$

이 급수는 −1보다 크고 1보다 작은 t의 모든 값에 대해 수렴하며, 이론적으로는 이 급수를 이용해서 많은 수의 로그값을 계산할 수 있다. 그렇지만 수렴 속도가 느리기 때문에 계산에 이용하기에는 비실용적이다.[6] 항상 그랬듯이, 뉴턴은 이 사실을 발표하지 않았는데, 이번에는 그럴 만한 이유가 있었다. 홀스타인(Holstein, 당시는 덴마크, 현재는 독일 지역)에서 태어났고 영국에서 대부분의 삶을 보낸 머케이터(Nicolaus Mercator, 1620?-1687)[7]는 1668년 《로그법》(Logarithmotechnia)이라는 책을 출판했는데, 이 책에 이 급수가 처음으로 등장했다(이것도 또한 생-빈센트가 독자적으로 발견했다). 뉴턴은 머케이터가 발표했다는 소식을 듣고 몹시 실망했으며, 자신이 받아야 할 명예를 빼앗겼다고 생각했다. 그는 이 사건으로 인해 자극을 받아서 다음부터는 자신이 발견한 사실을 서둘러 발표할 것이라고 생각할 것이다. 그러나 정반대의 현상이 일어났다. 그때부터 뉴턴은 자신의 연구 결과를 아주 가까운 친구와 동료에게만 알려주었다.

로그 급수를 발견한 사람이 또 있었다. 머케이터가 그의 책을 출판한 바로 그 해에 왕립 학회의 창설자이며 초대 회장이었던 브런커(William Brouncker, 1620?-1684)는 쌍곡선 $(x+1)y=1$과 x축 및 직선 $x=0$과 $x=1$로 둘러싸인 영역의 넓이가 무한 급수 $1-1/2+1/3-1/4+\cdots$ 또는 이와 동치인 급수 $1/(1\cdot2)+1/(3\cdot4)+1/(5\cdot6)+\cdots$로 표현된다는 사실을 밝혔다(앞의 급수에서 두 항씩 짝을 지어 더하면 뒤의 급수를 얻을 수 있다). 이 결과는 머케이터의 급수에서 $t=1$인 특별한 경우이다. 브런커는 실제로 이 급수의 매우 많은 항을 더해서 값 0.69314709를 얻었는데, 이것이 log2에 '비례'하는 값이라고 생각했다. 오늘날 이것들은 비례하는 정도가 아니라 실제로 같다는 사실이 밝혀졌다. 왜냐하면 쌍곡선의 구적과 관련된 로그는 자연 로그, 즉 밑이 e인 로그이기 때문이다.

로그 급수를 처음 발견한 사람을 정하기가 어려운 점은 미적분학이 발견되기 직전 시기를 상징적으로 보여준다. 이때는 많은 수학자가 비슷한 발상에서 독자적으로 연구했으며, 똑같은 결과에 도달했다. 이렇게 발견된 사실 중 많은 것은 책이나 잡지를 통해 공식적으로 발표되지 않았으며, 소책자나 서신을 통해 몇 명의 동료와 학생들 사이에서 유포되었다. 뉴턴도 이런 방법으로 자신이 발견한 내용 중 많은 것을 발표했는데, 이런 관행은 그에게 그리고 크게는 과학계에 불행한 결과를 가져왔다. 다행스럽게도, 로그 급수의 경우는 누가 먼저 발견했는지에 대한 논쟁이 심각하게 일어나지는 않았다. 왜냐하면 뉴턴은 이미 훨씬 더 중요한 결과인 미적분학에 마음을 두고 있었기 때문이다.

용어 'calculus'(미적분학)는 이 과목을 이루는 중요한 두 분야인 '미분학과 적분학'(differential and integral calculus)을 줄인 말이다(이것을 'infinitesimal calculus'라고도 한다). 'calculus'라는 말 자체는 수학의 특별한 분야인 미적분학과 아무런 관계가 없다. 넓은 범위에서 이것은 수 또는 추상적인 문자와 같은 수학적 대상에 대한 체계적인 조작을 의미한다. 라틴어로 calculus는 조약돌을 의미하며, 조약돌을 셈 도구로(원시적인 수판으로) 이용했던 전통에서 수학과 관계를 맺게 되었다. (이 단어의 어원은 석회를 의미하는 calc 또는 calx이며, 이로부터 칼슘(calcium)과 분필(chalk)도 유래했다.) calculus의 의미를 미적분학으로 제한한 사람은 라이프니츠였다. 뉴턴은 이 용어를 사용한 적이 없으며, 대신에 자신이 발견한 분야를 '유율법'(method of fluxion)이라고 불렀다.

미분학은 변화에 관한 연구이며, 좀더 구체적으로 말하면 변량의 '변화율'에 관한 연구이다. 주변에서 찾아볼 수 있는 대부분의 물리 현상은 시간에 따라 변화하는 양과 관계가 있다. 예를 들면, 달리는 차의 속도, 온도계의 눈금 표시, 회로에서의 전류 등을 들 수 있다. 오늘날 이런 것들을 변량이라고 하는데, 뉴턴은 '유량'(fluent)이라는 용어를 사용했다. 미분학에서는 변량의 변화율 또는 뉴턴의 표현대로 주어진 유량의 '유율'(fluxion)을 찾아낸다. 뉴턴이 선택한 용어를 보면, 그가 연구하는 목적을 알 수 있다. 그는 수학자였을 뿐만 아니라 물리학자였다. 그의 세계관은 역동적이었는데, 모든 것은 알려진 힘들의 작용에 의해 야기된 연속적인 운동 상태에 있었다. 물론, 이런 관점이 처음에 뉴턴으로부터 시작된 것은 아니었다. 모든 운동을 힘의 작용에 의한 결과로 설명하려는 시도는 고대까지 거슬러 올라가며, 1600년대 초 역학의 토대를 세운 갈릴레오에 이르러 절정에 이르렀다. 그러나 수많은 관측 결과를 '만유 인력의 법칙'이라는 하나의 거대한 이론으로 집대성한 사람은 바로 뉴턴이었다. 그는 이를 1687년에 처음 출판된 책 《자연 철학의 수학적 원리》에서 발표했다. 그가 발견한 미적분학은 그의 물리학 연구와 직접적인 관계는 없었지만, 의심할 바 없이 그의 역동적인 우주관의 영향을 받았다(그는 원리에서 미적분학을 거의 이용하지 않았으며 자신의 추론을 기하학의 형태로 면밀하게 전개했다[8]).

뉴턴의 출발점은 하나의 방정식, 이를테면 $y=x^2$에 의해 서로 관련된 두 변수를 고려하는 것이었다(오늘날 이런 관계를 '함수'라고 부르며, y가 x의 함수임을 나타내기 위해 $y=f(x)$라고 쓴다). 이런 관계는 xy평면에서 하나의 그래프로 표현되는데, 위의 예는 포물선으로 표현된다. 뉴턴은 함수의 그래프를 동점 $P(x, y)$에 의해 생성된 곡선으로 생각했다. P가 곡선을 그릴 때, x좌표와 y좌표 모두 시간에 따라 연속적으로 변한다. 시간 자체도 일정한 속도로 '흐른다'고 생각했는데, 이에 따라 '유량'이라는 용어가 사용되었다. 뉴턴은 시간에 관한 x와 y의 변화율, 즉 유율을 찾으려고 시도했다. 이것은 인접한 두 순간에서 x와 y의 값의 차이 또는 변화를 경과한 시간으로 나누어 얻었다. 마지막으로 결정적인 단계는 경과한 시간을 0으로 또는 좀더 정확하게 말하면 무시할 수 있을 만큼 작은 값으로 생각하는 것이었다.

이제 이 방법을 함수 $y=x^2$에 적용해보자. 짧은 시간 ε을 생각한다(실제로 뉴턴은 문자 o를 사용했지만, 영과 비슷하기 때문에 여기서는 ε을 사용하겠다). 이런 시간에 x좌표는 양 $\dot{x}\varepsilon$만큼 변하는데, $\dot{x}$는 뉴턴이 x의 변화율, 즉 유율을 나타낸 기호이다(그래서 이것은 '도트(dot) 표기법'이라 부르게 되었다). 마찬가지로 y가 변한 양은 $\dot{y}\varepsilon$이다. 방정식 $y=x^2$에서 x 대신에 $x+\dot{x}\varepsilon$을 y 대신에 $y+\dot{y}\varepsilon$을 대입하면, $y+\dot{y}\varepsilon=(x+\dot{x}\varepsilon)^2=x^2+2x(\dot{x}\varepsilon)+(\dot{x}\varepsilon)^2$을 얻는다. 그런데 $y=x^2$이므로, 좌변의 y와 우변의 x^2을 소거하면 $\dot{y}\varepsilon=2x(\dot{x}\varepsilon)+(\dot{x}\varepsilon)^2$이다. 이제 양변을 ε으로 나누면, $\dot{y}=2x\dot{x}+\dot{x}^2\varepsilon$을 얻는다. 마지막 단계는 ε을 0과 같게 놓는 것이다. 그러면 $\dot{y}=2x\dot{x}$만 남는다. 이것이 두 유량 x와 y의 유율 사이의 관계 또는 현대적인 표현으로 시간의 함수로 간주되는 변수 x와 y의 변화율 사이의 관계이다.

뉴턴은 자신의 유율법을 적용하는 방법을 여러 가지 예로 제시했다. 이 방법은 완벽하게 일반적이다. 즉, 이 방법은 방정식에서 서로 관계를 맺고 있는 임의의 두 유량에 적용할 수 있다. 위에서 제시한 과정에 따라서, 원래 변수들의 유율, 즉 변화율 사이의 관계를 얻는다. 연습삼아, 뉴턴이 제시한 예의 하나인 삼차 방정식 $x^3-ax^2+axy-y^3=0$에 유율법을 적용해보자. x와 y의 유율 사이의 관계를 보여주는 방정식은 다음과 같다.

$$3x^2\dot{x}-2ax\dot{x}+ax\dot{y}+ay\dot{x}-3y^2\dot{y}=0$$

이 방정식은 포물선에 대한 것보다 더 복잡하지만, 목적은 똑같다. 곡선 위의 각 점 $P(x,y)$에 대해 x의 변화율을 y의 변화율로 그리고 그 반대로 나타낼 수 있도록 해준다.

그런데 유율법을 이용해서 시간에 관한 변수의 변화율만을 찾을 수 있는 것이 아니다. x의 변화율로 y의 변화율을 나누면(즉 비 $\dot{y}/\dot{x}$를 계산하면), x에 대한 y의 변화율을 얻는다. 그런데 이 마지막 양에서 간단한 기하학적 의미를 찾을 수 있다. 이것은 곡선 위의 각 점에서 그 곡선의 가파른 정도를 측정한다. 좀더 정확하게 말하면, 비 $\dot{y}/\dot{x}$는 '곡선 위의 점 $P(x, y)$를 지나는 접선의 기울기'이다. 여기서 기울기는 그 점에서의 경사도를 뜻한다. 예를 들면, 포물선 $y = x^2$의 경우 두 유율 사이의 관계가 $\dot{y} = 2x\dot{x}$이므로 $\dot{y}/\dot{x} = 2x$이다. 이것은 포물선 위의 각 점 $P(x, y)$에서 접선의 기울기는 그 점의 x좌표의 2배와 같음을 뜻한다. $x = 3$이면 기울기는 6이고, $x = -3$이면 기울기는 -6이다(음수 기울기는 왼쪽에서 오른쪽으로 진행함에 따라 곡선이 아래로 향함을 의미한다). 그리고 $x = 0$이면 기울기는 0이다[이것은 포물선이 $x = 0$에서 수평인 접선을 가짐을 의미한다. 이렇게 계속된다(그림 24를 보라)].

마지막으로 중요한 점을 강조하겠다. 뉴턴은 x와 y가 시간에 따

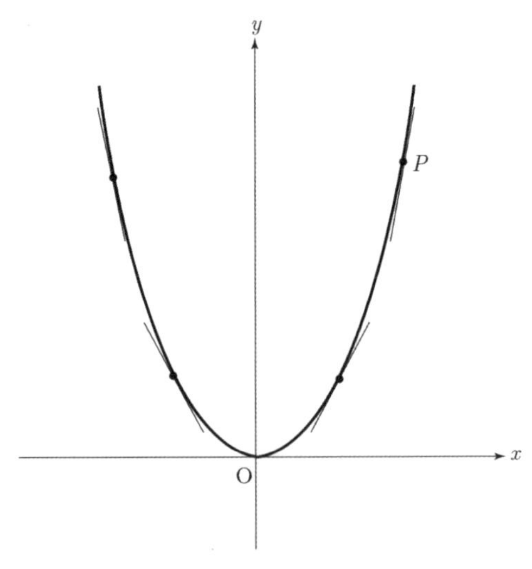

▶ **그림 24** 포물선 $y = x^2$의 접선들

라 변한다고 생각했지만, 유율에 대한 완전히 기하학적인 해석으로 끝을 맺었는데, 이것은 시간에 의존하지 않는다. 그는 자신의 생각을 구체화하기 위한 보조 도구로 시간의 개념이 필요했을 뿐이다. 뉴턴은 유율법을 많은 곡선에 적용시켜서, 곡선의 기울기, 최고점과 최저점(최댓값과 최솟값), 곡률(곡선의 방향이 바뀌는 비율), 변곡점(곡선이 아래로 오목한 상태에서 위로 오목한 상태로 또는 그 반대로 바뀌는 점)을 발견했다. 이 모든 기하학적 성질은 접선과 관계가 있다. 유량의 유율을 찾는 과정은 접선과 관계가 있기 때문에, 뉴턴의 시대에는 이를 '접선 문제'라고 불렀다. 오늘날에는 이 과정을 '미분'이라 부르고, 함수의 유율을 '도함수'라고 부른다. 뉴턴의 도트 표기법은 살아남지 못했다. 아직도 이것이 이따금 등장하는 물리학을 제외한다면, 오늘날에는 다음 장에서 알아볼 좀더 효율적인 라이프니츠의 미분 표기법을 사용한다.

뉴턴의 유율법은 완전히 새로운 발상은 아니었다. 적분과 마찬가지로, 이것도 얼마 동안 유포되어 있었으며, 페르마와 데카르트는 이것을 몇 가지 특별한 경우에 이용했다. 뉴턴이 발견한 내용의 중요성은 그것이 거의 모든 함수의 변화율을 구할 수 있는 '일반적인 절차', 즉 알고리즘을 제공했다는 사실이다. 현재 미적분학 과정의 일부가 된 미분 규칙 대부분은 그의 발견이었다. 예를 들면, $y = x^n$일 때 $\dot{y} = nx^{n-1}\dot{x}$이라는 규칙이 있다($n$은 양수 또는 음수, 정수 또는 분수, 심지어 무리수까지의 모든 값을 취할 수 있다). 뉴턴의 선임자들이 길을 닦아놓았지만, 그들의 생각을 강력하고 보편적인 도구로 바꾸었고 곧 과학의 거의 모든 분야에 적용시켜서 엄청난 성공을 거두게 만든 사람은 바로 뉴턴이었다.

뉴턴은 다음으로 접선 문제의 '역', 즉 유율이 주어졌을 때 유량을 찾는 문제를 고려했다. 대체로 말하면, 나눗셈이 곱셈보다 더 어렵고 제곱근 풀이가 제곱하기보다 더 어렵듯이, 이것은 접선 문제보

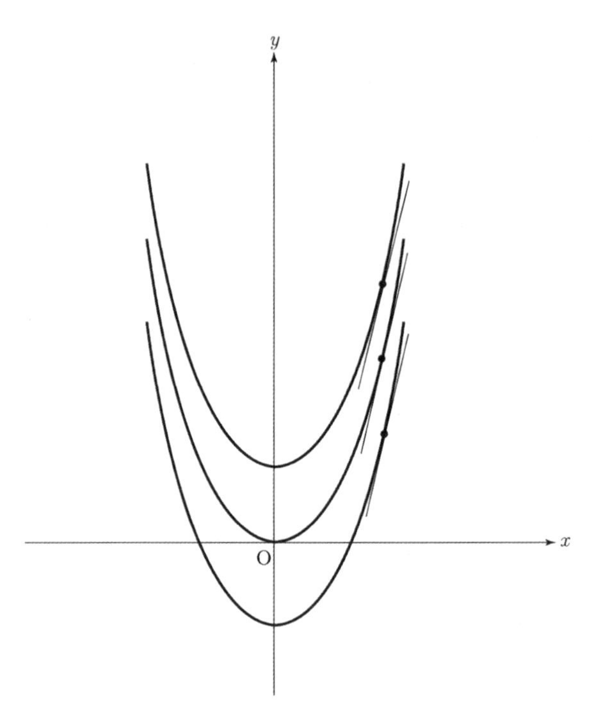

▶ **그림 25** 곡선을 위 아래로 이동시킬 때 접선의 기울기는 변하지 않는다.

다 더 어려운 문제였다. 다음의 예가 보여주듯이, 간단한 경우에는 그 결과를 '추측'으로 찾을 수 있다. $\dot{y}=2x\dot{x}$ 유량 y를 찾아보자. 알기 쉬운 답은 $y=x^2$이다. 그러나 $y=x^2+5$도 x^2-8도 답이 될 수 있는데, 사실 임의의 상수 c에 대해 x^2+c는 답이다. 왜냐하면 이 모든 함수의 그래프는 $y=x^2$의 그래프를 위 아래로 평행 이동시켜서 얻을 수 있으므로 x의 주어진 값에서 똑같은 기울기를 갖기 때문이다(그림 25). 그러므로 주어진 유율에 대응하는 유량은 무수히 많이 있으며, 이것들은 서로 상수만큼의 차이가 난다.

뉴턴은 $y=x^n$의 유율이 $\dot{y}=nx^{n-1}\dot{x}$이라는 사실을 밝힌 뒤에 이 공식을 다음과 같이 역전시켰다. 유율이 $\dot{y}=x^n\dot{x}$이면 유량은 (더해지는 상수를 생략하면) $y = x^{n+1}/(n+1)$이다. (이것을 미분해서 $\dot{y} = x^n \dot{x}$를 얻어 이 결과를 확인할 수 있다.) 이 공식은 또한 n이 정수일 때와 마찬가지로 분수일 때도 적용된다. 뉴턴이 이용한 예를 들면, $\dot{y} = x^{1/2}\dot{x}$이면 $y = (2/3)x^{3/2}$이다. 그런데 이 공식은 $n = -1$일 때 분모가 0이 되기 때문에 적용할 수 없다. 이것은 유율이 $1/x$에 비례하는 경우로, 페르마가 쌍곡선의 구적을 시도할 때 실패한 바로 그 경우이다. 뉴턴은 이런 경우에 그 결과가 로그와 관련이 있다는 사실을 알아냈다(어떻게 알아냈는지는 곧 확인할 것이다). 그는 이런 로그를 브리그스의 상용 로그와 구별하기 위해서 '쌍곡선 로그'라고 불렀다.

오늘날에는 주어진 유율의 유량을 찾는 과정을 '부정 적분법'(indefinite integration) 또는 '역 미분법'(antidifferntiation)이라 하고, 주어진 함수를 적분한 결과를 그것의 '부정 적분'(indefinite integral) 또는 '역 도함수'(antiderivative)라고 한다('부정'(indefinite)은 임의의 적분 상수의 존재를 가리킨다). 그런데 뉴턴은 미분 규칙과 적분 규칙을 단순히 제시한 것만이 아니다. 페르마가 $x = 0$부터 어떤 $x > 0$까지 곡선 $y = x^n$ 아래의 넓이는 식 $x^{n+1}/(n+1)$으로 표현된다는 사실을 발견했음을 상기하자. 똑같은 식이 $y = x^n$의 부정 적분에도 나타난다. 뉴턴은 넓이와 부정 적분 사이의 관계가 우연의 일치가 아님을 인식했다. 바꾸어 말하면, 그는 미적분학의 두 가지 기본적인 문제인 접선 문제와 넓이 문제가 서로 '역'관계의 문제라는 사실을 깨달았다. 이것이 미적분학의 핵심이다.

주어진 함수 $y = f(x)$에 대해, x의 어떤 고정된 값, 이를테면 $x = a$부터 어떤 변량 $x = t$까지 $f(x)$의 그래프 아래의 넓이를 나타내는 새로운 함수 $A(t)$를 정의할 수 있다(그림 26). 이 새로운 함수를 원래 함수의 '넓이 함수'라고 부르겠다. t의 값을 변화시키면, 즉 점 $x = t$를 오른쪽 또는 왼쪽으로 움직이면, 그래프 아래의 넓이도

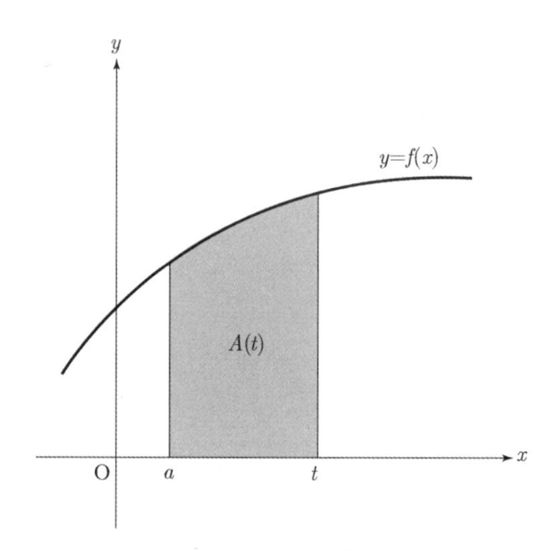

▶ **그림 26** $x=a$부터 $x=t$까지 $y=f(x)$의 그래프 아래의 넓이는 그 자체로 t의 함수이며 $A(t)$로 나타낸다.

또한 변하기 때문에, 이 함수는 t의 함수이다. 뉴턴이 깨달은 사실은 다음과 같다. "t에 관한 넓이 함수의 변화율은 모든 점에서 $x=t$에서 그 점에서의 원래 함수의 값과 같다." 현대적으로 표현하면, $A(t)$의 도함수는 $f(t)$와 같다. 그런데 이것은 또한 $A(t)$가 $f(t)$의 부정 적분임을 의미한다. 그러므로 $y=f(x)$의 그래프 아래의 넓이를 구하기 위해서는, 반드시 $f(x)$의 부정 적분을 구해야 한다(여기서 변수 t를 x로 바꾸었다). 이런 의미에서 넓이를 찾고 도함수를 찾는 두 과정은 서로에 대한 역 관계이다. 오늘날 이 역 관계를 '미적분학의 기본 정리'라고 한다. 이항 정리와 마찬가지로, 뉴턴은 이 기본 정리에 대한 형식적인 증명을 제시하지는 않았지만, 이것의 본질을 완전히 파악하고 있었다. 실제로 뉴턴의 발견은 당시까지 관계가 없는 분리된 분야로 간주되었던 미적분학의 두 분야를 하나의 통합된 분야로 합쳤다(미적분학의 기본 정리의 증명은 부록 3에 개략적으로 제시했다).

예를 들어 이것을 설명해보자. $x=1$부터 $x=2$까지 포물선 $y=x^2$ 아래의 넓이를 구한다고 하자. 먼저 $y=x^2$의 부정 적분을 찾아야 한다. 이미 x^2의 부정 적분이 $y=(1/3)x^3+c$임을 알고 있으므로(여기서는 적분 상수를 써야 한다), 넓이 함수는 $A(x)=(1/3)x^3+c$이다. c의 값을 결정하기 위해서, $x=1$이 이 구간의 초기 값이기 때문에 이 점에서의 넓이는 반드시 0이어야 함을 주목하자. 그래서 $0=A(1)=1^3/3+c$이므로, $c=-1/3$이다. 이 값을 $A(x)$의 방정식에 다시 대입하면, $A(x)=x^3/3-1/3$이 된다. 끝으로, 마지막 방정식에 $x=2$를 대입하면, 구하려는 넓이 $A(2)=2^3/3-1/3=8/3-1/3=7/3$을 얻는다. 실진법이나 불가분량의 방법을 이용해서 이런 결과를 얻기 위해 얼마나 많은 작업이 필요한지를 고려해본다면, 적분법의 엄청난 장점을 제대로 인식할 수 있다.

미적분학의 발견은, 2000년 전 유클리드가 《원론》에서 고전 기하학을 체계적으로 편집한 이래, 수학에서 일어난 가장 중요한 사건이었다. 미적분학은 수학자들이 생각하고 연구하는 방법을 영원히 변화시켰으며, 이것의 강력한 방법은 순수 과학과 응용 과학의 거의 모든 분야에 영향을 끼쳤다. 그러나 평생동안 논쟁에 말려들기를 싫어한 뉴턴은 자신이 발견한 내용(미적분학)을 발표하지 않았다(그는 이미 빛의 본질에 관해 자신이 발견한 내용을 발표했을 때 비판을 받고 고통을 받은 적이 있었다). 그는 단지 이것을 케임브리지에서 그의 학생들과 가까운 동료에게만 비공식적으로 알려주었다. 1669년 그는 논문 〈항의 개수가 무한인 방정식의 분석〉(De analysi per aequationes numero terminorum infinitas, 간단히 〈분석〉)을 썼고, 케임브리지 교수이자 동료인 배로(Isaac Barrow, 1630-1677)에게 보냈다. 배로는 뉴턴이 케임브리지 학생이었을 때 루카스 수학 교수로 있었으며, 광학과 기하학에 대한 그의 강의는 젊은 과학자 뉴턴에게 대단히 큰 영향을 미쳤다. (배로는 접선 문제와 넓이 문제 사이의 역 관계를 알고 있었지만, 이것의 완전한 의미는 알지 못했다. 왜냐하면 그는 뉴턴의 분석적 접근과 달리 완전히 기하학적인 방법만을 사용했기 때문이다.) 배로는 나중에 그 명예로운 루카스 교수직을 사임했는데, 표면상의 이유는 뉴턴이 그 자리를 차지할 수 있도록 한 행동이었지만 어쩌면 대학 행정과 관리에 참여하려는 욕망이었을 가능성이 더 높다(수학 교수로서는 이런 일에 참여할 수 없었다). 배로의 격려를 받은 뉴턴은 1671년 좀더 개선된 논문 〈급수와 유율법〉(De methodis serierum et fluxionum)을 썼다. 이 중요한 논문을 요약한 내용이 1704년에야 발표되었는데, 뉴턴의 주요한 책인 《광학》(Opticks)의 부록으로 겨우 실렸을 뿐이다(당시에는 주된 주제와 관련이 없는 내용을 부록으로 책에 첨부하는 것이 매우 일상적인 관행이었다). 그러나 뉴턴이 85세의 나이로 사망하고 9년이 지난 1736년에야, 이에 관한 완전한 설명이 최초로 책으로 출판되었다.

그래서 반세기 이상 동안, 현대 수학에서 가장 중요한 발견 내용이 영국에서는 케임브리지 주변에서 활동하는 소수의 학자와 학생에게만 알려졌었다. 대륙에서는 미적분학에 대한 지식과 이를 이용하는 방법이 처음에는 라이프니츠와 두 베르누이 형제에게만 국한되어 있었다.[9] 그래서 유럽의 지도적인 수학자이자 철학자의 한 사람인 라이프니츠가 1684년 미적분학에 대한 자신의 연구 결과를 발표했을 때, 대륙의 수학자 중에서 그의 발견이 최초라는 것에 대해 의심한 사람은 거의 없었다. 20년이 지난 뒤에야, 라이프니츠가 뉴턴의 생각 일부를 이용했을 것이라는 의문이 제기되었다. 그래서 뉴턴이 발표를 지연해서 발생한 결과가 매우 명확해졌다. 이제 막 폭발하려는 누가 먼저 발견했는지에 관한 논쟁은 그 뒤 200년 동안 과학계 전체에 울려 퍼질 충격파를 보냈다.

주석과 출전

1. 현대의 가장 유명한 이 수학자의 삶과 연구 업적에 대한 모든 면은 철저히 조사되었고 기록되었다. 이런 이유에서, 이번 장에서는 뉴턴의 수학적 발견에 관한 특별한 참고 문헌을 제시하지 않겠다. 뉴턴에 관한 많은 책 중에서 가장 권위 있는 것은 아마도 다음과 같을 것이다. Richard S. Westfall, *Never at Rest: A Biography of Isaac Newton* (Cambridge: Cambridge University Press, 1980). [이 책에는 광범위한 참고 도서 목록이 포함되어 있다.] D. T. Whiteside ed., *The Mathematical Papers of Isaac Newton*, 8 vols. (Cambridge: Cambridge University Press, 1967-84).
2. 매우 최근의 또 다른 외로운 천재 아인슈타인(Albert Einstein)을 떠올리게 한다. 뉴턴과 아인슈타인은 말년에 저명한 대중적인 인물이 되었는데, 과학적 업적이 줄어들면서 정치적 사회적 일에 관여했다. 뉴턴은 54세 때 왕립 조폐국의 국장직을 제의받고 수락했으며, 61세 때는 왕립학회장에 선출되어 여생 동안 그 자리를 유지했다. 아인슈타인은 73세 때 이스라엘의 대통령직을 제의받았지만, 이 명예로운 자리를 사양했다.
3. 또다시 아인슈타인이 떠오르는데, 그는 베른에 있는 스위스 특허청에서 수수한 직책을 맡아 격리된 상태에 있을 때 특수 상대성 이론을 구체화했다.
4. 이 계수들을 다음과 같이 쓸 수 있다. $1,\ 1/2,\ -1/(2\cdot 4),\ (1\cdot 3)/(2\cdot 4\cdot 6),\ -(1\cdot 3\cdot 5)/(2\cdot 4\cdot 6\cdot 8),\ \cdots$
5. 실제로, 뉴턴은 $(1-x^2)^{1/2}$에 대한 급수를 사용했는데, 이 급수는 $(1+x)^{1/2}$에 대한 급수의 각 항에 있는 x를 $-x^2$으로 형식적으로 바꾸면 얻을 수 있다. 이 특별한 급수에 대한 그의 관심은 함수 $y=(1-x^2)^{1/2}$이 단위 원 $x^2+y^2=1$의 위쪽 반을 묘사한다는 사실에서 생겼다. 이 급수는 이미 월리스도 잘 알고 있었다.
6. 그렇지만 이 급수의 변형인 $\log(1+x)/(1-x)=2(x+x^3/3+x^5/5+\cdots)$은 $-1<x<1$에서 훨씬 더 빨리 수렴한다.
7. 이 사람은 플랑드르의 지도 제작자 메르카토르(Gerhardus Mercator, 1512-1594)와 아무런 관계가 없다. 메르카토르는 그의 이름을 따서 부르고 있는 메르카토르 투영도법의 발견자이다.
8. 이유는 다음을 보라. W. W. Rouse Ball, *A Short Account of the*

History of Mathematics (1908; rpt. New York: Dover, 1960), pp. 336-337.

9. 앞의 책, pp. 369-370. 아인슈타인이 또다시 생각나는데, 그의 일반 상대성 이론은 1916년 발표되었을 때 겨우 열 명의 과학자만이 이해할 수 있었다는 말이 있었다.

9장

격렬한 논쟁

한 가지 표기법 체계만을 선택해야 한다면,
그것은 유율의 표기법이 아니라 틀림없이
라이프니츠가 창안한 표기법일 것이다.
이 표기법은 미적분학이 적용되는 대부분의 목적에 적합하고,
(변분법과 같은) 몇 가지 경우에는 사실 거의 필수적이다.
−라우즈 볼, 《수학사에 관한 간단한 설명》(1908)

뉴턴과 라이프니츠는 미적분학의 공동 발견자로서 언제나 함께 언급될 것이다. 그러나 두 사람의 성격에서 닮은 점을 거의 찾아볼 수 없다. 라이프니츠 남작은 1646년 7월 1일 라이프치히에서 태어났다. 철학 교수의 아들 라이프니츠는 아주 어릴 적부터 대단한 지적 호기심을 보였다. 그는 수학뿐만 아니라 어학, 문학, 법학, 특히 철학 등 광범위한 주제에 흥미를 느꼈다. (뉴턴은 수학과 물리학 이외에 신학과 연금술에 흥미를 느꼈는데, 이런 주제에 투자한 시간은 좀더 친숙한 그의 과학 연구에 투자한 시간에 못지 않았다.) 혼자 있

기를 즐겼던 뉴턴과 달리, 라이프니츠는 사교적이었으며, 다른 사람들과 어울리기를 좋아했고 인생을 즐겼다. 그는 평생 결혼하지 않았는데, 이것은 아마도 뉴턴과의 거의 유일한 공통점일 것이다. 물론, 수학에 대한 그들의 관심을 제외한다면.

미적분학과 더불어, 라이프니츠의 수학에 대한 공헌으로 조합론의 연구, 이진법 체계의 인식(이진법은 숫자 0과 1만을 사용하며 현대 컴퓨터의 기초를 이룬다), 덧셈뿐만 아니라 곱셈도 할 수 있는 계산기의 발명(파스칼은 약 30년 전에 덧셈만을 할 수 있는 계산기를 제작했었다)을 언급해야 한다. 철학자로서 그는 모든 것이 이성과 조화에 따라 움직이는 합리적인 세계의 존재를 믿었다. 그는 계산적이고 알고리즘적인 방법으로 모든 결론을 도출할 수 있는 형식적인 논리 체계를 전개하려고 시도했다. 이런 발상은 거의 2세기 뒤 영국 수학자 불(George Boole, 1815-1864)이 받아들였는데, 불은 오늘날 기호 논리학이라고 부르는 분야의 기초를 닦았다. 이와 같은 라이프니츠의 다양한 관심사 속에서 일관되게 흐르고 있는 공통적인 맥락, 즉 형식화된 기호 체계에 대한 열망을 볼 수 있다. 수학에서 기호들, 즉 표기법 체계의 선택은 그것들이 나타내는 주제만큼이나 중요하다. 미적분학의 경우도 예외는 아니다. 형식적인 기호 체계를 선택하는 라이프니츠의 숙련된 솜씨 때문에, 앞으로 알아보겠지만, 그의 미적분학은 뉴턴의 유율법보다 우위에 서게 되었다.

라이프니츠는 초기에 법률가와 외교가로서의 경력을 쌓았다. 마인츠(Mainz)의 선제후(選帝侯, 신성 로마 제국의 황제 선정권을 가지고 있던 독일의 군주 — 옮긴이)는 이런 두 가지 능력을 높이 사서 그를 고용했고, 여러 가지 임무를 맡겨서 해외로 파견했다. 1670년 독일은 프랑스의 루이 14세가 침략해 올 것이라는 공포 분위기에 휩싸였는데, 외교관 라이프니츠에게 기묘한 생각이 떠올랐다. 프랑스가 이집트를 점령하도록 함으로써 프랑스의 관심을 유럽으로부터 다른 곳으로 돌리게 하자는 것이었다. 그렇게 되면 프랑스는 이집트로부터 동남 아시아의 네덜란드 식민지를 공략할 수 있게 된다. 이 계획은 그의 고용주로부터 승인을 받지 못했지만, 한 세기 이상이 지난 뒤 나폴레옹이 이집트를 침략했을 때 이와 유사한 계획이 실제로 실행되었다.

프랑스와의 긴장된 관계에도 불구하고, 라이프니츠는 1672년 프랑스로 파견되었고, 그 뒤 4년 동안 이 아름다운 도시의 사교적이며 지적인 분위기를 만끽했다. 이곳에서 그는 유럽의 지도적인 수리 물리학자 호이겐스(Christian Huygens, 1629-1695)를 만났는데, 그는 라이프니츠가 기하학을 연구하도록 격려했다. 그 뒤 1673년 1월, 라이프니츠는 외교 임무를 띠고 런던으로 건너갔다. 그곳에서 그는 뉴턴의 동료 몇 명을 만났는데, 그중에는 왕립 학회의 서기 올덴버그(Henry Oldenburg, 1618-1677)와 수학자 콜린스(John Collins, 1625-1683)도 있었다. 라이프니츠가 1676년 두 번째로 런던을 짧은 기간 방문했을 때, 콜린스는 배로로부터 얻은 뉴턴의 논문 〈분석〉을 라이프니츠에게 보여주었다. 바로 이 방문은 나중에 미적분학을 누가 먼저 발견했는지에 대한 뉴턴과 라이프니츠 사이의 논쟁에서 초점이 되었다.

라이프니츠는 미적분학을 1675년경 처음으로 생각해냈으며, 1677년까지 완전히 전개되고 실행 가능한 체계로 만들었다. 그의 접근 방법은 출발점부터 뉴턴과 달랐다. 앞에서 살펴본 대로, 뉴턴의 발상은 물리학에 기초를 두고 있다. 그는 유율을 연속적으로 운동하면서 곡선 $y=f(x)$를 생성하는 동점의 변화율, 즉 속도로 생각했다. 물리학보다는 철학에 훨씬 더 근접했던 라이프니츠는 좀더 추상적인 방법으로 자신의 생각을 구체화했다. 그는 변수 x와 y 값의 작은 증분인 '미분'(differential)의 견지에서 생각했다.

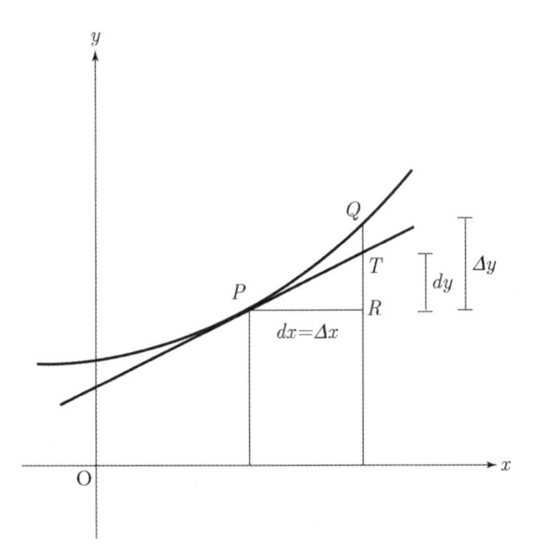

▶ **그림 27** 라이프니츠의 특성 삼각형 PRT. 비 RT/PR 또는 dy/dx는 점 P를 지나는 이 곡선에 대한 접선의 기울기이다.

그림 27은 함수 $y=f(x)$의 그래프와 그 위의 점 $P(x, y)$를 보여준다. 점 P를 지나는 이 그래프의 접선을 그리고, 접선 위에 있는 P와 이웃하는 점 T를 생각하자. 그러면 라이프니츠가 '특성 삼각형'(characteristic triangle)이라고 부른 작은 삼각형 PRT를 얻는다. 이 삼각형의 변 PR과 RT는 점 P가 T까지 움직일 때 생기는 x좌표와 y좌표의 증분이다. 라이프니츠는 이 증분들을 각각 dx와 dy로 나타냈다. 그리고 그는 dx와 dy가 충분히 작으면 점 P를 지나는 이 곡선에 대한 접선은 P의 근방에서 곡선 자체와 거의 같게 될 것이라고 주장했다. 좀더 정확히 말하면, 선분 PT는 점 T의 바로 위나 아래에 있는 곡선 위의 점 Q에 대해 곡선의 일부 PQ와 거의 같다는 것이다. 점 P를 지나는 접선의 기울기를 구하기 위해서는, 특성 삼각형의 경사도, 즉 dy/dx를 구하면 충분하다. 이에 따라 라이프니츠는 dx와 dy가 작은 양을 나타내므로(때로는 이것들을 한없이 작은 양이라고 생각했다), 이것들 사이의 비는 점 P를 지나는 접

선의 기울기뿐만 아니라 점 P에서 곡선의 가파른 정도까지도 나타낸다고 결론지었다. 그러므로 라이프니츠가 구한 비 dy/dx는 뉴턴의 유율, 즉 곡선의 변화율과 같다.

이런 논법에는 근본적인 결함이 한 가지 있다. 점 P를 지나는 접선이 P 근방에서 곡선과 거의 같을 수는 있지만, 완전히 일치하지는 않는다. 접선과 곡선은 점 P와 T가 일치하는 경우에만, 즉 특성 삼각형이 축소되어 하나의 점으로 되는 경우에만 서로 일치한다. 그러면 이런 경우 변 dx와 dy는 모두 0이 되고, 이것들 사이의 비는 부정형 0/0 꼴이 된다. 오늘날에는 기울기를 '극한'으로 정의함으로써 이런 난관을 극복하고 있다. 다시 그림 27을 이용하자. 곡선 위에서 이웃하는 두 점 P와 Q를 선택하고, 삼각형의 모양을 한 PRQ(실제로는 곡선 부분이 있다)의 두 변 PR과 RQ를 각각 Δx와 Δy로 나타낸다. (여기서 Δx는 dx와 같지만 Δy는 dy와 약간 차이가 난다는 점을 주목하자. 그림 27에서 Q는 T의 위에 있으므로 Δy는 dy보다 크다.) 그러면 점 P와 Q 사이에서 곡선의 경사도는 $\Delta y/\Delta x$이다. 만약 Δx와 Δy의 값을 모두 0으로 보내면, 이것들의 비는 어떤 특정한 극한값에 가까워질 것이다. 이 극한값을 오늘날 dy/dx로 나타낸다. 이를 기호로 나타내면, $dy/dx = \lim_{\Delta x \to 0} (\Delta y/\Delta x)$이다.

요약하면, 라이프니츠가 dy/dx로 나타내고 두 개의 작은 증분의 비로 생각했던 것을 오늘날에는 $\Delta y/\Delta x$로 나타낸다. 기하학적으로, '차분 몫'이라 부르는 비 $\Delta y/\Delta x$는 점 P와 Q를 연결하는 직선인 '할선'의 기울기이다(그림 28을 보라). Δx의 값이 0에 가까워지면 점 Q는 곡선을 따라 점 P를 향해 뒤로 이동하는데, 이에 따라 할선은 조금씩 방향을 바꾸어 극한에서 접선과 일치하게 된다.[1] 이런 접선의 기울기를 dy/dx로 나타내고, 이것을 'x에 관한 y의 도함수'라고 부른다.[2]

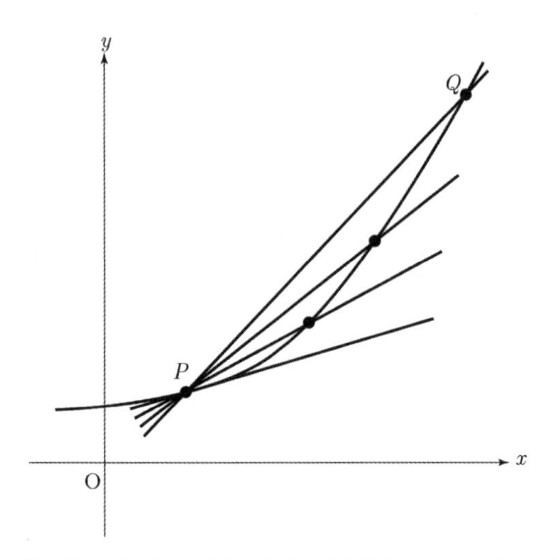

▶ **그림 28** 점 Q가 P를 향해 이동함에 따라 할선 PQ는 P를 지나는 접선에 가까워진다.

그러므로 극한의 개념은 함수의 기울기나 변화율을 정의하는 데 필수적임을 알 수 있다. 그러나 라이프니츠의 시대에는 극한의 개념이 아직 알려지지 않았었다. 작지만 유한한 두 양의 비와 이런 두 양이 0으로 가까워질 때의 비의 극한 사이의 차이점은 많은 혼란을 일으켰고, 미분학의 기초에 관한 심각한 문제점들을 제기했다. 이런 문제점들은 극한의 개념이 견고한 기반 위에 서게 되는 19세기에야 완전히 해결되었다.

라이프니츠의 발상을 적용하는 방법을 예시하기 위해, 현대적인 표기법을 사용해서 함수 $y=x^2$의 도함수를 구해보자. x가 양 Δx 만큼 증가할 때 이에 대응하는 y의 증분은 $\Delta y=(x+\Delta x)^2-x^2$이다. 이것을 전개하고 간단히 하면 $2x\Delta x+(\Delta x)^2$이 된다. 그래서 차분몫 $\Delta y/\Delta x$는 $[2x\Delta x+(\Delta x)^2]/\Delta x=2x+\Delta x$이다. 이제 x의 값이 0에 가까워지면 $\Delta y/\Delta x$는 $2x$에 가까워지는데, 마지막 식 $2x$가 바로 dy/dx로 나타내는 도함수이다. 이 결과를 다음과 같이 일반화할 수 있다. 임의의 수 n에 대해 $y = x^n$일 때, $dy/dx = nx^{n-1}$이다. 이것은 뉴턴이 유율법을 이용하여 얻은 결과와 일치한다.

라이프니츠의 마지막 단계는 다양한 방식으로 결합된 함수들의 도함수 dy/dx를 구하는 일반적인 규칙들을 유도하는 것이었다. 오늘날 이것들을 미분 법칙이라고 부르며, 표준적인 미적분학 과정의 핵심을 이루고 있다. 여기서는 현대적인 표기법을 사용하여 이런 법칙들을 요약하겠다.

1. 상수 함수의 도함수는 0이다. 상수 함수의 그래프는 수평인 직선으로 모든 곳에서의 기울기가 0이므로, 이 사실은 명백하다.
2. 함수에 상수가 곱해져 있으면, 그 함수만을 미분하고 그 결과에 상수를 곱하면 된다. 기호로 나타내면, $u = f(x)$이고 $y = ku$이면 $dy/dx = k(du/dx)$이다. 예를 들어 $y = 3x^2$이면 $dy/dx = 3 \cdot (2x) = 6x$이다.
3. y가 두 함수 $u = f(x)$와 $v = g(x)$의 합이면, y의 도함수는 각 함수의 도함수의 합이다. 기호로 나타낼 때, $y = u + v$이면 $dy/dx = du/dx + dv/dx$이다. 예를 들어 $y = x^2 + x^3$이면 $dy/dx = 2x + 3x^2$이다. 이와 비슷한 법칙이 두 함수의 차에 적용된다.
4. y가 두 함수의 곱이면, 즉 $y = uv$이면, $dy/dx = u(dv/dx) + v(du/dx)$이다.[3] 예를 들어 $y = x^3(5x^2 - 1)$이면 $dy/dx = x^3 \cdot (10x) + (5x^2 - 1) \cdot (3x^2) = 25x^4 - 3x^2$이다(물론 $y = 5x^5 - x^3$와 같이 전개하고 각 항을 별도로 미분해도 똑같은 결과를 얻을 수 있다). 두 함수의 몫에 대해서는 약간 더 복잡한 법칙이 적용된다.
5. y가 변수 x의 함수이고 x 자체도 또 다른 변수 t(이를테면 시간)의 함수라고 하자. 기호로 나타내면, $y = f(x)$이고 $x = g(t)$이다. 이것은 y가 t의 간접적인 함수, 즉 '합성 함수' $y = f(x)$

$= f[g(t)]$임을 뜻한다. 이 때, t에 관한 y의 도함수는 전체 함수의 성분인 두 함수의 도함수를 곱해서 $dy/dt = (dy/dx) \cdot (dx/dt)$와 같이 구할 수 있다. 이것이 그 유명한 '연쇄 법칙'이다. 겉으로 보기에, 이것은 잘 알고 있는 분수의 약분에 지나지 않는 것으로 보이지만, 사실 '비' dy/dx와 dx/dt는 비들의 극한으로 분자와 분모를 0으로 접근시킬 때 얻은 결과임을 명심해야 한다. 연쇄 법칙은 라이프니츠의 표기법이 대단히 유용함을 보여준다. 즉, 기호 dy/dx를 두 양의 실질적인 비와 마찬가지로 다룰 수 있도록 한다. 뉴턴의 유율 표기법에는 이와 같은 함축적인 면이 없다.

연쇄 법칙의 사용법을 예시하기 위해서, $y = x^2$이고 $x = 3t + 5$라고 하자. dy/dt를 구하기 위해서는 '성분' 도함수 dy/dx와 dx/dt를 구해서 서로 곱하면 된다. $dy/dx = 2x$이고 $dx/dt = 3$이므로 $dy/dt = (2x) \cdot 3 = 6x = 6(3t+5) = 18t + 30$이다. 물론 식 $x = 3t + 5$를 y에 대입하고 전개한 다음에 각 항을 미분해도 똑같은 결과를 얻을 수 있다. 즉, $y = x^2 = (3t+5)^2 = 9t^2 + 30t + 25$이므로 $dy/dt = 18t + 30$이다. 이 예에서 두 가지 방법을 적용해서 푸는 데 필요한 공간은 거의 비슷하다. 그러나 $y = x^2$이 아니라 $y = x^5$인 경우, dy/dt를 직접 구하려면 긴 계산 과정이 필요하겠지만, 연쇄 법칙을 이용하면 $y = x^2$의 경우와 마찬가지로 간단하다.

이제 실생활의 문제를 해결하는 데 위의 미분 법칙들을 이용하는 방법을 예시해보자. 어떤 배가 정오에 항구를 출발해서 한 시간에 10마일의 속력으로 서쪽을 향해 항해하고 있다고 하자. 등대는 항구에서 북쪽으로 5마일 떨어진 곳에 있다. 오후 1시에 그 배는 등대로부터 어떤 속력으로 멀어져 갈까? t시에 등대와 배 사이의 거리를 x라고 놓으면(그림 29), 피타고라스 정리에 의해 $x^2 = (10t)^2 + 5^2 = 100t^2 + 25$가 성립하므로, $x = \sqrt{100t^2 + 25} = (100t^2 + 25)^{1/2}$

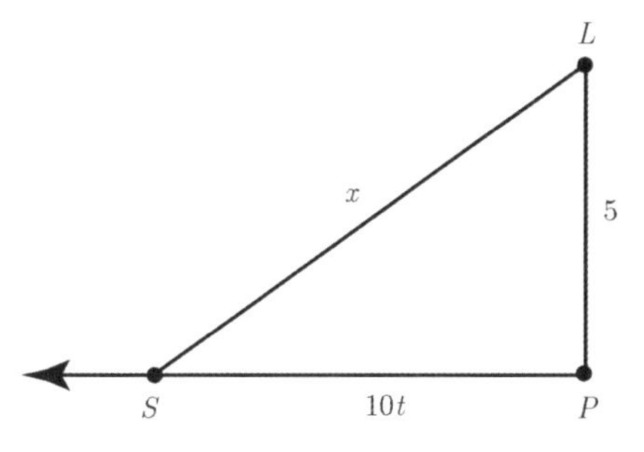

▶ **그림 29** 미적분학을 이용해서 쉽게 풀 수 있는 많은 문제 중 하나. 배 S가 주어진 속도와 방향으로 항해할 때 등대 L로부터 멀어지는 속력을 구하라.

이다. 이 식은 거리 x를 시간 t의 함수로 나타내고 있다. t에 관한 x의 변화율을 구하기 위해서, x를 두 함수 $x = u^{1/2}$과 $u = 100t^2 + 25$의 합성 함수라고 생각할 수 있다. 연쇄 법칙에 의해 $dx/dt = (dx/du) \cdot (du/dt) = (1/2u^{-1/2}) \cdot (200t) = 100t \cdot (100t^2 + 25)^{-1/2} = 100t/\sqrt{100t^2 + 25}$이다. 오후 1시의 속력을 구하기 위해서 $t = 1$을 대입하면, 한 시간에 $100/\sqrt{125} \approx 8.944$마일의 속력으로 멀어짐을 알 수 있다.

미적분학의 둘째 분야가 적분학인데, 여기서도 또다시 라이프니츠의 표기법이 뉴턴의 것보다 우월함이 입증되었다. 라이프니츠는 함수 $y = f(x)$의 역 도함수를 기호 $\int y dx$로 나타냈다. 여기서 길게 늘인 S를 (부정) '적분'이라고 한다(dx는 단지 적분 변수가 x임을 나타낸다). 예를 들면 $\int x^2 dx = x^3/3 + c$인데, 이 결과는 미분해서 확인할 수 있다. 여기서 상수 c를 더하는 이유는 주어진 함수에 임의의 상수를 더해서 무수히 많은 역 도함수를 얻을 수 있기 때문이다(105쪽을 보라). 그래서 '부정'(indefinite) 적분이라고 한다.

라이프니츠는 미분에 대해 했던 것과 마찬가지로, 적분에 관한 형식적인 법칙들을 전개했다. 예를 들면, u와 v가 x에 관한 함수이고 $y=u+v$이면 $\int ydx=\int udx+\int vdx$이다. $y=u-v$일 때도 비슷한 법칙을 얻는다. 이런 법칙들은 결과를 미분해서 입증할 수 있는데, 마치 뺄셈 결과를 덧셈으로 검산하는 방법과 비슷하다. 그러나 불행하게도 두 함수의 곱을 적분하는 일반적인 법칙은 없다. 이 사실은 적분이 미분보다 훨씬 더 어려운 과정이라는 사실을 보여준다.

라이프니츠의 적분에 대한 개념은 뉴턴의 경우와 표기법에서만 차이가 나는 것이 아니었다. 뉴턴이 적분을 미분의 역이라고 생각한 반면에(주어진 유율로부터 유량을 찾았다), 라이프니츠는 넓이 문제로부터 출발했다. 즉, 주어진 함수 $y=f(x)$에 대해 x의 어떤 고정된 값, 이를테면 $x=a$로부터 변하는 값 $x=t$까지 $f(x)$의 그래프 아래의 넓이를 구하는 문제에서 출발했다. 그는 이 넓이를 폭이 dx이고 높이가 y인 가늘고 긴 많은 조각들의 합으로 생각했다. 여기서 y는 식 $y=f(x)$에 따라 x와 함께 변하는 값이다(그림 30). 그는 이런 조각들의 넓이를 더해서 그래프 아래의 넓이 $A=\int ydx$를 얻

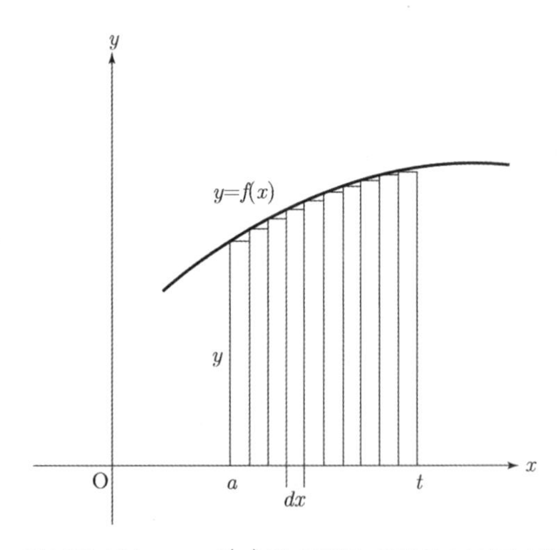

▶ **그림 30** 라이프니츠는 $y=f(x)$의 그래프 아래의 넓이를 가로가 dx이고 높이가 $y=f(x)$인 가늘고 긴 많은 조각들의 합으로 간주했다.

었다. 그의 미분 기호 d가 '차분'(difference)을 나타내듯이, 적분 기호 $\int$은 길게 늘인 S(합, sum)를 연상시킨다.

앞에서 살펴본 대로, 주어진 영역을 많은 수의 작은 영역의 합으로 생각해서 그 영역의 넓이를 구하는 발상은 그리스 시대로부터 유래했으며, 페르마는 이를 이용해서 곡선족 $y=x^n$의 구적을 성공적으로 시행했다. 그러나 미적분학을 매우 강력한 도구로 변모시킨 것은 미분과 적분 사이의 역 관계를 보여주는 '미적분학의 기본 정리'이며, 이 정리의 공식화는 오직 뉴턴과 라이프니츠의 공로이다. 제8장에서 알아본 대로, 이 정리는 $f(x)$의 그래프 아래의 넓이와 관계가 있다. 이 넓이를 $A(x)$로 나타내면(이것은 자체로 x에 관한 함수이므로),[4] 미적분학의 기본 정리는 모든 점 x에서 $A(x)$의 변화율, 즉 도함수가 $f(x)$와 같음을 알려준다. 기호로 나타내면, $dA(x)/dx = f(x)$이다. 그러나 이것은 또다시 $A(x)$가 $f(x)$의 역도함수, 즉 $A(x)=\int f(x)dx$라는 사실을 보여준다. 이런 두 가지 역관계는 미분학과 적분학 전체에서 가장 중요한 점이다. 간략하게 나타내면, 다음과 같이 쓸 수 있다.

$$\frac{dA}{dx}=y \Leftrightarrow A=\int y dx$$

여기서 y는 $f(x)$를 간단히 나타낸 것이고, 기호 $\Leftrightarrow$는 각 명제가 다른 것을 함의함을(즉 두 명제가 서로 동치임을) 의미한다. 뉴턴도 똑같은 결론에 도달했지만, 미분과 적분 사이(즉 접선 문제와 넓이 문제 사이)의 역 관계를 매우 명확하고 간결하게 표현한 것은 라이프니츠의 표기법이었다.

제8장에서 미적분학의 기본 정리를 사용해서 $x=1$부터 $x=2$까지 $y=x^2$의 그래프 아래의 넓이를 구하는 방법을 설명했다. 라이프니츠의 표기법을 사용하고, 구간을 $x=0$부터 $x=1$까지로 바꾸

어 이 예를 다시 풀어보자. 그러면 $A(x)=\int x^2dx=x^3/3+c$이 된다. $x=0$은 주어진 구간의 시점이므로 $A(0)=0$이다. 그러므로 $0=0^3/3+c$이고, 이에 따라 $c=0$이다. 따라서 넓이 함수는 $A(x)=x^3/3$이고, 구하는 넓이는 $A(1)=1^3/3=1/3$이다. 현대의 표기법으로는 이것을 다음과 같이 나타낸다. $A=\int_0^1 x^2dx=(x^3/3)_{x=1}-(x^3/3)_{x=0}=1^3/3-0^3/3=1/3$.[5] 그래서 아르키메데스가 대단히 많은 노력과 훌륭한 솜씨를 발휘하고 실진법을 이용해서 얻은 것과 똑같은 결론에 거의 힘들이지 않고 쉽게 도달했다(60쪽).[6]

라이프니츠는 이런 미분학을 1684년 10월 잡지 《학술기요》(Acta eruditorum)에 발표했는데, 이것은 독일 최초의 과학 잡지이며 라이프니츠가 동료 멘케(Otto Mencke)와 함께 2년 전에 창간했었다. 그의 적분학은 이보다 2년 뒤 같은 잡지에 발표했는데, '적분'(integral)이라는 용어는 1690년에야 [나중에 좀더 자세하게 언급할 야곱 베르누이(Jakob Bernoulli)에 의해] 만들어졌다.

라이프니츠는 1673년에 이미 올덴버그를 통해 뉴턴과 서신을 주고받았었다. 이런 서신을 통해 라이프니츠는 뉴턴의 유율법에 대해 어렴풋이, 그렇지만 아주 어렴풋이 알게 되었다. 비밀스러운 뉴턴은 대수적 곡선들의 접선과 구적을 구하는 방법에 대해 매우 모호한 암시만을 주었을 뿐이다. 뉴턴은 좀더 상세한 설명을 요청한 라이프니츠에게 보낸 편지에서(올덴버그와 콜린스가 여러 번 재촉한 뒤에야 보냈는데) 당시에 일상적이었던 방법으로 답변했다. 즉, 그는 라이프니츠에게 문자와 숫자를 제멋대로 바꾸어 만든 다음과 같은 암호문을 보냈다. 이것은 어느 누구도 해독할 수 없을 것으로 보이지만, 나중에 뉴턴 자신이 미적분학의 발견자라는 '증거'로 이용할 수는 있

었다.

$$6accd\text{æ}3eff7i3l9n4o4qrr4s8t12vx.$$

이 유명한 암호문은 다음 라틴 문장에서 서로 다른 글자들의 수를 나타낸다. “Data æuatione quotcunque fluentes quantitates involvente, fluxiones invenire: et vice versa”(임의 개수의 유량을 포함하는 주어진 방정식에서 유율을 찾고, 그 역을 구하기).

뉴턴은 이 편지를 1676년 10월 올덴버그에게 보내면서, 이 내용을 라이프니츠에게 전달해달라고 요청했다. 라이프니츠는 이 편지를 1677년 여름에 받았고, 자신의 미분학에 대해 상세하게 설명한 편지를 또다시 올덴버그를 통해 곧바로 뉴턴에게 보냈다. 그는 뉴턴도 자신과 마찬가지로 숨김없이 공개하길 기대했지만, 뉴턴은 자신이 발견한 내용을 다른 사람들이 주장할 것이라고 더욱 의심해서 계속적인 서신 왕래를 거절했다.

그럼에도 불구하고 두 사람 사이의 관계는 여전히 우호적이었다. 그들은 상대방의 업적을 존경했는데, 라이프니츠는 다음과 같이 뉴턴에 대해 칭찬을 아끼지 않았다. “태초부터 뉴턴이 살았던 시기까지의 수학 중에서 그가 이룩한 것은 절반이 훨씬 더 넘는다.”[7] 1684년 라이프니츠의 미분학이 발표되었을 때도 둘 사이의 관계는 직접적인 영향을 받지 않았다. 뉴턴은 역학의 원리에 관한 뛰어난 연구서 《원리》의 초판(1687년)에서 라이프니츠의 공로를 인정했다. 그렇지만 라이프니츠의 방법은 “용어와 기호의 형식을 제외한다면 나의 방법과 거의 다르지 않다.”는 말을 덧붙였다.

그 뒤 20년 동안 이들 사이의 관계는 특별한 변화 없이 지속되었다. 그러다가 1704년 뉴턴의 유율법이 그의 책 《광학》의 부록에 처음으로 그리고 공식적으로 발표되었다. 이 부록의 서문에서 뉴턴은 라이프니츠에게 1676년에 보낸 편지에 대해 언급했으며, “몇 년

전 나는 [미적분학에 관한] 이런 정리들이 포함된 필사본을 빌려주었다. 그리고 그 뒤 나는 그것을 베낀 것들을 보게 되어, 이 기회에 공개적으로 발표한다."라고 덧붙였다. 뉴턴은 물론 라이프니츠가 1676년 런던을 두 번째로 방문했을 때 콜린스가 그에게 논문 〈분석〉을 보여준 일을 언급하고 있다. 라이프니츠가 뉴턴의 발상을 모방했음을 명백하게 드러내는 이 말을 라이프니츠는 그냥 지나치지 않았다. 라이프니츠는 구적에 관한 뉴턴의 초기의 논문들을 검토해서, 1705년 《학술기요》에 발표한 익명의 논문에서 "이런 미적분학의 원리는 그것의 발명자인 빌헬름 라이프니츠 박사가 《학술기요》를 통해 만인에게 알렸었다."라는 사실을 독자들에게 상기시켰다. 라이프니츠는 뉴턴이 유율법을 독자적으로 발견했다는 사실을 부정하지는 않았지만, 미적분학의 두 가지 형태는 본질적인 면이 아니라 표기법에서만 다르다고 지적했다. 이것은 라이프니츠의 발상을 빌어 간 사람은 뉴턴이라는 사실을 의미했다.

이 말은 뉴턴의 동료들에게는 도저히 참을 수 없는 것이었다. 이들은 뉴턴의 명예를 보호하려고 힘을 모았다(이 단계에서 뉴턴 자신은 뒤에 머물러 있었다). 그들은 공개적으로 라이프니츠가 뉴턴의 발상을 취했다고 비난했다. 그들의 가장 효과적인 공격 수단은 콜린스가 보여준 논문 〈분석〉이었다. 뉴턴이 이 논문에서 유율법에 대해 아주 간략하게 논의했지만(그 논문의 대부분은 무한 급수를 다루고 있다), 라이프니츠가 1676년 런던을 방문했을 때 그것을 보았을 뿐만 아니라 그것을 세세하게 메모했었다는 사실은 그가 실제로 뉴턴의 발상을 자신의 연구에 이용했다는 비난을 받도록 만들었다.

이제 규탄의 함성이 영국 해협을 넘나들며 드높아졌고, 이 설전은 곧 신랄해졌다. 더욱더 많은 사람들이 이 싸움에 참여했는데, 일부는 순수한 마음에서 자신의 지도자를 옹호하려는 것이었고 일부는 의혹을 풀어보려는 의도를 가졌다. 예상할 수 있듯이, 뉴턴은 영국에서 만장일치의 지지를 받았고, 라이프니츠는 유럽 대륙의 비호를 받았다. 라이프니츠의 가장 충성스러운 지지자 중에는 야곱 베르누이의 동생 요한 베르누이(Johann Bernoulli)가 있었다. 베르누이 형제는 라이프니츠의 미적분학을 유럽 전역에 전파하는 선교사였다. 요한은 1713년에 공개한 편지에서 뉴턴의 인격을 문제삼았다. 요한이 나중에 자신의 비난을 철회했지만, 감정이 상한 뉴턴은 그에게 다음과 같이 개인적으로 응수했다. “나는 결코 외국에서 명성을 얻으려고 애쓰지 않았지만, 나의 정직성이 유지되길 간절히 소망했다. 그러나 그 편지의 필자는 마치 훌륭한 판사의 허가라도 받은 듯이 나의 정직성을 왜곡하려고 시도했다. 나는 이제 늙었고 수학 연구에서 거의 기쁨을 찾을 수 없으며, 나의 견해를 세상에 널리 알리고자 시도한 적도 없다. 오히려 그것 때문에 논쟁에 휘말리지 않도록 조심할 뿐이다.”[8]

뉴턴은 그의 말처럼 겸손한 사람은 아니었다. 사실, 그는 논쟁을 피했지만, 자신의 적을 계속해서 무자비하게 괴롭혔다. 1712년, 왕립 학회는 라이프니츠가 표절의 누명을 벗겨달라는 요청에 대한 응답으로 이 문제를 다루었다. 학자들의 모임인 이 저명한 학회는, 당시의 회장은 다름 아닌 뉴턴이었는데, 이 논쟁을 조사하고 최종적으로 해결할 위원회를 구성했다. 이 위원회는 완전히 뉴턴의 지지자만으로 구성되었는데, 그중에는 뉴턴의 절친한 친구의 한 사람인 천문학자 핼리도 포함되어 있었다(뉴턴을 계속해서 설득하고 재촉해서 《원리》를 출판하게 만든 사람이 바로 핼리였다). 같은 해에 발간된 그 위원회의 최종 보고서는 표절 문제는 접어둔 채, 뉴턴의 유율법이 라이프니츠의 미분법보다 15년 먼저 등장했다고 결론을 내렸다. 그래서 이 문제는 학문적인 객관성이라는 허울 속에서 해결된 것으로 보였다.

그러나 그렇지 않았다. 이 논쟁은 두 주인공이 죽은 뒤에도 계속해서 오랫동안 학계의 분위기를 훼손시켰다. 라이프니츠가 죽고 6년이 지난 1721년, 80세의 뉴턴은 왕립 학회의 보고서 제2판의 발행을 지휘했다. 이 보고서에서 그는 라이프니츠의 신뢰성을 의도적으로 손상시키기 위해 매우 많은 내용을 바꾸었다. 그러나 이것마저도 앙갚음을 하고 싶은 뉴턴의 욕구를 만족시키지 못했다. 뉴턴은 그가 죽기 1년 전인 1726년 《원리》의 마지막 판인 제3판을 출판했는데, 이 책에서 그는 라이프니츠에 관한 언급을 모두 삭제했다.

치열한 두 맞수는 살아있을 때와 마찬가지로 죽을 때도 달랐다. 미적분학을 누가 먼저 발견했는지에 관한 오랫동안의 논쟁으로 마음이 몹시 상한 라이프니츠는 말년을 거의 완전히 무시당한 채 보냈다. 그의 수학적인 창의력은 끝이 났지만, 철학 문제에 관한 글을 계속해서 썼다. 그의 마지막 고용주인 하노버의 선제후 루트비히(George Ludwig)는 그에게 왕족의 역사를 쓰는 일을 맡겼다. 1714년 그 선제후는 영국의 왕 조지(George) 1세가 되었는데, 라이프니츠는 영국으로 초청 받아서 왕과 함께 있을 수 있기를 고대했다. 그렇지만 이때에 이르러 선제후는 라이프니츠를 고용하는 데 흥미를 잃었다. 어쩌면 그는 라이프니츠의 출현으로 영국에서 발생할 수 있는 난처한 상황을 피하고 싶었을 것이다. 당시 영국에서 뉴턴의 인기는 절정에 달했었다. 라이프니츠는 1716년 70세의 나이에 거의 완전히 잊혀진 채 숨을 거두었다. 오직 그의 비서만이 그의 장례식을 지켜봤을 뿐이다.

앞에서 살펴봤듯이, 뉴턴은 말년을 라이프니츠와 논쟁하면서 보냈다. 그러나 그는 잊혀지는 것과는 정반대로 국가적인 영웅이 되었다. 미적분학을 누가 먼저 발견했는지에 관한 논쟁은 그의 명성을 더욱 높였는데, 당시 이 논쟁은 유럽 대륙의 '공격'에 대항해서 영국의 명예를 지키는 문제로 보였기 때문이다. 뉴턴은 1727년 3월 20일 85세의 나이로 숨졌다. 그의 장례식은 국장으로 치러졌고 웨스트

민스터 사원에 묻혔는데, 이것은 통상 정치가나 장군에게 주어지는 명예였다.

처음에 미적분학은 영국에서는 뉴턴 주변의 학자들과 유럽 대륙에서는 라이프니츠와 베르누이 형제와 같이 극소수의 수학자만이 알고 있었다. 베르누이 형제는 몇 명의 수학자에게 이것을 개인적으로 가르쳐줌으로써 유럽 대륙 전체로 전파했다. 이런 수학자 중에는 프랑스의 로피탈(Guillaume François Antoine L'Hospital, 1661-1704)도 있었는데, 로피탈은 이 주제에 관한 최초의 교과서 《무한소 해석》(Analyse des infiniment petits, 1696)을 썼다.[9] 유럽 대륙의 다른 수학자들도 곧 이 분야의 연구에 몰두했으며, 미적분학은 18세기에 주도적인 수학 주제가 되었다. 미적분학은 빠르게 확장되어 관련된 수많은 주제들을 흡수하게 되었는데, 이 중에는 특히 유명한 미분 방정식과 변분법도 포함되었다. 이런 주제들은 변화, 연속성, 무한 과정을 다루는 수학의 한 분야인 '해석학'(analysis)이라는 넓은 범주를 형성하게 된다.

미적분학이 발생한 영국에서는 이 분야가 제대로 발전하지 못했다. 뉴턴이라는 드높은 존재는 영국 수학자들이 이 주제를 활발하게 연구하려는 용기를 잃게 만들었다. 설상가상으로, 미적분학을 누가 먼저 발견했는지에 관한 논쟁에서 완전히 뉴턴 편에 섰던 그들은 유럽 대륙에서 이루어지는 발전된 내용을 받아들이지 않았다. 그들은 유율에 대한 뉴턴의 도트 표기법만을 완고하게 고집했고, 이에 따라 라이프니츠의 미분 표기법의 장점을 발견하지 못했다. 그 결과, 그 뒤 100년 이상 동안 유럽에서는 수학이 전례 없이 번창한 반면에, 영국에서는 일류 수학자를 단 한 명도 배출하지 못했다. 1830년경 드디어 이런 침체기가 끝났는데, 영국의 새로운 수학 세대가 자신들의 가장 뛰어난 업적으로 남긴 것은 해석학이 아니라 대수학에서였다.

주석과 출전

1. 이 논법은 주어진 함수가 점 P에서 연속이라고, 즉 그래프가 이 점에서 끊어지지 않았다고 가정하고 있다. 불연속인 점에서는 도함수가 정의되지 않는다.
2. 용어 'derivative'(도함수)는 라그랑주(Joseph Louis Lagrange)가 처음으로 사용했는데, 그는 $f(x)$의 도함수에 대한 기호 $f'(x)$도 도입했다. 133쪽을 보라.
3. 이것은 x가 Δx만큼 증가하면, u는 Δu만큼 증가하고 v는 Δv만큼 증가한다는 사실에 기인한다. 그러면 y는 $\Delta y = (u+\Delta u)(v+\Delta v) - uv = u\Delta v + v\Delta u + \Delta u \Delta v$만큼 증가한다. (라이프니츠의 말을 쉽게 바꾸면) Δu와 Δv는 작으므로 이것들의 곱 $\Delta u \Delta v$는 다른 항에 비해 매우 작기 때문에 무시할 수 있다. 그러므로 $\Delta y \approx u\Delta v + v\Delta u$를 얻는데, 여기서 $\approx$는 "거의 같다"를 뜻한다. 이 관계식의 양변을 Δx로 나누고 Δx를 0으로 접근시키면(결론적으로 Δ를 d로 바꾸면) 원하는 결과를 얻는다.
4. 엄밀하게 말하면, 함수 $y=f(x)$의 독립 변수 x와 넓이 함수 $A(x)$의 변수 x를 구별해야 한다. 108쪽에서, 후자를 t로 나타내어 구별했다. 이렇게 나타내면 미적분학의 기본 정리는 $dA/dt = f(t)$가 된다. 그러나 혼동을 일으킬 위험이 없는 한 두 변수를 똑같은 문자로 쓰는 것이 일상적인 관행이다. 여기서는 이런 관행을 따르겠다.
5. 기호 $\int_a^b f(x)dx$를 $x=a$부터 $x=b$까지 $f(x)$의 '정적분'(definite integral)이라고 하는데, 형용사 'definite'(정)는 임의의 상수가 포함되지 않음을 지시한다. 실제로, $F(x)$가 $f(x)$의 역도함수이면, $\int_a^b f(x)dx = [F(x)+c]_{x=b} - [F(x)+c]_{x=a} = [F(b)+c] - [F(a)+c] = F(b) - F(a)$이므로 상수 c는 소거되어 없어진다.
6. 여기서 얻은 결과는 x축 및 직선 $x=0$과 $x=1$ 사이에서 포물선 $y=x^2$ 아래의 넓이를 알려준다. 한편, 아르키메데스의 결과(60쪽)는 포

물선 안에 내접하는 영역의 넓이를 알려준다. 잠시 생각해 보면, 두 결과가 서로 상보적임을 알 수 있을 것이다.

7. 다음에서 인용했다. Forest Ray Moulton, *An Introduction to Astronomy* (New York: Macmillan, 1928), p. 234.
8. 다음에서 인용했다. W. W. Rouse Ball, *A Short Account of the History of Mathematics* (1908; rpt. New York: Dover, 1960), pp. 359-60.
9. 다음을 보라. Julian Lowell Coolidge, *The Mathematics of Great Amateurs* (1949; rpt. New York: Dover, 1963), pp. 154-163. D. J. Struik, ed., *A Source Book in Mathematics*, 1200-1800 (Cambridge, Mass.: Harvard University Press, 1969), pp. 312-316.

표기법의 발전

수학의 어떤 주제가 쓸모 있는 지식이 되기 위해서는 훌륭한 표기법 체계가 필요하다. 뉴턴은 '유율법'을 발견했을 때, 유율(도함수)을 나타내는 문자 위에 점(도트, dot)을 찍어 표시했다. 뉴턴이 '표시된 문자'(pricked letter)라고 불렀던 이런 도트 표기법은 성가시다. $y = x^2$의 도함수를 찾기 위해서는, 먼저 시간에 관한 x와 y의 유율 사이의 관계를 구해야 한다(뉴턴은 각 변수가 시간에 따라 한결같이 '흐른다'(flow)고 생각해서 유율(fluxion)이라는 용어를 사용했다). 이 경우에는 $\dot{y} = 2x\dot{x}$이다(103쪽을 보라). x에 관한 y의 도함수 또는 변화율은 두 유율의 비, 즉 $\dot{y}/\dot{x} = 2x$이다.

도트 표기법은 영국에서 한 세기 이상 사용되었고, 아직도 물리학 교과서에서 시간에 관한 미분을 나타내는 데 사용되고 있다. 그러나 유럽 대륙에서는 좀더 효율적인 라이프니츠의 미분 표기법 dy/dx를 채택했다. 라이프니츠는 dx와 dy를 변수 x와 y의 작은 증분으로 생각했으며, 이것들의 비로 x에 관한 y의 변화율을 측정했다. 오늘날에는 그리스 문자 Δ(델타)로 라이프니츠의 미분을 나타내고 있다. 그래서 그의 dy/dx는 현재 $\Delta y/\Delta x$로 나타내고, dy/dx는 Δx와 Δy의 값이 0에 가까워질 때 $\Delta y/\Delta x$의 극한을 나타내는 데 사용된다.

도함수를 나타내는 기호 dy/dx에는 여러 가지 장점이 있다. 이 기호는 매우 함축적이고, 여러 가지 방법으로 통상적인 분수처럼 행동한다. 예를 들어 $y = f(x)$이고 $x = g(t)$이면, y는 t에 관한 간접적인 함수 $y = h(t)$이다. 이런 '합성 함수'의 도함수를 구하는 데 '연쇄 법칙' $dy/dt = (dy/dx) \cdot (dx/dt)$가 이용된다. 여기서 각 도함수는 비의 극한이지만, 마치 구체적인 두 개의 유한한 양의 비처럼 행동한다는 점에 주목하자. 이와 유사한 예가 또 있다. 함수 $y = f(x)$가 일대일 함수이면(247쪽을 보라), 이것의 역함수 $x = f^{-1}(y)$가 존재한다. 이 역함수의 도함수는 원래 도함수의 역수, 즉 $dx/dy = 1/(dy/dx)$이다. 이 공식도 통상적인 분수가 행동하는 방법을 흉내내고 있다.

그런데 도함수를 간결하게 나타낼 수 있는 또 다른 표기법이 있다. $y = f(x)$일 때, 도함수를 $f'(x)$ 또는 더 간단하게 y'으로 나타낸다. 그래서 예를 들어 $y = x^2$이면 $y' = 2x$이다. 이것을 단 하나의 식 $(x^2)' = 2x$와 같이 더욱더 간단히 쓸 수도 있다. 이런 표기법은 1797년 라그랑주(Joseph Louis Lagrange, 1736-1813)가 그의 연구서 《해석 함수론》(Théorie des fonctiones analytiques)에서 사용했다. 그는 이 책에서 x의 함수를 나타내는 기호 fx도 제안했는데, 이는 우리에게 친숙한 기호 $f(x)$의 선배이다. 그는 $f'x$를 fx의 '유도된 함수'(derived function)라고 불렀는데, 이것으로부터 현재의 용어 'derivative'(도함수)가 유래했다. 그는 y의 이계 도함수를 y'' 또는 $f''x$로, 같은 방법으로 고계 도함수들을 나타냈다(145쪽을 보라).

u가 두 개의 독립 변수의 함수이면, 즉 $u = f(x, y)$이면, x와 y 중에서 어떤 변수에 관해 미분하는지를 명백히 해야 한다. 이런 목적으로, 로마 문자 d 대신에 독일 문자 ∂를 사용하고, u의 두 가지

'편미분' $\frac{\partial u}{\partial x}$와 $\frac{\partial u}{\partial y}$를 얻는다. 이 표기법에서는 지정된 변수를 제외한 나머지 모든 변수를 상수로 취급한다. 예를 들어 $u = 3x^2y^3$이면, $\partial u/\partial x = 3(2x)y^3 = 6xy^3$이고 $\partial u/\partial y = 3x^2(3y^2) = 9x^2y^2$이다. 여기서 첫째 경우에는 y를 상수로 취급했고, 둘째 경우에는 x를 상수로 취급했다.

때로는 어떤 연산을 실제로 시행하지 않고 그 연산만을 언급할 필요가 있다. $+$, $-$, $\sqrt{\ }$ 같은 기호를 연산 기호 또는 간단히 '연산자'라고 부른다. 연산자는 그것이 시행될 수 있는 양에 적용되는 경우에만 의미를 가진다. 예를 들면, $\sqrt{16} = 4$이다. 미분을 나타내기 위해서, 연산자 d/dx를 사용하는데, 이 연산자의 오른쪽에 있는 모든 것을 미분해야 하지만, 왼쪽에 있는 것은 그대로 두기로 약속한다. 예를 들면, $x^2 d/dx(x^2) = x^2 \cdot 2x = 2x^3$이다. 이계 미분은 d/dx (d/dx) 또는 간단히 d^2/dx^2으로 나타낸다.

그런데 더욱 간단한 표기법인 미분 연산자 D가 고안되었다. 이 연산자는 바로 오른쪽에 있는 함수에만 작용하고, 왼쪽에 있는 함수에는 아무런 영향도 끼치지 않는다. 예를 들면, $x^2Dx^2 = x^2 \cdot 2x = 2x^3$이다. 이계 미분을 위해 D^2을 사용하는데, 이를테면 $D^2x^5 = D(Dx^5) = D(5x^4) = 5 \cdot 4x^3 = 20x^3$이다. 마찬가지로, 양의 정수 n에 대해 D^n은 n계 미분을 지시한다. 게다가, n이 음의 정수도 취할 수 있도록 허락하면, D를 역 미분, 즉 부정 적분을 나타내는 기호로 확장시킬 수 있다(107쪽을 보라). 예를 들면, $D^{-1}x^2 = x^3/3 + c$인데, 이는 우변을 미분해서 쉽게 입증할 수 있다(여기서 c는 임의의 상수이다).

함수 $y = e^x$은 자신의 도함수와 똑같기 때문에, 공식 $Dy = y$를 얻는다. 물론 이 공식은 해가 $y = e^x$ 또는 좀더 일반적으로 $y = Ce^x$인 미분 방정식에 불과하다. 그런데 방정식 $Dy = y$를 통상적인 대수 방정식으로 간주하고 기호 D를 y에 곱해진 통상적인 양으로 생각해서, 양변의 y를 '소거'하고 싶은 유혹을 받을 것이다. 이런 유혹에 넘어가면, 연산자만으로 이루어진 방정식 $D=1$을 얻는데, 이것은 그 자체로는 아무런 의미가 없다. 양변에 y를 다시 곱해준 경우에만 의미를 되찾는다.

그러나 연산자 D에 대한 이런 형식적인 조작은 특정한 형태의 미분 방정식을 풀 때 매우 유용하다. 예를 들면, (계수가 상수인) 선형 미분 방정식 $y''+5y'-6y=0$을 $D^2y+5Dy-6y=0$과 같이 쓸 수 있다. 이 방정식에 있는 모든 기호를 통상적인 대수적 양이라고 생각하면, 좌변의 모든 항에 공통으로 들어 있는 미지의 함수 y를 '묶어 내어' $(D^2+5D-6)y=0$을 얻을 수 있다. 그런데 두 인수의 곱은 둘 중 적어도 하나가 0일 때만 0이 될 수 있다. 그래서 $y=0$(이것은 자명한 해로 전혀 흥미롭지 않다) 또는 $D^2+5D-6=0$이다. 또다시 D를 대수적인 양으로 생각하면, 이 마지막 식을 인수 분해해서 $(D-1)(D+6)=0$을 얻을 수 있다. 각 인수를 0으로 놓으면 '해' $D=1$과 $D=-6$을 얻는다. 물론, 이런 해들은 연산자에 관한 명제에 불과하다. 반드시 양변에 y를 곱해서 방정식 $Dy=y$와 $Dy=-6y$를 얻어야 한다. 첫째 방정식의 해는 $y=e^x$. 좀 더 일반적으로 임의의 상수 A에 대해 $y=Ae^x$이다. 그리고 둘째 방정식의 해는 임의의 상수 B에 대해 $y=Be^{-6x}$이다. 원래의 미분 방정식이 선형이고 우변이 0이기 때문에, 두 해의 합 $y=Ae^x+Be^{-6x}$도 또한 해이다. 실제로, 이것이 방정식 $y''+5y'-6y=0$의 '일반' 해이다.

기호 D는 프랑스의 아르보가스트(Louis François Antoine Arbogast, 1759-1803)가 1800년 처음으로 연산자로 사용했다. 그렇지만 요한 베르누이는 이것을 연산자의 의미가 없는 상태로 그 이전에 사용한 적이 있다. 연산자 방법을 그 자체로 예술의 경지까지 끌

어울린 사람은 영국의 전기 공학자 헤비사이드(Oliver Heaviside, 1850-1925)였다. 헤비사이드는 기호 D를 재치 있게 다루고 대수적인 양처럼 처리해서 수많은 응용 문제, 특히 전기 이론에 등장하는 미분 방정식들을 세련되고 효율적인 방법으로 풀었다. 헤비사이드는 정규 수학 교육을 받지 못했는데, D를 조작하는 그의 무책임한 손놀림은 전문 수학자들의 눈살을 찌푸리게 했다. 그러나 그는 '목적은 수단을 정당화한다'는 주장으로 자신의 방법을 옹호했다. 그의 방법은 옳은 결과를 낳았고, 그래서 이에 대한 엄밀한 정당화는 그에게 부차적인 문제에 불과했다. 헤비사이드의 발상은 '라플라스 변환'이라고 부르는 더욱 발전된 방법을 통해 형식적으로 적절하게 정당화되었다.[1]

주석

1. 다음을 보라. Murray R. Spiegel, *Applied Differential Equations,* 3rd ed. (Englewood Cliffs, N.J.: Prentice-Hall, 1981), pp. 168-169, 204-211. 미분 표기법의 발전 과정에 대한 좀더 완벽한 설명은 다음을 보라. Florian Cajori, *A History of Mathematical Notations*, vol. 2, *Higher Mathematics* (1929; rpt. La Salle, Ill.: Open Court, 1951), pp. 196-242.

10장

e^x : 자신의 도함수와 같은 함수

(자연) 지수 함수는 자신의 도함수와 같다.
이것은 지수 함수의 모든 성질을 설명하는 원천이며,
응용 분야에서 이 함수를 중요하게 만든 본질적인 이유이다.
–쿠랑과 로빈스, 《수학이란 무엇인가?》(1941)

뉴턴과 라이프니츠는 새로운 미적분학을 전개할 때, 대수적 곡선, 즉 방정식이 다항식 또는 다항식의 비로 표현되는 곡선에 이를 주로 적용했다. ('다항식'은 $a_nx^n + a_{n-1}x^{n-1} + \cdots + a_1x + a_0$꼴의 식이다. 여기서 상수 a_i들은 계수이고 다항식의 차수 n은 음이 아닌 정수이다. 예를 들면 $5x^3 + x^2 - 2x + 1$은 삼차 다항식이다.) 이런 식은 단순하고 응용 분야에서 많이 나타나기 때문에(이를테면 포물선 $y = x^2$이 있다), 미적분학이라는 새로운 방법을 시험해보는 자연스러운 도구가 되었다. 그러나 응용 분야에는 대수적 곡선으로 분류할 수 없는 곡선이 많이 있다. 이런 것을 '초월 곡선'이라고 한다(라이프니츠가 명명한 이 용어는 이런 곡선의 방정식이 초등 대수학의 범위를 벗어난다는 사실을 뜻한다). 초월 곡선 중에서 가장 중요한 것이 지수 곡선이다.

제2장에서 브리그스가 밑이 10인 로그를 도입하고 이 밑의 거듭제곱들을 이용해서 네이피어의 로그표를 어떻게 개선했는지를 알아봤다. 원칙적으로 1이 아닌 임의의 양수는 밑이 될 수 있다. 밑을 b로 지수를 x로 나타내면, '밑이 b인 지수 함수' $y=b^x$을 얻는다. 여기서 x는 양수와 음수의 임의의 실수를 나타낸다. 그렇지만 정수가 아닌 x에 대해 b^x이 의미하는 바를 분명히 해야 한다. x가 유리수 m/n일 때, b^x을 $\sqrt[n]{b^m}$ 또는 $(\sqrt[n]{b})^m$으로 정의한다. m/n을 기약분수로 나타내면, 이 두 가지 식은 서로 같다. 예를 들면, $8^{2/3}=\sqrt[3]{8^2}=\sqrt[3]{64}=4$이고 $8^{2/3}=(\sqrt[3]{8})^2=2^2=4$이다. 그러나 x가 '무리수'이면, 즉 두 정수의 비로 나타낼 수 없는 수이면, 이 정의는 쓸모 없다. 이런 경우에는 극한이 x인, 즉 x로 수렴하는 '유리수 수열'로 x에 근사시킨다. 예로 $3^{\sqrt{2}}$을 들어보자. 이 때, 지수 $x=\sqrt{2}=1.414213\cdots$(무리수)을 각 항이 유리수인 유한 소수의 수열 $x_1=1$, $x_2=1.4$, $x_3=1.41$, $x_4=1.414$, $\cdots$의 극한으로 생각할 수 있다. 이런 x_i 각각은 3^{x_i}의 유일한 값을 결정하므로 $i\to\infty$ 때 수열 3^{x_i}의 극한으로 $3^{\sqrt{2}}$을 정의할 수 있다. 휴대용 계산기로 이 수열의 처음 몇 개의 항을 쉽게 계산할 수 있는데, $3^1=3$, $3^{1.4}=4.656$, $3^{1.41}=4.707$, $3^{1.414}=4.728$ 등이다(모든 값은 반올림해서 소수 셋째 자리까지 구했다). 극한으로 원하는 값 4.729를 얻는다.

물론, 이런 과정에서는 미묘하지만 결정적인 사실을 가정하고 있다. 즉, x_i가 극한 $\sqrt{2}$으로 수렴하면 이에 대응해서 3^{x_i}의 값은 극한 $3^{\sqrt{2}}$으로 수렴한다고 가정하고 있다. 다른 말로 하면, 함수

$y=3^x$, 좀더 일반적으로 $y=b^x$은 x에 관한 '연속 함수'(절단이나 도약 없이 매끄럽게 변하는 함수)라고 가정하고 있다. 연속성은 미분학의 핵심적인 개념이다. 이것은 이미 도함수의 정의에도 내포되어 있는데, $\Delta x \to 0$일 때 비 $\Delta y/\Delta x$의 극한을 계산하는 경우 Δx와 Δy가 동시에 0으로 수렴한다고 가정했기 때문이다.

지수 함수의 일반적인 특징을 알아보기 위해서, 밑이 2인 지수 함수를 선택해보자. x의 값을 정수로 한정하면, 다음과 같은 표를 얻는다.

x	-5	-4	-3	-2	-1	0	1	2	3	4	5
2^x	$\frac{1}{32}$	$\frac{1}{16}$	$\frac{1}{8}$	$\frac{1}{4}$	$\frac{1}{2}$	1	2	4	8	16	32

이 값들을 좌표 평면에 점으로 표시하면, 그림 31에 나타낸 그래프를 얻는다. 여기서 x의 값이 증가함에 따라 y의 값도 증가함을 알 수 있다. 처음에는 천천히 증가하지만, 나중에는 매우 빠르게 증가해서 무한대로 향한다. 반대로 x의 값이 감소하면 y의 값은 매우 느린 속도로 감소한다. 그런데 0에는 결코 도달하지 못하지만, 한없

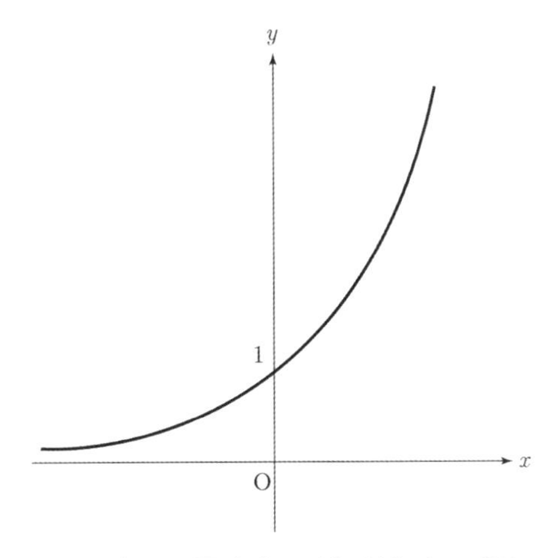

▶ **그림 31** 증가하는 지수 함수의 그래프

이 가까워진다. 그래서 음의 방향의 x축은 이 함수의 수평 점근선이 된다. 그래프의 점근선은 제4장에서 논의한 극한 개념에 대응한다.

지수 함수의 증가율은 매우 놀라울 수 있다. 체스 게임을 발명한 사람에 관한 유명한 전설이 있다. 왕이 그를 불러 발명품에 대해 어떤 상을 받고 싶은지 물었을 때, 그는 겸손하게 체스 판의 첫째 정사각형 위에 밀알 1개, 둘째 정사각형 위에 밀알 2개, 셋째 정사각형 위에 밀알 4개와 같은 방법으로 계속해서 64개의 정사각형을 모두 채워달라고 요청했다. 왕은 그의 겸손한 요청에 놀라면서 즉시 밀알 한 포대를 가져오라고 명령했다. 신하들이 체스 판 위에 밀알을 채우기 시작했다. 그런데 놀랍게도 그 요청을 충족시키기 위해서는 왕국에 있는 모든 밀을 합쳐도 부족하다는 사실이 곧 명백해졌다. 왜냐하면 마지막 정사각형 위에는 2^{63}개, 즉 9,223,372,036,854,775,808개의 밀알을 올려놓아야 하기 때문이었다(마지막 정사각형에 채울 밀알의 개수는 그 이전의 모든 정사각형 위에 있는 밀알을 모두 더한 개수만큼 된다). 만약 이렇게 많은 밀알을 연이어서 직선을 만든다면, 그 직선의 길이는 약 2광년, 즉 태양계로부터 가장 가까운 별인 알파 켄타우리(Alpha Centauri)까지의 거리의 반 정도가 될 것이다.

그림 31에 나타낸 그래프는 밑과 상관없이 모든 지수 함수의 그래프가 보여주는 전형적인 모습이다.[1] 이 그래프의 단순함은 인상적이다. 이것은 x절편(그래프가 x축과 만나는 점), 최댓값, 최솟값, 변곡점 등과 같은 대수적 함수의 그래프가 갖고 있는 공통적인 특징을 거의 갖지 않는다. 게다가, 이 그래프는 x의 어떤 값 근방에서 한없이 증가하거나 감소하는 수직 점근선도 없다. 지수 함수의 그래프가 매우 단순하기 때문에, 이 그래프의 독특한 특징이 없다면 이 함수의 그래프는 흥미 없는 것이라고 간주해서 간단히 처리해버렸을 것이다. 이 함수의 독특한 특징은 변화율이다.

제9장에서 알아봤듯이, 함수 $y=f(x)$의 변화율 또는 도함수는

$dy/dx = \lim_{\Delta x \to 0} \Delta y / \Delta x$로 정의된다. 여기서의 목표는 함수 $y = b^x$의 변화율을 찾는 것이다. x의 값을 Δx만큼 증가시키면, y의 값은 $\Delta y = b^{x+\Delta x} - b^x$만큼 증가할 것이다. 지수 법칙을 이용해서, 이를 $b^x b^{\Delta x} - b^x$ 또는 $b^x (b^{\Delta x} - 1)$로 쓸 수 있다. 그러므로 구하는 변화율은 다음과 같다.

$$\frac{dy}{dx} = \lim_{\Delta x \to 0} \frac{b^x (b^{\Delta x} - 1)}{\Delta x} \tag{1}$$

이 단계에서, 기호 Δx를 단 한 개의 문자 h로 바꾸면 편리할 것이다. 그러면 식 (1)은 다음과 같이 된다.

$$\frac{dy}{dx} = \lim_{h \to 0} \frac{b^x (b^h - 1)}{h} \tag{2}$$

극한 기호의 오른쪽에 있는 인수 b^x을 앞으로 빼내어, 이 식을 더 간단히 할 수 있다. 식 (2)에서 극한은 변수 h에만 관련되고 x는 고정된 것으로 간주하기 때문에, 이렇게 할 수 있다. 그러므로 다음 식을 얻는다.

$$\frac{dy}{dx} = b^x \lim_{h \to 0} \frac{b^h - 1}{h} \tag{3}$$

물론, 이 단계에서 식 (3)으로 나타낸 극한이 실제로 존재하는지에 대해서는 장담할 수 없다. 이 극한이 존재한다는 사실은 고급 과정에 증명되어 있으므로,[2] 여기서는 이를 사실로 받아들이겠다. 이 극한을 문자 k로 나타내면, 다음과 같은 결과를 얻는다.

$$y = b^x \text{이면 } \frac{dy}{dx} = kb^x = ky \text{이다.} \tag{4}$$

이 결과는 대단히 중요하기 때문에 다음과 같이 말로 다시 쓰겠다.

"지수 함수의 도함수는 그 함수 자신에 비례한다."

지금까지는 임의로 선택한 밑 b에 대한 지수 함수의 도함수를 생각했다. 그러나 다음과 같은 문제를 제기할 수 있다. b를 어떤 특정한 값으로 선택하면 특히 편리할까? 식 (4)로 되돌아가서, 비례 상수 k가 1이 되도록 b를 선택한다면, 식 (4)는 분명히 아주 단순해질 것이다. 사실 그런 b를 선택하면 자연스러울 것이다. 그러므로 다음과 같이 k의 값이 1이 되도록 b의 값을 정하는 것이 현재의 과제이다.

$$\lim_{h\to 0}\frac{b^h-1}{h}=1 \tag{5}$$

이 방정식을 b에 대해 풀기 위해서는, 약간의 대수적인 조작(과 다소 미묘한 수학적인 기교)이 필요한데, 여기서는 세부적인 내용을 생략하겠다(발견적인 유도 과정이 부록 4에 실려 있다). 그 결과는 다음과 같다.

$$b=\lim_{h\to 0}(1+h)^{1/h} \tag{6}$$

이 식에서 $1/h$을 문자 m으로 바꾸면, $h\to 0$일 때 m은 한없이 커진다. 따라서 다음을 얻는다.

$$b=\lim_{m\to\infty}(1+1/m)^m \tag{7}$$

그런데 식 (7)에 나타나는 극한은 다름 아닌 수 $e=2.71828\cdots$이다.[3] 그래서 다음과 같이 결론지을 수 있다. "밑이 e인 지수 함수는 자신의 도함수와 같다." 기호로 나타내면, 다음과 같다.

$$y=e^x \text{ 이면, } \frac{dy}{dx}=e^x \text{ 이다.} \tag{8}$$

그러나 이 결론에는 더 중요한 내용이 숨어 있다. 함수 e^x는 자신의 도함수와 같을 뿐만 아니라, (상수 배한 것을 제외하면) 이런 성질을 가진 유일한 함수이다. 달리 표현하면, 함수 y에 관한 (미분 방정식) $dy/dx=y$를 풀면, 해는 임의의 상수 C에 대해 $y=Ce^x$이

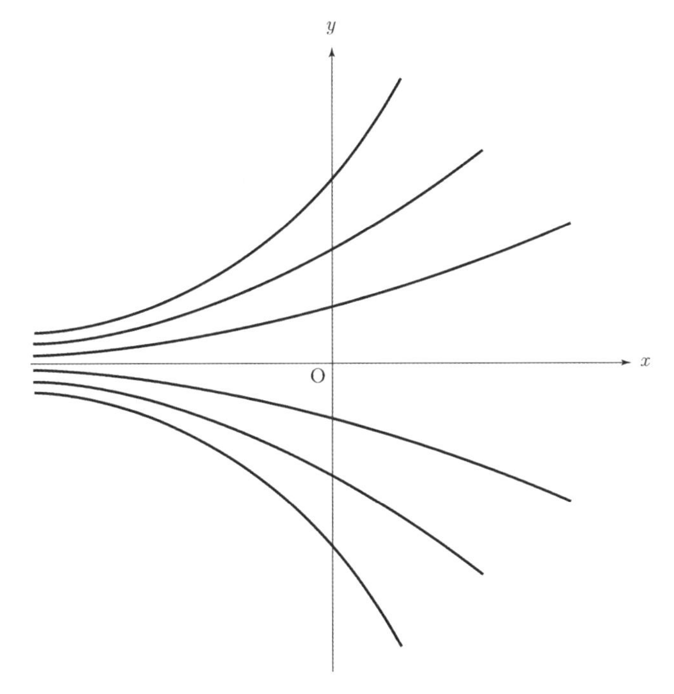

▶ **그림 32** 지수 함수족 $y = Ce^x$ 각 그래프는 C의 어떤 값에 대응한다.

다. 이 해는 C의 서로 다른 값에 대응하는 지수 곡선족을 표현한다 (그림 32).

수학과 과학에서 함수 e^x의 핵심적인 역할은 이런 사실들의 직접적인 결과이다. 이에 따라 이 함수를 자연 지수 함수 또는 간단히 지수 함수라고 부른다. 응용 분야에서 어떤 양의 변화율이 그 양 자체에 비례하는 현상을 매우 많이 찾아볼 수 있다. 이런 모든 현상은 미분 방정식 $dy/dx = ay$에 의해 좌우되는데, 여기서 상수 a는 각 경우의 변화율을 결정한다. 이 방정식의 해는 $y = Ce^{ax}$인데, 여기서 임의의 상수 C는 '초기 조건', 즉 $x = 0$일 때 y의 값에 따라 결정된다. a의 값이 양수이거나 음수이면, x의 값이 증가할 때 이에 대응하는 y의 값은 각각 증가하거나 감소해서, 지수적으로 증가하거나 감소한다. (a가 음수이면 통상 $-a$로 나타내고, 양수인 경우에는 단순히 a로 나타낸다.) 이런 현상 몇 가지를 예시하겠다.

1. 방사성 물질의 붕괴율(과 방사성 물질의 방출량)은 모든 순간에 그것의 질량 m에 비례한다. 즉 $dm/dt = -am$이 성립한다. 이 미분 방정식의 해는 $m = m_0 e^{-at}$이고, m_0은 그 물질의 초기의 ($t=0$일 때의) 질량이다. 이 해에서 m은 점진적으로 0에 가까워지지만, 결코 0이 되지는 않는다. 그래서 방사성 물질은 결코 완전히 붕괴되지 않는다는 사실을 알 수 있다. 이것은 핵 물질이 쓰레기로 버려지고 오랜 시간이 흐른 뒤에도 여전히 큰 위험 요소가 될 수 있는 이유를 설명한다. a의 값은 방사성 물질의 붕괴율을 결정하고, 방사성 물질이 처음 양의 반이 되는 데 걸리는 시간인 '반감기'로 통상 측정된다. 방사성 물질을 종류에 따라 반감기가 엄청나게 차이가 난다. 예를 들면, 우라늄의 통상적인 동위 원소(U^{238})의 반감기는 50억 년이고, 통상적인 라듐(Ra^{226}의 반감기는 1600년이지만, Ra^{220}은 반감기가 겨우 23밀리세컨드, 즉 23×10^{-3}초 정도이다. 이것은 주기표에 있는 불안정한 원소 몇 가지가 자연 광물 상태로 발견되지 않는 이유를 설명한다. 즉, 지구가 탄생했을 때 아무리 많은 양이 있었을지라도 좀더 안정된 원소로 오래 전에 변형되었다.
2. 온도가 T_0인 뜨거운 물체를 주변 온도가 T_1인 상황에 놓았을 때 (이곳의 온도는 항상 일정하게 유지된다고 가정한다), 그 물체는 시각 t에서의 온도와 주변 온도의 차 $T-T_1$에 비례하는 속도로 냉각된다. 그래서 미분 방정식 $dT/dt = -a(T-T_1)$이 성립한다. 이것을 뉴턴의 냉각 법칙이라고 부른다. 이 방정식의 해는 $T = T_1 + (T_0 - T_1)e^{-at}$인데, T가 T_1에 점진적으로 가까워지지만 결코 T_1에 도달하지 못함을 보여준다.

3. 음파가 공기(또는 다른 매체) 속을 진행할 때, 그 음파의 강도는 미분 방정식 $dI/dx = -aI$에 의해 좌우된다. 여기서 x는 진행한 거리이다. 이 방정식의 해는 $I = I_0 e^{-ax}$은 음파의 강도는 지수적으로 감소함을 보여준다. 람베르트의 법칙이라고 부르는 이와 유사한 법칙이 투명한 매체 속에서 빛의 흡수에 대해 성립한다.
4. 연이율이 r%이고 연속적으로(즉, 매순간) 복리로 계산되는 계좌에 원금 P원을 예금하면, t년 뒤의 원리 합계는 공식 $A = Pe^{rt}$으로 표현된다. 그러므로 원리합계는 시간이 지남에 따라 지수적으로 증가한다.
5. 인구의 증가는 근사적으로 지수 법칙에 따른다.

식 $dy/dx = ax$는 일계 미분 방정식이다. 즉, 이 방정식에는 미지의 함수와 그것의 (일계) 도함수만 포함되어 있다. 그러나 대부분의 물리 법칙은 이계 미분 방정식으로 표현된다. 즉, 어떤 함수의 '변화율의 변화율,' 즉 '이계 도함수'가 들어 있는 방정식으로 표현된다. 예를 들면, 운동하는 물체의 가속도는 속도의 변화율이다. 그런데 속도 자체는 운동한 거리의 변화율이기 때문에, 가속도는 변화율의 변화율, 즉 이계 도함수이다. 고전 역학의 법칙들은 뉴턴의 세 가지 운동 법칙에 바탕을 두고 있기 때문에(특히 제2법칙 $F = ma$는 질량이 m인 물체의 가속도를 그것에 작용하는 힘과 관련을 짓고 있는데), 이런 법칙들은 이계 미분 방정식으로 표현된다. 비슷한 상황이 전기에서도 성립한다.

함수 $f(x)$의 이계 도함수를 찾기 위해서는 먼저 $f(x)$의 일계 도함수를 구해야 하는데, 이 도함수는 그 자체로 x에 관한 함수로, $f'(x)$로 나타낸다. 다음에 $f'(x)$를 미분하면 이계 도함수 $f''(x)$를 얻는다. 예를 들어 $f(x) = x^3$이면 $f'(x) = 3x^2$이고 $f''(x) = 6x$이다. 물론, 여기에서 멈출 필요는 없다. 계속 진행해서 삼계 도함수

$f'''(x) = 6$과 사계 도함수 0 등을 찾을 수 있다. 일반적으로, n차 다항 함수의 n계 도함수는 상수가 되고, 그 다음의 도함수는 모두 0이 된다. 어떤 형태의 함수에 대해서는 반복해서 미분할 때 더욱 복잡한 식이 될 수도 있다. 그렇지만 응용 분야에서 이계를 넘는 도함수를 찾을 필요는 거의 없다.

라이프니츠의 표기법에서, 이계 도함수를 기호 $d/dx(dy/dx)$ 또는 (d를 대수적인 양처럼 세어서) $d^2y/(dx)^2$으로 표현한다. 일계 도함수에 대한 기호 dy/dx와 같이, 이 기호도 대수학의 친숙한 법칙들을 연상시키는 방법으로 행동한다. 예를 들면, 두 함수 $u(x)$와 $v(x)$의 곱 $y = u \cdot v$의 이계 도함수를 계산하면, 곱의 법칙을 두 번 적용해서 다음을 얻는다.

$$\frac{d^2y}{dx^2} = u\frac{d^2v}{dx^2} + 2\frac{du}{dx}\frac{dv}{dx} + v\frac{d^2u}{dx^2}$$

라이프니츠의 법칙이라 부르는 이 결과는 이항 전개 $(a+b)^2 = a^2 + 2ab + b^2$와 놀라울 정도로 비슷하다. 사실, 이것을 $u \cdot v$의 n계 도함수까지 확장할 수 있는데, 계수는 $(a+b)^n$의 전개에 나타나는 이항 계수들과 정확하게 똑같다(44쪽).

역학에서 자주 등장하는 문제는 진동계, 이를테면 용수철에 매달린 물체의 운동을 그것을 둘러싸고 있는 매체의 저항을 고려해서 설명하는 문제가 있다. 이 문제는 계수가 상수인 이계 미분 방정식으로 귀착된다. 다음은 이런 방정식의 예이다.

$$\frac{d^2y}{dt^2} + 5\frac{dy}{dt} + 6y = 0$$

이 방정식을 풀기 위해서, 해가 $y = Ae^{mt}$ 꼴이라고 재치 있게 추측해보자. 여기서 A와 m은 미정 계수이다. 임시로 이 해를 주어진 미분 방정식에 대입하면 다음을 얻는다.

$$e^{mt}(m^2+5m+6)=0$$

이것은 미지수 m에 대한 대수 방정식이다. e^{mt}는 결코 0이 될 수 없기 때문에, 이것을 소거하면 주어진 미분 방정식의 '특성 방정식'이라고 부르는 방정식 $m^2+5m+6=0$을 얻는다(두 방정식의 계수들이 서로 같음을 주목하자). 이를 인수 분해하면 $(m+2)(m+3)=0$이고, 각 인수를 0과 같게 놓으면, 구하려는 m의 값 -2와 -3을 얻는다. 그래서 두 개의 서로 다른 해 Ae^{-2t}과 Be^{-3t}을 얻으며, 이것들의 합 $y=Ae^{-2t}+Be^{-3t}$도 해임을 쉽게 밝힐 수 있다. 사실, 이것이 이 미분 방정식의 완벽한 해이다. (아직까지는 임의의 수인) 상수 A와 B는 이 방정식의 초기 조건, 즉 $t=0$일 때의 y와 dy/dt의 값을 이용해서 쉽게 결정할 수 있다.

이 방법은 방금 푼 것과 같은 종류의 모든 미분 방정식에 적용되며, 해를 구하기 위해서는 특성 방정식만 풀면 충분하다. 하지만 한 가지 걸림돌이 있다. 특성 방정식이 허수 해, 즉 -1의 제곱근이 포함된 근을 가질 수 있다. 예를 들면, 방정식 $d^2y/dx^2+y=0$의 특성 방정식은 $m^2+1=0$인데, 이것의 두 근은 허수 $\sqrt{-1}$과 $-\sqrt{-1}$이다. 이 수들을 기호 i와 $-i$로 나타내면, 미분 방정식의 해는 앞에서와 같이 임의의 상수 A와 B에 대해 $y=Ae^{ix}+Be^{-ix}$이다.[4] 그런데 우리가 접하는 모든 지수 함수에서 지수는 언제나 실수라고 가정했다. 그렇다면 e^{ix}과 같은 식은 도대체 무엇을 나타낼까? 제13장에서 알아보겠지만, m이 허수일 때도 함수 e^{mx}에 어떤 의미가 있다는 사실의 발견은 18세기 수학의 위대한 업적 중 하나였다.

지수 함수의 또 다른 면을 반드시 고려해야 한다. 대부분의 함수 $y=f(x)$는 정의역을 적절하게 정의하면 역함수를 가진다. 즉, 정의역에 있는 x의 모든 값에 대해 y의 유일한 값을 정할 수 있을 뿐만 아니라, 치역에 있는 y의 각 값에 대해 x의 값이 유일하게 정해진다. y의 값에 거꾸로 x의 값을 대응시키는 규칙을 $f(x)$의 '역함수'라고 정의하고, 기호로 $f^{-1}(x)$로 나타낸다.[5] 예를 들면, 함수 $y=f(x)=x^2$는 모든 실수 x에 대해 x의 제곱인 유일한 $y \geq 0$를 대응시킨다. $f(x)$의 정의역을 음이 아닌 실수로 제한하면, 이 함수를 거꾸로 시행하면, 모든 $y \geq 0$에 대해 y의 유일한 제곱근인 $x=\sqrt{y}$이 정해진다.[6] 마지막 식에서 독립변수는 x로 종속변수는 y로 나타내기 위해서 문자들을 바꾸는 것이 전통이다. 그러면 역함수를 f^{-1}로 나타낼 때, $y=f^{-1}(x)=\sqrt{x}$을 얻는다. 그림 33에 나타냈듯이, $f(x)$와 $f^{-1}(x)$의 그래프는 직선 $y=x$에 대해 서로 대칭이다.

현재의 목표는 지수 함수의 역함수를 찾는 것이다. 식 $y=e^x$에 시작하고, y를 주어진 것으로 생각한다. 그리고 이 식을 x에 대해 풀려고, 즉 x를 y에 관한 식으로 나타내려고 한다. 수 $y>0$의 브리그스 로그, 즉 상용 로그 값은 $10^x=y$를 만족시키는 수 x라는 사실을 상기하자. 이와 정확하게 똑같은 방법으로, 수 $y>0$의 자연 로그 값은 $e^x=y$를 만족시키는 수 x이다. 그리고 상용 로그(밑이 10인 로그)를 $x=\log y$로 나타내는 것과 똑같이, 자연 로그(밑이 e인 로그)를 $x=\ln y$로 나타낸다. 그러므로 지수 함수의 역함수는 자연 로그 함수이고, x와 y를 바꾸었을 때의 식은 $y=\ln x$이다. 그림 34는 $y=e^x$와 $y=\ln x$의 그래프를 한 좌표 평면에 나타내고 있다. 임의의 함수와 그것의 역함수의 그래프를 한 평면에 나타내면, 직선 $y=x$에 대해 서로 대칭이다.

지수 함수의 역함수로 자연 로그를 정의했다. 이제, 자연 로그 함수의 변화율을 찾아보자. 여기서 또다시 라이프니츠의 표기법이 큰 도움을 준다. 이에 따르면, 역함수의 변화율은 원래 함수의 변화율의 역수이다. 기호로 나타내면 $dx/dy=1/(dy/dx)$이다. 예를 들어 $y = x^2$이면 $dy/dx = 2x$이므로, $dx/dy = 1/2x = 1/(2\sqrt{y})$이다. 여기서 x와 y를 바꾸면 원하는 결과를 얻는다. 즉, $y = \sqrt{x}$이면 $dy/dx = 1/(2\sqrt{x})$이다. 더욱 간단히 $d(\sqrt{x})/dx = 1/(2\sqrt{x})$이다.

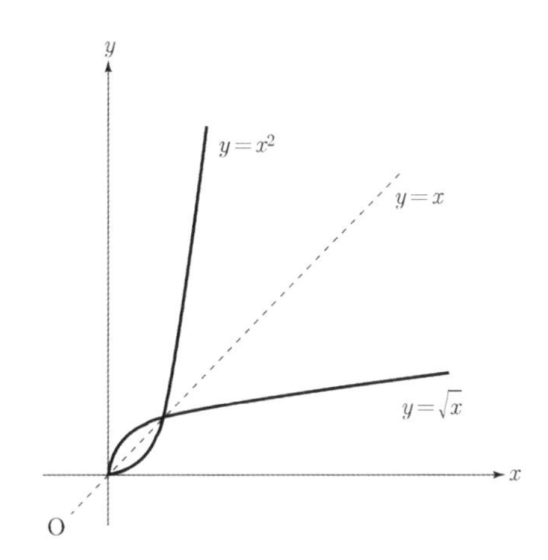

▶ **그림 33** 식 $y = x^2$과 $y = \sqrt{x}$은 역함수를 나타낸다. 이것들의 그래프는 직선 $y = x$에 대해 서로 대칭이다.

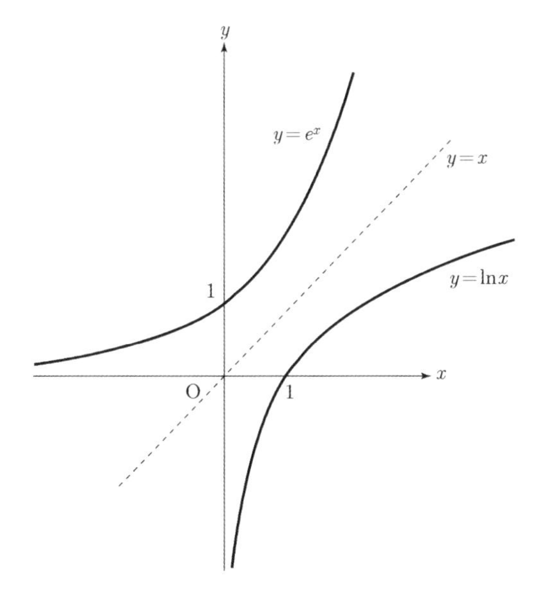

▶ **그림 34** 식 $y = e^x$와 $y = \ln x$는 서로 역함수를 나타낸다.

앞의 예에서, $y = \sqrt{x} = x^{1/2}$로 쓰고, 지수 법칙을 이용해서 직접 미분해도 똑같은 결과 $dy/dx = (1/2)x^{-1/2} = 1/(2\sqrt{x})$을 얻을 수 있다. 그러나 이것은 거듭제곱 함수의 역함수가 다시 거듭제곱 함수이고 이에 대한 미분 법칙을 이미 알고 있기 때문에 얻을 수 있는 결과이다. 그러나 지수 함수의 경우는 무로부터 시작해야 한다. $y = e^x$이고, $dy/dx = e^x = y$이므로 $dx/dy = 1/e^x = 1/y$이다. 이것은 x의 변화율은 (y의 함수로 생각했을 때) $1/y$과 같다. 그렇다면 y의 함수 x는 도대체 무엇일까? $y = e^x$는 $x = \ln y$와 동치이기 때문에, 이것은 정확하게 $\ln y$이다. 앞에서처럼, 문자를 바꾸면 다음 공식을 얻는다. $y = \ln x$이면 $dy/dx = 1/x$이다. 더욱 간단히 $d(\ln x)/dx = 1/x$이다. 그리고 이것은 또다시 $\ln x$가 $1/x$의 역도함수, 즉 $\ln x = \int (1/x)dx$임을 뜻한다.[7]

제8장에서 봤듯이, x^n의 역 도함수는 $x^{n+1}/(n+1) + c$이다. 기호로 나타내면 적분 상수 c에 대해 $\int x^n dx = x^{n+1}/(n+1) + c$이다. 이 공식은 -1을 제외한 n의 모든 값에 대해 성립하는데, 이것은 $n = 1$이면 분모 $n = 1$이 0이 되기 때문이다. 그러나 $n = -1$이면, 역 도함수를 찾고 있는 함수는 쌍곡선 $y = x^{-1} = 1/x$로, 페르마가 구적에 실패한 바로 그 곡선이다. 이제, 공식 $\int (1/x)dx = \ln x + c$는 '빠진 경우'를 채워준다. 이것은 쌍곡선 아래의 넓이는 로그 법칙을 따른다는 생-빈센트의 발견을 즉시 정당화한다(91쪽). 이 넓이를 $A(x)$로 나타내면 $A(x) = \ln x + c$이다. 넓이를 구하려는 영역의 시점을 $x = 1$로 선택하면, $0 = A(1) = \ln 1 + c$가 성립해야 한다. 그런데 ($e^0 = 1$이므로) $\ln 1 = 0$이기 때문에 $c = 0$이다. 따라서 다음 결론에 도달한다. "$x = 1$부터 임의의 $x > 1$까지 곡선 $y = 1/x$ 아래의 넓이는 $\ln x$이다."

$x > 0$에 대해 $y = 1/x$의 그래프는 완전히 x축 위에 있기 때문

에, 곡선 아래의 넓이는 오른쪽으로 이동함에 따라 계속해서 증가한다. 수학적으로 말하면, 그 넓이는 x에 관한 단조 증가 함수이다. 그런데 이것은 $x=1$에서 출발해서 오른쪽으로 이동할 때 넓이가 정확하게 1이 되는 점 x에 결국 도달함을 의미한다. 이런 특정한 x에 대해 $\ln x = 1$ 또는 ($\ln x$의 정의를 상기하면) $x = e^1 = e$를 얻는다. 이 결과는 수 π가 원과 관련되는 방법과 똑같이 수 e가 쌍곡선과 관련되는 방법을 통해, 수 e에 기하학적 의미를 부여한다. 문자 A로 넓이를 나타내면, 다음을 얻는다.

원: $A = \pi r^2 \Rightarrow r = 1$일 때 $A = \pi$

쌍곡선: $A = \ln x \Rightarrow x = e$일 때 $A = 1$

그렇지만 이 유사성이 완벽하지 않다는 사실에 주목하자. π는 단위원의 넓이로 해석되는 반면에, e는 쌍곡선 아래의 넓이를 1로 만드는 x축상의 선분의 길이이다. 수학에서 가장 유명한 두 수의 이런 유사한 역할은 이 둘 사이에 어쩌면 더 심오한 관계가 있을 것이라고 추측하게 한다. 그리고 제13장에서 알아보겠지만, 이것은 실제로 사실이다.

주석과 출전

1. 밑이 0과 1 사이의 수, 이를테면 0.5이면, 그래프는 그림 31에 나타낸 것을 거울에 비친 것과 같은데, 왼쪽부터 오른쪽으로 진행할 때 감소하고 $x \to \infty$일 때, 양의 방향의 x축으로 접근한다. $0.5^x = (1/2)^x$을 2^{-x}과 같이 쓸 수 있기 때문에, 이것의 그래프는 $y = 2^x$의 그래프와 y축에 관해 대칭이다
2. 이를테면 다음을 보라. Edmund Landau, *Differential and Integral Calculus* (1934), trans. Melvin Hausner and Martin Davis (1950; rpt.

New York: Chelsea Publishing Company, 1965), p. 41.

3. 제4장에서 n의 정수 값에 대해 $n \to \infty$일 때 $(1+1/n)^n$의 극한으로 e를 정의한 것은 사실이다. 그렇지만 똑같은 정의는 n이 모든 실수를 거쳐 무한대로 커질 때(즉 n이 연속 변량일 때)도 성립한다. 이것은 함수 $f(x)=(1+1/x)^x$가 모든 양수 x에 대해 연속이라는 사실에 기인한다.
4. 특성 방정식이 중근 m을 가지면, 이 미분 방정식의 해가 $y=(A+Bt)e^{mt}$임을 밝힐 수 있다. 예를 들면, 미분 방정식 $d^2y/dt^2-4dy/dt+4y=0$의 경우 특성 방정식 $m^2-4m+4=(m-2)^2=0$이 중근 $m=2$를 가지므로 해는 $y=(A+Bt)e^{2t}$이다. 자세한 내용은 상미분 방정식에 관한 교재를 참고하라.
5. 이 기호는 $1/f(x)$과 쉽게 혼동되기 때문에 다소 불편하다.
6. $y=x^2$의 정의역을 $x \geq 0$로 제한하는 이유는 x의 서로 다른 두 값이 똑같은 y의 값을 갖지 않게 하기 위해서이다. 그렇지 않으면, 이를테면 $3^2=(-3)^2=9$이므로 이 함수는 유일한 역함수를 갖지 않을 것이다. 대수학 용어에서 함수 $y=x^2$은 $x \geq 0$에서 일대일 함수이다.
7. 이 결과는 부록 5에서 밝혔듯이 자연 로그 함수에 대한 또 다른 정의를 제공한다.

낙하산

지수 함수가 포함된 해를 갖는 수많은 문제 중에서, 다음과 같은 문제는 특히 흥미롭다. 낙하산을 메고 비행기에서 뛰어내린 사람이 시각 $t=0$에서 낙하산을 폈다. 그가 지면에 도착할 때의 속도는 얼마인가?

비교적 느리게 하강할 때는 공기의 저항력이 하강 속도에 비례한다고 가정할 수 있다. 비례 상수를 k, 낙하자의 질량을 m으로 나타내자. 낙하자에게 두 개의 상반되는 힘, 즉 그의 무게 mg와 공기의 저항력 kv가 작용한다. 여기서 g는 중력가속도로 약 $9.8\,\mathrm{m/sec^2}$이며, $v=v(t)$는 시각 t에서의 하강 속도이다. 그러므로 운동 방향으로 가해지는 순수한 힘은 $F=mg-kv$인데, 뺄셈 기호($-$)는 저항력이 운동 방향과 반대 방향으로 작용함을 나타낸다.

뉴턴의 운동 제2법칙은 $F=ma$인데, 여기서 $a=dv/dt$는 가속도, 즉 시간에 관한 속도의 변화율이다. 따라서 다음을 얻는다.

$$m\frac{dv}{dt}=mg-kv \tag{1}$$

식 (1)은 이 문제의 '운동 방정식'으로, 미지의 함수 $v=v(t)$에 관한 선형(일계) 미분 방정식이다. 식 (1)의 양변을 m으로 나누고 비

k/m를 a로 나타내면, 다음과 같이 간단히 할 수 있다.

$$\frac{dv}{dt} = g - av \quad \left(a = \frac{k}{m}\right) \tag{2}$$

도함수 dv/dt를 두 개의 미분의 비라고 생각하면, 두 변수 v와 t를 분해해서 식 (2)를 다음과 같이 다시 쓸 수 있다.

$$\frac{dv}{g - av} = dt \tag{3}$$

이제 식 (3)의 양변을 각각 적분한다. 즉, 각각의 역도함수를 구한다. 그러면 다음과 같다.

$$-\frac{1}{a}\ln(g - av) = t + c \tag{4}$$

여기서 ln은 (밑이 e인 로그인) 자연 로그를 뜻하고 c는 적분 상수이다. c를 '초기 조건', 즉 낙하산을 펴는 순간의 속도를 이용해서 결정할 수 있다. 이 속도를 v_0로 나타내면, $t = 0$일 때 $v = v_0$이다. 이것을 식 (4)에 대입하면 $-1/a \ln(g - av_0) = 0 + c = c$를 얻는다. 이런 c의 값을 식 (4)에 다시 대입하고 약간 더 간단히 정리하면 다음과 같다.

$$-\frac{1}{a}[\ln(g - av) - \ln(g - av_0)] = t$$

그런데 로그 법칙에 의해 $\ln x - \ln y = \ln x/y$이므로, 마지막 식을 다음과 같이 쓸 수 있다.

$$\ln\left[\frac{g - av}{g - av_0}\right] = -at \tag{5}$$

마지막으로, 식 (5)를 t의 함수 v에 대해 풀면 다음을 얻는다.

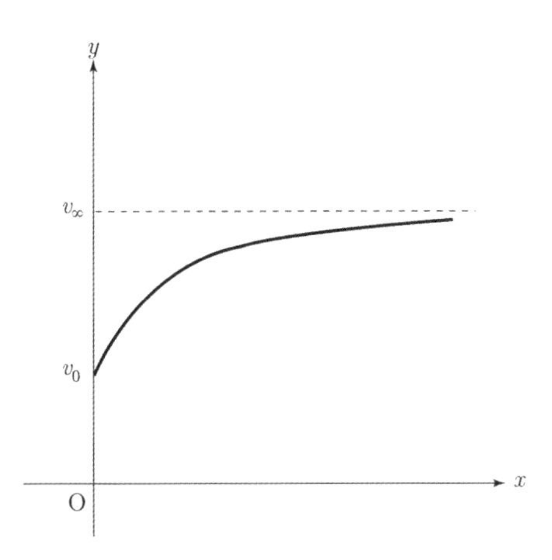

▶ **그림 35** 낙하산을 펴고 하강하면 극한 속도 v_∞에 도달한다.

$$v = \frac{g}{a}(1 - e^{-at}) + v_0 e^{-at} \tag{6}$$

이것이 구하려는 해 $v = v(t)$이다.

식 (6)으로부터 두 가지 결론을 이끌어낼 수 있다. 우선, 비행기에서 뛰어내리는 즉시 낙하산을 편다면 $v_0 = 0$이다. 이런 경우 식 (6)에서 마지막 항은 사라진다. 그러나 낙하산을 펴기 전에 자유 낙하한 경우에도 초기 속도 v_0의 영향은 시간이 지남에 따라 지수적으로 줄어든다. 실제로 $t \to \infty$ 때 식 e^{-at}는 0에 접근하고, 극한 속도 $v_\infty = g/a = mg/k$에 도달할 것이다. 이 극한 속도는 v_0과 관계없고, 단지 낙하자의 무게 mg와 저항 계수 k에만 좌우된다. 안전한 착륙을 가능하게 만드는 것이 바로 이런 사실이다. 함수 $v = v(t)$의 그래프를 그림 35에 나타냈다.

감각을 측정할 수 있을까?

1825년 독일의 생리학자 베버(Ernst Heinrich Weber, 1795-1878)는 여러 가지 물리적인 자극에 대한 인간의 반응을 측정할 수 있는 공식을 만들었다. 베버는 눈가리개를 하고 물체를 들고 있는 사람에게 무게를 점진적으로 증가시키면서 무게의 증가를 처음으로 느낀 시점을 물어보는 실험을 실시했다. 이 실험에서 베버는 인간의 반응이 물체의 절대적인 증가가 아니라 상대적인 증가에 비례한다는 사실을 발견했다. 즉, 10 kg의 물체를 들고 있는 사람이 11 kg으로 (10%) 증가할 때 처음으로 무게의 증가를 느낄 수 있다면, 원래 20 kg의 물체를 들고 있을 때는 무게가 2 kg 증가(10% 증가)해야 처음으로 무게의 증가를 느낄 수 있다. 그러므로 원래 40 kg의 물체를 들고 있는 사람은 4 kg이 증가해야 처음으로 반응을 일으킨다. 이를 수식으로 나타내면 다음과 같다.

$$ds = k\frac{dW}{W} \tag{1}$$

여기서 ds는 반응을 일으키는 출발점(인식할 수 있는 가장 작은 증가량), dW는 이에 대응하는 무게의 증가량, W는 현재의 무게, k는 비례 상수이다.

베버는 그 뒤 물리적인 압박에 의한 고통, 빛의 밝기에 대한 인식, 소리의 세기에 대한 인식과 같은 모든 종류의 생리적 반응을 설명할 수 있도록 이 법칙을 일반화했다. 베버의 법칙은 나중에 독일의 물리학자 페히너(Gustav Theodor Fechner, 1801-1887)가 널리 보급했는데, 이에 따라 베버-페히너의 법칙이라 불리게 되었다.

수학적으로, 식 (1)로 표현된 베버-페히너의 법칙은 미분 방정식이다. 이것을 적분하면, 다음을 얻는다.

$$s = k \ln W + C \tag{2}$$

여기서 ln은 자연 로그이고 C는 적분 상수이다. 겨우 반응을 일으킬 수 있는 가장 낮은 수준(한계 수준)의 물리적 자극을 W_0으로 나타내면, $W = W_0$일 때 $s = 0$이므로 $C = -k \ln W_0$이다. 이것을 식 (2)에 대입하고, 관계 $\ln W - \ln W_0 = \ln W / W_0$을 이용하면, 최종적으로 다음을 얻는다.

$$s = k \ln \frac{W}{W_0} \tag{3}$$

이것은 반응이 로그 법칙을 따른다는 사실을 보여준다. 다시 말해서, 반응이 일정한 정도로 증가하면, 이에 대응하는 자극은 반드시 공비에 따라, 즉 등비 수열로 증가한다.

비록 베버-페히너의 법칙이 넓은 범위의 생리적인 반응에 적용되

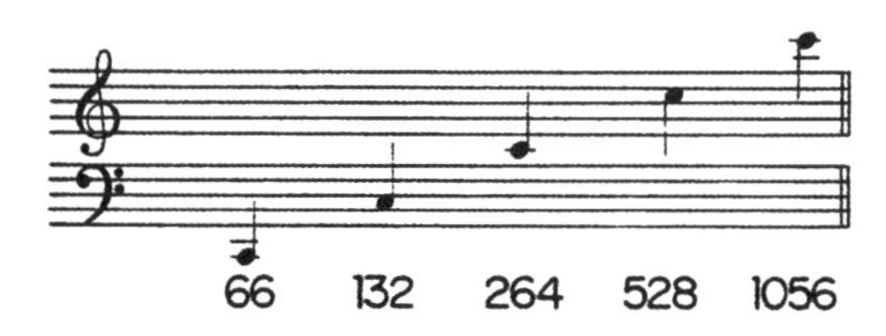

▶ **그림 36** 음이 한 옥타브씩 올라갈 때, 주파수는 등비 수열을 이룬다. 여기서 주파수는 1초당 순환 횟수이다.

는 것으로 보이지만, 이것이 모든 경우에 정당한지는 논쟁의 여지가 있다. 물리적 자극은 정확하게 측정할 수 있는 객관적인 양이지만, 이에 대한 인간의 반응은 주관적이다. 어떻게 고통의 정도 또는 열에 대한 감각을 측정할 수 있겠는가? 그러나 매우 정밀하게 측정할 수 있는 감각이 하나 있는데, 그것은 바로 음 높이이다. 인간의 귀는 극히 예민한 감각 기관으로, 주파수가 겨우 0.3% 변했을 때 일어나는 음 높이의 변화를 인식할 수 있다. 음악 전문가는 정확한 음에서 아주 조금만 벗어나도 이를 예리하게 알아내고, 일반인도 음이 정상에서 1/4도만 벗어나도 이를 쉽게 식별할 수 있다.

베버-페히너의 법칙을 음 높이에 적용하면, 같은 음정(음 높이의 증분)은 주파수에서 같은 비율만큼의 증분에 대응한다고 말할 수 있다. 그러므로 음정은 주파수 비에 대응한다. 예를 들면, 한 옥타브는 주파수 비 2:1에 대응하고, 5도는 3:2의 비에, 4도 음정은 4:3의 비에 대응한다. 한 옥타브씩 올라가는 음을 나열하면, 그것들의 주파수 비는 실제로는 1, 2, 4, 8배로 증가한다(그림 36). 그 결과, 음을 표시한 보표는 실제로 로그자인데, 여기서 수직 방향의 거리(음 높이)는 주파수의 로그 값에 비례한다.

주파수의 변화에 대한 인간 귀의 놀라운 감각력은 가청역(1초당 진동수 20에서 약 20,000, 정확한 한계는 연령에 따라 다르다)과 부합된다. 음정으로 환산하면, 이것은 약 10옥타브에 부합된다(관현악단에서도 7옥타브 이상은 거의 사용하지 않는다). 비교를 위해, 눈은 4,000옹스트롬에서 7,000옹스트롬(1옹스트롬 10^{-8}cm)의 범위 내의 파장을 지각할 수 있다. 이는 2'옥타브'도 안 되는 범위이다.

로그 척도를 따르는 많은 현상 중에서, 소리의 세기에 대한 데시벨 척도, 별의 광도,[1] 지진의 강도를 측정하는 리히터 척도 등을 언급해야 할 것이다.

주석

1. 다음을 보라. John B. Hearnshow, "Origins of the Stellar Magnitude Scale," *Sky and telescope* (November 1992). Andrew T. Young, "How We Perceive Star Brightness," *Sky and telescope* (March 1990). S. S. Stevens, "To Honor Fechner and Repeal his Law)," *Science* (January 1961).

11장

e^{θ} : 경이로운 소용돌이선

Eadem mutata resurgo
(비록 변할지라도, 나는 똑같이 부활할 것이다)
-야곱 베르누이

왕족이나 명문 거족 주변에는 언제나 신비스런 분위기가 풍기게 마련이다. 형제 자매 사이의 경쟁과 불화, 권력 다툼, 대대로 이어지는 가족의 특성 등은 무수히 많은 낭만 소설과 역사 소설의 재료가 되어왔다. 영국에는 왕족이 있고, 미국에는 케네디 가문과 록펠러 가문이 있다. 그러나 학문의 세계에서는 같은 분야에서 최고 수준의 창조적인 인물을 대대로 배출하는 가문을 찾아보기가 매우 어렵다. 두 가문이 머리에 떠오르는데, 음악계의 바흐(Bach) 가문과 수학계의 베르누이(Bernoulli) 가문이다.

베르누이 가문의 선조들은 위그노에 대한 가톨릭교도의 박해를 피해 1583년 네덜란드에서 피신했다. 그들은 스위스의 바젤(Basel)

에 정착했는데, 이곳은 스위스, 독일, 프랑스의 국경이 만나는 라인강 언덕 위에 있는 조용한 대학 도시였다. 이 선조들은 처음에 상업에 종사해서 성공을 거두었지만, 다음 세대의 젊은이들은 과학의 매력에 빠져들었다. 이들은 17세기 말과 18세기 거의 전체를 통해 유럽 수학계를 지배했다.

어쩔 수 없이, 베르누이 가문과 바흐 가문을 비교하게 된다. 이 두 가문은 거의 똑같은 시대에 살았으며, 모두 약 150년 동안 왕성하게 활동했다. 하지만 뚜렷한 차이점들이 있다. 특히, 바흐 가문에는 다른 모든 구성원보다 훨씬 뛰어난 사람이 한 명 있었는데, 그는 바로 요한 제바스티안(Johann Sebastian)이었다. 그의 선조와 자손들도 모두 재능 있는 음악가였으며, 카를 필리프 에마누엘(Carl Philip Emanuel)이나 요한 크리스티안(Johann Christian)과 같이 나름대로 이름을 날린 작곡가도 있었다. 그러나 이들은 모두 비범한 인물 요한 제바스티안 바흐의 그늘에 가려졌다.

베르누이 가문의 경우에는 단 한 명이 아니라 세 명의 인물이 나머지 사람들보다 특히 눈에 띈다. 그들은 바로 야곱(Jacob)과 요한(Johann) 형제 및 요한의 아들 다니엘(Daniel)이다. 바흐 가문이 아버지, 삼촌, 아들 모두 평화롭게 음악에 종사하면서 함께 잘 어울려 살았지만, 베르누이 가문의 경우는 가문 밖만이 아니라 심지어 가족 내에서도 지독한 반목과 불화로 유명했다. 미적분학을 누가 먼저 발견했는지에 관한 논쟁에서 라이프니츠의 편에 섰던 그들은 수많은 논쟁에 참여했다. 그러나 이런 와중에서도 이 가문의 활력은 전혀 영향을 받지 않은 것으로 보인다. 이 가문의 구성원들은, 특히 매우 뛰어난 여덟 명의 수학자는 무진장한 창조력을 발휘했으며, 당시에 알려진 수학과 물리학의 거의 모든 분야에 공헌했다(그림 37을 보라). 요한 제바스티안 바흐가 바로크 시대의 전성기를 구가하면서 거의 2세기 동안 지속된 음악의 한 시대의 장엄한 대단원의 막을 내

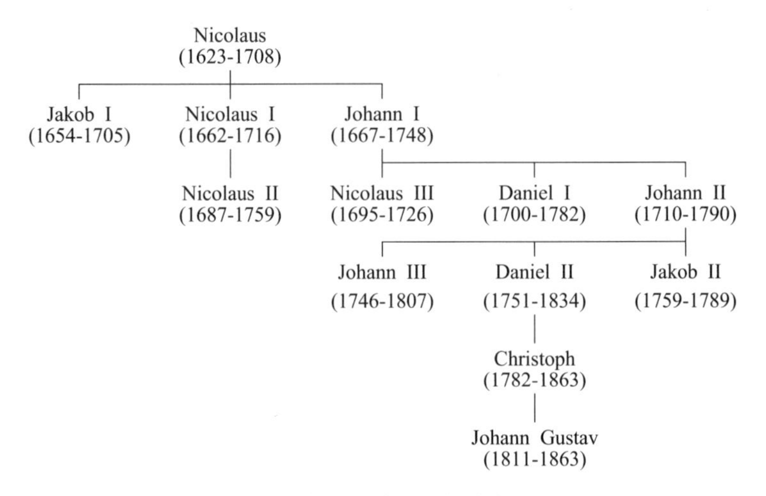

▶ **그림 37** 베르누이 가계도

리게 한 반면에, 베르누이 가문은 수학의 새로운 분야를 몇 가지 개척하고 정립했는데, 그중에는 확률론과 변분법이 있다. 바흐 가문과 마찬가지로, 베르누이 가문도 훌륭한 교사였으며, 새롭게 발견된 미적분학이 유럽 대륙 전역에 알려지게 된 것은 베르누이 가문의 노력 덕분이었다.

베르누이 가문 중 수학에서 뛰어난 업적을 남긴 최초의 인물은 야곱(Jacques 또는 James라고도 나타냄)이었다. 1654년에 태어난 그는 1671년 바젤 대학에서 철학 학위를 받았다. 야곱은 아버지 니콜라우스가 의도했던 성직자의 길을 버리고, 수학, 물리학, 천문학 등 자신의 관심사를 추구했으며 "나는 아버지의 뜻을 거역하고 별을 연구한다."고 선언했다. 그는 널리 여행하고 많은 사람과 편지를 주고받았으며, 당대의 지도적인 과학자들을 만났는데, 그중에는 훅(Robert Hooke)과 보일(Robert Boyle)도 있었다. 이런 만남을 통해 야곱은 물리학과 천문학에서 발견된 최신 정보를 얻을 수 있었다. 1683년 그는 바젤 대학의 교수직을 받아들여 고향으로 돌아갔는데,

1705년 죽을 때까지 그 자리를 지켰다.

야곱의 동생 요한(Johannes, John, Jeanne 등으로도 나타낸다)은 1667년에 태어났다. 형 야곱과 마찬가지로, 요한도 가업을 이어받기를 원했던 아버지의 바람을 저버렸다. 그는 처음에 의학과 인문 과학을 공부했지만, 곧 수학에 빠져들었다. 1683년 그는 형과 함께 행동하기 시작했는데, 그 뒤 두 형제는 매우 밀접한 경력을 쌓게 된다. 그들은 함께 새로 발견된 미적분학을 공부했는데, 이 일에 약 6년이 걸렸다. 여기서, 당시 미적분학은 완전히 새로운 분야였으며, 전문 수학자도 이를 터득하기가 매우 어려웠었다는 사실을 상기해야 한다. 게다가 미적분학에 관한 교과서도 없었기 때문에 더욱 어려운 상황이었다. 그래서 두 형제는 자신들의 인내와 라이프니츠와의 적극적인 서신왕래 이외에는 기댈 것이 전혀 없었다.

이들은 이 주제를 정복하자마자, 곧 이를 여러 명의 지도적인 수학자들에게 개인 교습함으로써 다른 사람들에게 전수하는 작업에 착수했다. 요한의 제자 중에는 로피탈이 있었는데, 그 뒤 로피탈은 최초의 미적분학 교과서 《무한소 해석》(파리에서 1696년 발간)을 저술했다. 이 책에서 로피탈은 0/0 꼴의 부정형을 처리하는 계산 법칙을 제시했다(42쪽을 보라). 그런데 '로피탈의 법칙'이라 부르고 있는 이 법칙은 (현재 표준적인 미적분학 과정의 일부인데) 사실은 요한이 발견한 것이었다. 통상 다른 사람이 발견한 내용을 자신의 이름으로 발표하는 과학자는 표절자로 낙인이 찍히겠지만, 이 경우에는 아주 적법하게 이루어졌다. 왜냐하면 로피탈은 수업료를 내고 요한의 지도를 받는 대가로 요한이 발견한 내용을 자신이 원하는 대로 사용할 수 있다는 허락을 받았기 때문이다. 이런 내용의 계약서에 두 사람이 서명했었다. 로피탈의 책은 유럽에서 대단한 인기를 끌었으며, 학계에 미적분학을 전파하는 데 지대한 공헌을 했다.[1]

베르누이 형제들의 명성이 높아질수록 그들 사이의 다툼도 잦아

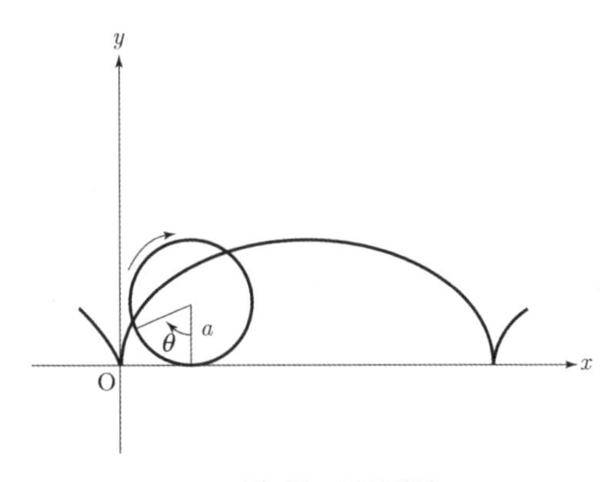

▶ **그림 38** 굴렁쇠선

졌다. 야곱은 동생 요한의 성과에 대해 초조해지고 약이 오르기 시작했으며, 요한은 형이 일부러 겸손한 척하는 태도에 분개했다. 1696년 요한이 제시한 다음과 같은 역학 문제를 두 사람이 각자 독립적으로 해결했을 때 두 사람 사이의 관계는 최고조로 악화되었다. "중력을 받고 있는 입자가 가장 짧은 시간 내에 하강하기 위해서 따라야 하는 곡선을 찾아라." 이 유명한 문제를 '최속 강하선'(brachistochrone) 문제라고 부른다. ('brachistochrone'은 '가장 짧은 시간'을 뜻하는 그리스어에서 유래했다.) 갈릴레오는 이미 이 문제와 씨름했었는데, 구하는 곡선이 원의 호라고 잘못 생각했었다. 요한은 이 문제를 '온 세상에서 가장 영리한 수학자들'에게 제시했으며, 문제 해결에 6개월의 시간을 주었다. 그 뒤, 뉴턴, 라이프니츠, 로피탈, 두 베르누이 형제 등 다섯 명으로부터 정답이 나왔다. 구하는 곡선은 '굴렁쇠선'(cycloid, 원이 직선 위를 굴러갈 때 그 원의 한 점이 그리는 곡선)으로 밝혀졌다(그림 38).

굴렁쇠선의 우아한 형태와 독특한 기하학적 성질은 그 이전에도 여러 수학자의 호기심을 자극했었다. 몇 해 전인 1673년 호이겐스는 굴렁쇠선이 '등시 곡선' 문제라는 또 다른 유명한 문제의 해라는 사실을 발견했는데, 그 문제는 중력을 받고 있는 입자가 출발점에 관계 없이 주어진 목적지에 똑같은 시간에 도달하기 위해서 따라야 하는 곡선을 찾는 것이었다. (호이겐스는 실제로 이 결과를 이용해서 시계를 제작했는데, 추의 위쪽 끝이 굴렁쇠선의 양 끝 사이에서 진동하도록 억제해서 진폭에 관계 없이 주기가 일정하도록 만들었다.) 요한은 똑같은 곡선이 이런 두 가지 문제의 해라는 사실을 발견하고는 기쁨에 넘쳤다. "그런데 당신은 내가 호이겐스의 등시 곡선과 우리가 찾고 있던 최속 강하선이 완전히 똑같은 것이라고 말하면 깜짝 놀라 자빠질 것이오."[2] 그러나 이런 기쁨은 개인적으로 지독한 원한으로 바뀌게 되었다.

비록 두 형제가 각자 독립적으로 똑같은 해를 얻었지만, 그들이 이용한 방법은 완전히 달랐다. 요한은 다음과 같이 광학에 있는 유사한 문제에 의존했다. "빛이 밀도가 점점 증가하는 물질의 연속적인 층을 통과할 때 만드는 곡선을 찾아라." 그는 페르마의 원리를 이용해서 해결했는데, 이 원리에 따르면 빛은 언제나 시간이 최소로 걸리는 경로를 따라 진행한다. (이것은 거리가 최소인 경로, 즉 직선과 같지 않다.) 오늘날의 수학자들은 물리적인 원칙에 매우 강하게 의존한 요한의 해결 방법에 얼굴을 찌푸릴 것이다. 그러나 17세기 말에는 순수 수학과 자연 과학을 엄격하게 구분하지 않았고, 한 영역의 발전은 다른 영역에 강한 영향을 미쳤다.

야곱의 접근 방법은 좀더 수학적이었다. 그는 자신이 개발한 새로운 수학 영역으로 통상적인 미적분학의 확장인 변분법을 이용했다. 통상적인 미적분학의 기본적인 문제는 주어진 함수 $y = f(x)$를 최소화하거나 최대화하는 x의 값을 찾는 것이다. 변분법은 이런 문제를 정적분(이를테면 주어진 면적)을 최소화하거나 최대화하는 함수를 찾는 문제로 확장시킨다. 이런 문제는 어떤 특정한 미분 방정식으로 귀결되는데, 이때 요구되는 해는 함수이다. 최속 강하선 문제는 변분법이 적용된 최초의 문제 중 하나였다.

요한의 해는 정확하기는 했지만 이용된 유도 방법은 옳지 않았다. 요한은 그 뒤 야곱의 올바른 유도 방법을 자신의 것과 대체하려고 시도했다. 이 사건은 서로 비난하는 사태로 발전했고 곧 추한 논쟁으로 변질되었다. 네덜란드 그로닝겐 대학의 교수가 된 요한은 형이 살아 있는 한 다시는 바젤로 돌아가지 않겠다고 맹세했다. 1705년 야곱이 죽었을 때, 요한은 바젤 대학에서 형의 자리를 차지했고, 1748년 80세의 나이로 죽을 때까지 그 자리를 지켰다.

베르누이 가문의 수많은 업적을 피상적으로 나열하기만 해도 책 한 권을 완전히 채울 것이다.[3] 아마도 야곱의 가장 뛰어난 업적은 1713년 그가 죽은 뒤에 출판된 확률론에 관한 연구서 《추측술》(Ars conjectandi)일 것이다. 이 책이 확률론에 끼친 영향을 유클리드의 《원론》이 기하학에 끼친 영향과 같을 것이다. 야곱은 또한 무한 급수에 관해 중요한 연구를 했으며, 수렴에 관한 매우 중요한 문제를 처음으로 다루었다. (앞에서 알아봤듯이, 뉴턴은 이미 이런 문제를 알고 있었지만 순수하게 대수적인 방법으로 무한 급수를 다루었다.) 그는 급수 $1/1^2 + 1/2^2 + 1/3^2 + \cdots$이 수렴함을 증명했지만, 이 급수의 합을 찾을 수는 없었다(1736년이 되어서야 비로소 오일러가 이 급수의 합이 $\pi^2/6$이라고 결론을 내렸다). 야곱은 미분 방정식에 관한 중요한 연구를 했고, 미분 방정식을 이용해서 기하학과 역학의 수많은 문제를 해결했다. 그는 해석 기하학에 극 좌표를 도입했고, 이를 이용해서 몇 가지 소용돌이선을 나타냈다(이에 대해서는 나중에 좀더 자세하게 설명하겠다). 그는 라이프니츠가 원래 '합 계산'(calculus of summation)이라고 명명한 미적분학의 한 분야에 '적분학'(integral calculus)이라는 용어를 처음으로 사용했다. 그리고

야곱은 $\lim_{n \to \infty}(1+1/n)^n$과 연속 복리 문제 사이의 관계를 처음으로 지적했으며, 이항 정리에 따라서 식 $(1+1/n)^n$을 전개하고(48쪽을 보라), 극한이 2와 3 사이에 반드시 존재한다는 사실을 밝혔다.

요한 베르누이의 연구는 미분 방정식, 역학, 천문학 등 야곱과 같은 분야에서 이루어졌다. 격렬했던 뉴턴과 라이프니츠 사이의 논쟁에서 그는 라이프니츠의 오른손 역할을 맡았다. 그는 또한 뉴턴의 새로운 중력 이론에 반대하고 데카르트의 옛 소용돌이 이론을 지지했다. 요한은 연속체 역학, 즉 탄성과 유체 역학에 중요한 공헌을 했고, 1738년에 책 《수력학》(Hydraulica)을 출판했다. 그러나 이 책은 같은 해에 출판된 그의 아들 다니엘의 연구서 《유체 역학》(Hydrodynamica)의 그늘에 가려 빛을 내지 못했다. 다니엘(1700-1782)은 이 책에서 유체의 압력과 속도 사이에 존재하는 유명한 관계를 공식화했는데, 이 관계는 공기 역학을 배우는 모든 학생들이 잘 알고 있는 '베르누이의 법칙'이다. 이 법칙은 비행 이론의 기초를 형성했다.

요한의 아버지 니콜라우스가 아들을 상업에 종사시키려고 했던 것처럼 요한 자신도 다니엘을 상업에 종사시키려고 했다. 그러나 다니엘은 수학과 물리학에 대한 자신의 관심을 추구하기로 결정했다. 요한과 아들 다니엘 사이의 관계는 요한과 형 야곱 사이의 관계보다 나을 것이 없었다. 요한은 2년에 한 번 수여되며 많은 사람들이 탐내는 파리 과학원의 상을 세 번이나 탔는데, 세 번째 상은 아들 다니엘과 공동 수상했다(다니엘은 이 상을 열 번이나 수상했다). 아들과 공동 수상하게 된 사실에 대단히 격분한 요한은 다니엘을 집에서 내쫓아버렸다. 또다시 베르누이 가문은 수학적인 탁월성과 개인적인 불화를 함께 가진 가족이라는 명성에 걸맞은 사건을 일으켰다.

베르누이 가문은 그 뒤에도 계속해서 100년 동안 수학계에서 활발한 활동을 펼쳤다. 19세기 중반이 되어서야 가문의 창조력이 마침내 소진되었다. 베르누이 수학 가문의 마지막 주자는 다니엘의 동생 요한 2세의 증손자인 요한 구스타프(1811-1863)였는데, 그는 아버지 크리스토프(1782-1863)와 같은 해에 죽었다. 흥미롭게도, 바흐 음악 가문의 마지막 주자로 오르간 연주자이며 화가인 요한 필리프 바흐(Johann Philipp Bach, 1752-1846)도 이와 비슷한 시기에 죽었다.

베르누이 가문에 대한 이렇게 간략한 소개를 하나의 일화로 끝마치겠다. 그런데 위대한 인물에 관한 많은 이야기와 같이, 이 일화도 진실일 수도 있지만 그렇지 않을 수도 있다. 어느 날 여행을 하던 다니엘 베르누이는 낯선 사람을 만나서 즐거운 대화를 나누게 되었다. 얼마 뒤, 다니엘은 겸손하게 자신을 소개했다. "저는 다니엘 베르누이라고 합니다." 이에 대해 그 낯선 사람은 자신을 놀리고 있다고 확신하고는 응수했다. "그러면 나는 아이작 뉴턴이요." 다니엘은 이 말을 자신에 대한 찬사로 생각하고 대단히 기뻐했다고 한다.[4]

1637년 데카르트가 해석 기하학을 도입한 뒤 수학자들의 흥미를 불러일으켰던 많은 곡선 중에서, 두 가지 곡선 (앞에서 언급한) 굴렁쇠선과 로그 소용돌이선(로그 나선, logarithmic spiral)은 특별한 위치를 차지했다. 로그 소용돌이선은 야곱 베르누이가 특히 좋아했던 곡선이다. 그렇지만 이에 대해 논의하기 전에 극 좌표에 대해 약간 언급해야 한다. 평면 위의 점 P를 두 직선(x축과 y축)으로부터의 거리를 이용해서 나타내는 것은 데카르트의 발상이었다. 그런데 점 P를 '극'(pole)이라 부르는 (통상 좌표계의 원점으로 선택하는) 고정된 점 O로부터의 거리 r과 함께 직선 OP와 고정된 기준선, 이를테면 x축 사이의 각도 θ로 나타낼 수 있다(그림 39). (x, y)가 점 P의 직교 좌표이듯이, 두 수(r, θ)가 P의 '극 좌표'이다. 처음에는 이런 좌표계가 다소 이상하게 보일 수 있지만, 이것은 실제로 매우 일상적인 체계이다. 예를 들어, 항공 관제사가 레이더 화면 위에 나

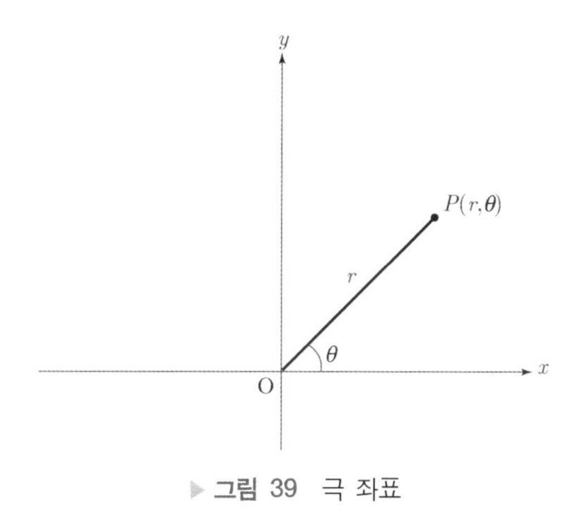

▶ 그림 39 극 좌표

타난 비행기의 위치를 결정하는 방법을 생각해 보라.

방정식 $y = f(x)$를 기하학적으로 직교 좌표가 (x, y)인 동점이 그리는 곡선으로 해석하듯이, 방정식 $r = g(\theta)$를 극 좌표가 (r, θ)인 동점이 그리는 곡선으로 생각할 수 있다. 그러나 똑같은 방정식도 직교 좌표계에서 해석하는 경우와 극 좌표계에서 해석하는 경우에 따라서 매우 다른 곡선을 나타낸다는 사실에 주의해야 한다. 예를 들면, 방정식 $y = 1$은 수평인 직선을 나타내지만, 방정식 $r = 1$은 중심이 원점이고 반지름이 1인 원을 나타낸다. 이와 반대로, 똑같은 그래프도 직교 좌표로 나타내는 경우와 극 좌표로 나타내는 경우에 따라서 매우 다른 방정식으로 표현된다. 방금 언급한 원의 극 방정식은 $r = 1$이지만, 직교 방정식은 $x^2 + y^2 = 1$이다. 이용할 좌표계의 선택은 주로 편의의 문제이다. 그림 40은 베르누이의 연주형(lemniscate, 여기서 베르누이는 야곱을 뜻한다)이라 부르는 8자형 곡선을 보여주는데, 이 곡선의 극 방정식 $r^2 = a^2 \cos 2\theta$는 직교 방정식 $(x^2 + y^2)^2 = a^2(x^2 - y^2)$보다 훨씬 더 간단하다.

극 좌표는 베르누이의 시대 이전에 가끔 사용되었고, 뉴턴은 그

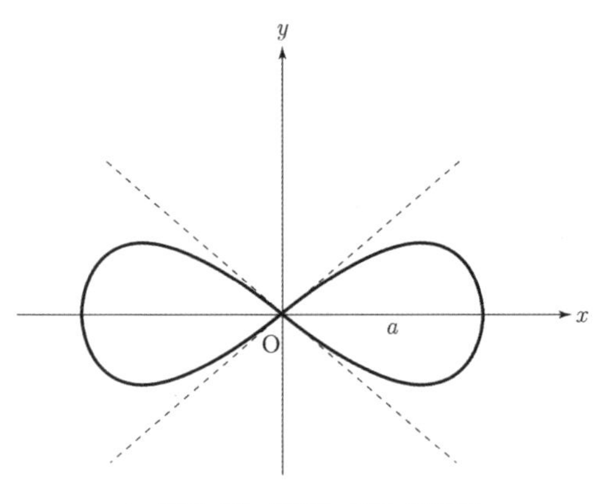

▶ **그림 40** 베르누이의 연주형

의 책 《유율법》(Method of Fluxions)에서 소용돌이선을 나타내는 데 적절한 여덟 가지 좌표계의 하나로 극 좌표계를 언급했다. 그러나 극 좌표를 최초로 폭넓게 사용한 사람은 야곱 베르누이였다. 그는 극 좌표를 많은 곡선에 적용했고 곡선의 여러 가지 성질을 찾았다. 그런데 그는 우선 뉴턴과 라이프니츠가 직교 좌표를 이용해서 표현했던 곡선의 기울기와 곡률, 호의 길이, 넓이 등과 같은 성질을 극 좌표를 이용해서 공식화해야만 했다. 오늘날 이런 작업은 쉬운 일이며, 대학 1학년의 미적분학 과목에서 일상적인 연습 문제로 제시된다. 그러나 베르누이의 시대에 이런 작업은 신천지의 개척과 같은 어려운 일이었다.

극 좌표로 변환시키는 데 성공한 야곱은 엄청나게 많은 새로운 곡선을 연구할 수 있었고, 이런 연구에 정열을 불태웠다. 이미 언급한 대로, 그가 가장 좋아했던 곡선은 로그 소용돌이선이었다. 이 곡선의 방정식은 $\ln r = a\theta$인데, 여기서 a는 상수이고 $\ln$이 자연 로그 또는 (당시의 용어로는) '쌍곡선' 로그이다. 오늘날 이 방정식을 역함수인 지수 함수를 이용해서 통상 $r = e^{a\theta}$과 같이 나타내지만, 베르누이의 시대에는 아직도 지수 함수가 그 자체로 함수로서 제대로

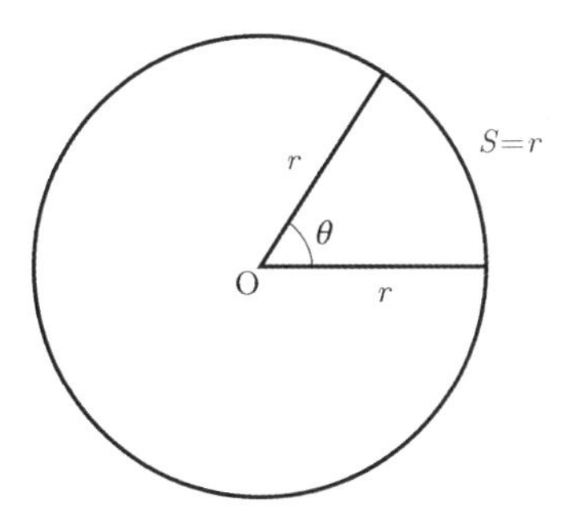

▶ **그림 41** 라디안 측도

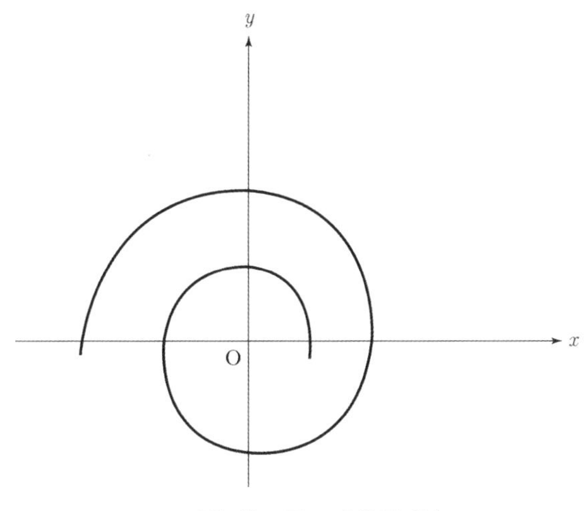

▶ **그림 42** 로그 소용돌이선

고려되지 않았다(수 e도 여전히 특별한 기호로 표시되지 않았다). 미적분학에서 항상 지켜지는 관행에 따라서, 각 θ를 도가 아니라 호도법을 이용하는 라디안으로 측정하겠다. 1라디안은 반지름이 r인 원에서 길이가 r인 호에 대한 중심각의 크기이다(그림 41). 원의 원주가 $2\pi r$이기 때문에, 완전히 한 바퀴 도는 각의 크기는 정확히 $2\pi(\approx 6.28)$라디안이다. 즉, 2π라디안$= 360°$이다. 그러므로 1라디안은 $360°/2\pi$, 약 $57°$임을 알 수 있다.

방정식 $r = e^{a\theta}$을 극 좌표계에 나타내면, 그림 42에 나타낸 곡선

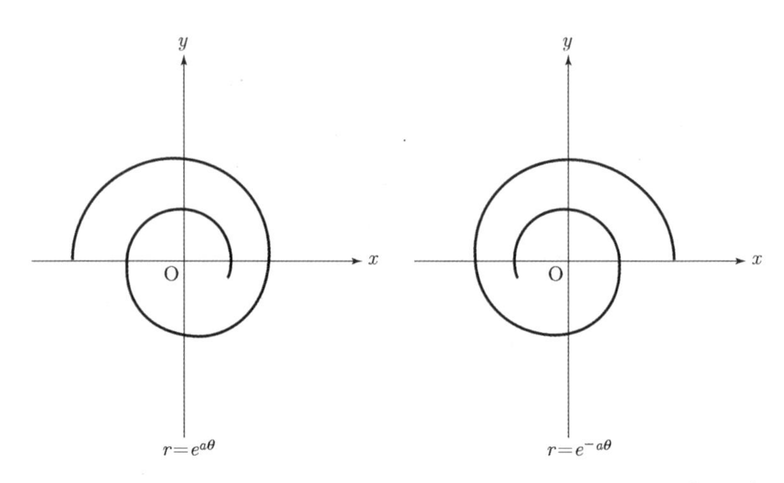

▶ **그림 43** 왼쪽으로 도는 소용돌이선과 오른쪽으로 도는 소용돌이선$(a>0)$

인 로그 소용돌이선을 얻는다. 여기서 상수 a는 소용돌이선의 증가율을 결정한다. 상수 a가 양수이면, θ가 커질 때 극으로부터의 거리 r은 시계 바늘이 도는 방향과 반대로 돌면서 증가하기 때문에 왼쪽으로 도는 소용돌이선이 된다. 상수 a가 음수이면, r은 감소하고 오른쪽으로 도는 소용돌이선을 얻는다. 그러므로 곡선 $r=e^{a\theta}$과 $r=e^{-a\theta}$은 서로 거울에 비친 상이 된다(그림 43).

아마도 로그 소용돌이선의 가장 중요한 특징은 다음과 같을 것이다. 각 θ를 똑같은 양만큼씩 증가시키면, 극으로부터의 거리 r은 똑같은 비율로, 즉 등비 수열로(기하 급수적으로) 증가한다. 이 성질은 등식 $e^{a(\theta+\phi)}=e^{a\theta}\cdot e^{a\phi}$으로부터 알 수 있는데, 여기서 인수 $e^{a\phi}$이 공비의 역할을 한다. 특히, θ를 2π의 배수만큼씩 증가시키면, 점 O로부터 뻗어 나온 임의의 반직선을 따라서 거리를 측정할 수 있으며, 이런 반직선들의 길이는 등비 수열로 증가함을 관찰할 수 있다.

어떤 고정된 점 P로부터 소용돌이선을 따라 안쪽으로 진행하면,

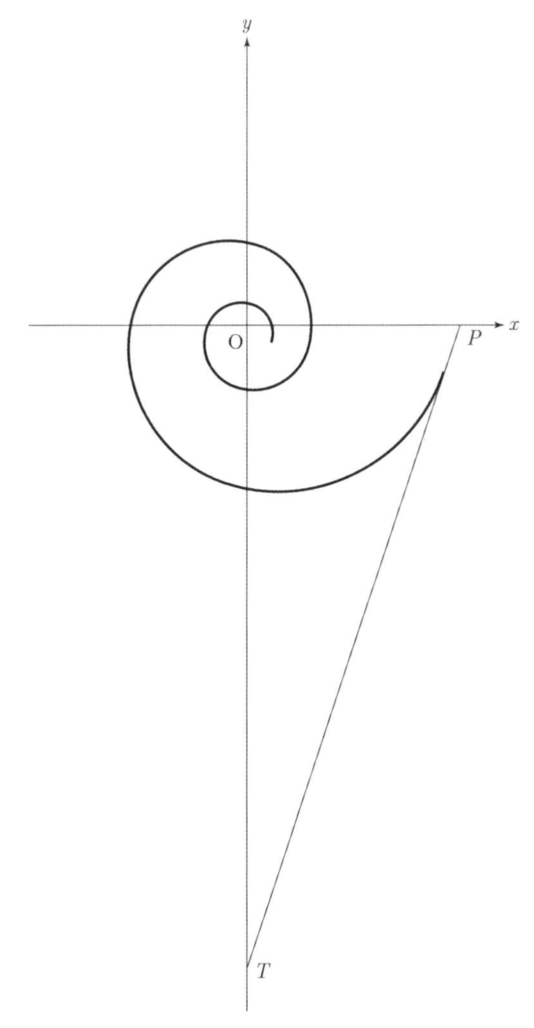

▶ **그림 44** 로그 소용돌이선의 구장.
선분 PT의 길이는 P로부터 O까지의 호의 길이와 같다.

극에 도달하기 전에 무한 번 회전을 해야 할 것이다. 그런데 놀랍게도 전체 거리는 유한이다. 이 놀라운 사실은 1645년 (물리학의 실험으로 유명한 갈릴레오의 제자인) 토리첼리(Evangelista Torricelli, 1608-1647)가 발견했다. 그는 점 P로부터 극까지의 호의 길이가 점

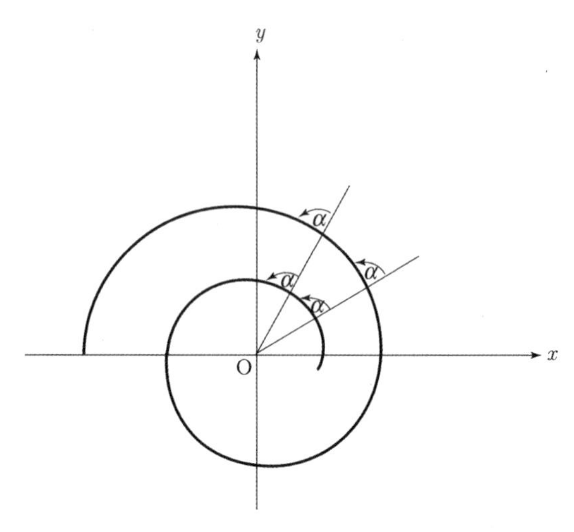

▶ **그림 45** 로그 소용돌이선의 등각 성질.
극 O를 지나는 모든 직선은 이 곡선과 똑같은 각도로 교차한다.

P에서 소용돌이선에 대한 접선의 길이(P와 y축 사이에 있는 접선의 길이)와 같음을 밝혔다(그림 44). 토리첼리는 각 θ가 등차 수열로(산술 급수적으로) 증가할 때 연속적인 반지름이 등비 수열로 증가하는 경우를 다뤘는데, 이는 곡선 $y = x^n$ 아래의 넓이를 구하는 페르마의 기법을 생각나게 한다. (물론, 적분을 이용해서 이 결과를 훨씬 더 쉽게 얻을 수 있다. 부록 6을 보라.) 그의 결과는 대수적이지 않은 곡선에 대한 최초의 '구장'(호의 길이 구하기)이었다.

로그 소용돌이선의 가장 두드러진 성질 몇 가지는 함수 e^x의 도함수가 자기 자신과 같다는 사실에 기인한다. 예를 들면, "극을 지나는 모든 직선은 로그 소용돌이선과 똑같은 각도로 교차한다"(그림 45, 이에 대한 증명은 부록 6에 실었다). 게다가, 로그 소용돌이선을 이런 성질을 가진 유일한 곡선이다. 그래서 로그 소용돌이선을 '등각 소용돌이선'이라고 부르기도 한다. 이런 성질 때문에 로그 소용돌이선은 원과 밀접한 관계가 있는데, 원은 극을 지나는 모든 직선

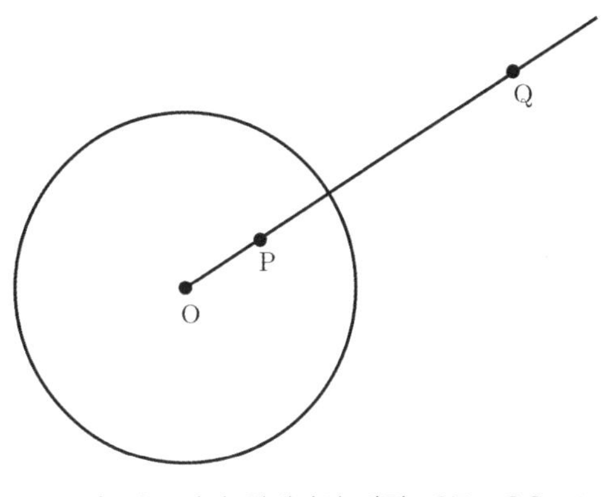

▶ **그림 46** 단위 원에서의 반전 $OP \cdot OQ = 1$

과 90°로 만난다. 사실, 원은 증가율이 0인 로그 소용돌이선이다. 방정식 $r = e^{a\theta}$에 $a = 0$을 대입하면 $r = e^0 = 1$이라는 단위 원의 극 방정식을 얻는다.

야곱 베르누이를 가장 흥분시킨 로그 소용돌이선의 성질은 이 곡선이 기하학의 대부분의 변환에 대해 불변이라는 사실이었다. 예를 들어, 반전 변환을 생각해보자. 반전 변환에 의해 극 좌표가 (r, θ)인 점 P는 극 좌표가 $(1/r, \theta)$인 점 Q로 '사상'된다(그림 46). 통상, 곡선의 형태는 반전 변환에 의해 철저하게 변한다. 예를 들면, 쌍곡선 $y = 1/x$은 이미 언급한 베르누이의 연주형으로 변형된다. 이것은 놀랍지 않은데, r을 $1/r$로 바꾸면 O와 매우 가까운 점은 매우 먼 곳의 점으로 변환되고, 먼 곳의 점은 가까운 곳의 점으로 변환되기 때문이다. 그러나 로그 소용돌이선의 경우는 그렇지 않다. r을 $1/r$로 바꾸면 방정식 $r = e^{a\theta}$은 $r = 1/e^{a\theta} = e^{-a\theta}$로 바뀌는 것에 불과한데, 원래의 소용돌이선과 변환된 소용돌이선은 서로 거울에 비친 상이다.

반전 변환이 주어진 곡선을 새로운 곡선으로 변형시키듯이, 원래의 곡선에 대한 '축폐선'을 작도해서 새로운 곡선을 얻을 수 있다. 이 개념은 곡선의 곡률 중심과 관계가 있다. 앞에서 언급한 대로, 곡선의 각 점에서의 '곡률'은 그 점에서 곡선이 방향을 바꾸는 정도에 대한 측도이다. (곡선의 기울기가 각 점에 따라 변하듯이) 곡률은 점에 따라 변하는 수치이며, 이에 따라 독립 변수에 대한 함수이다. 곡률을 그리스 문자 κ(카파)로 나타낸다. 곡률의 역수 $1/\kappa$을 '곡률 반지름'이라고 부르며 문자 ρ(로)로 나타낸다. ρ가 작으면 작을수록, 그 점에서의 곡률은 더욱더 커지고, 반대도 ρ가 클수록 곡률은 작아진다. 직선의 곡률은 0인데, 이에 따라 곡률 반지름은 무한대이다. 원의 곡률은 일정하며, 곡률 반지름은 바로 그 원의 반지름이다.

곡선 위의 각 점에서 법선(접선과 수직인 직선)을 (오목한 쪽으로) 긋고, 그 점에서 법선을 따라 곡률 반지름과 같은 거리만큼 나아가면 그 점의 '곡률 중심'에 도달한다(그림 47). 축폐선은 원래의 곡선을 따라 움직일 때 그 곡선의 곡률 중심이 그리는 궤적이다. 통상, 축폐선은 새로운 곡선으로, 그것이 생겨난 원래의 곡선과 다르다. 예를 들면, 포물선 $y=x^2$의 축폐선은 방정식이 $y=x^{2/3}$ 꼴인 곡선이다(그림 48). 그런데 로그 소용돌이선의 축폐선은 자기 자신이다.

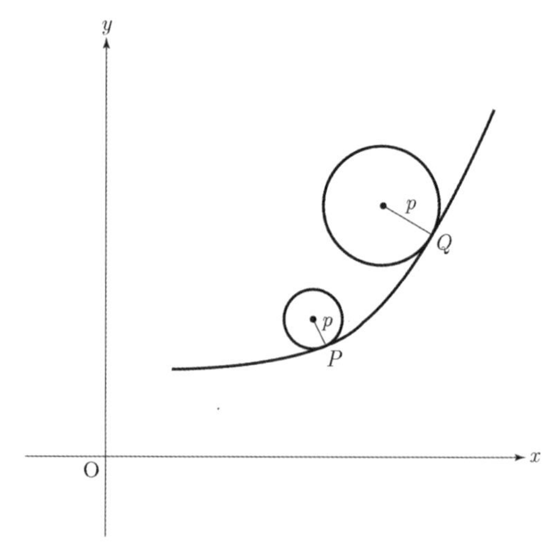

▶ **그림 47** 곡률 중심과 곡률 반지름

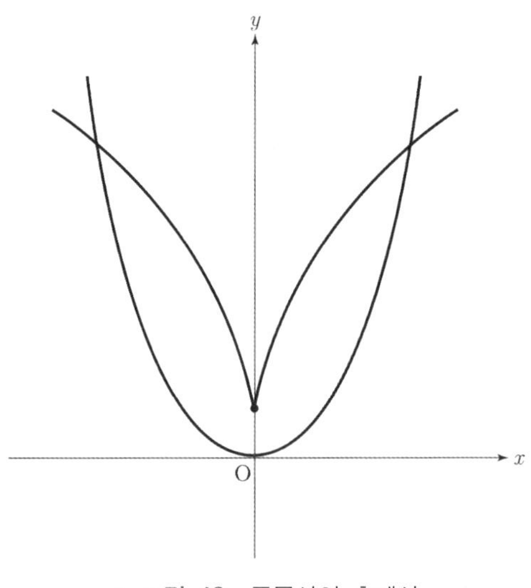

▶ **그림 48** 포물선의 축폐선

야곱 베르누이가 이를 발견하고는 대단히 기뻐했다고 한다. (굴렁쇠선도 이런 성질이 있다. 그런데 굴렁쇠선의 축폐선은 원래의 곡선과 형태는 같지만 위치가 이동된다[그림 49]. 반면에 로그 소용돌이선의 축폐선은 똑같은 소용돌이선이다.) 그는 또한 로그 소용돌이선의

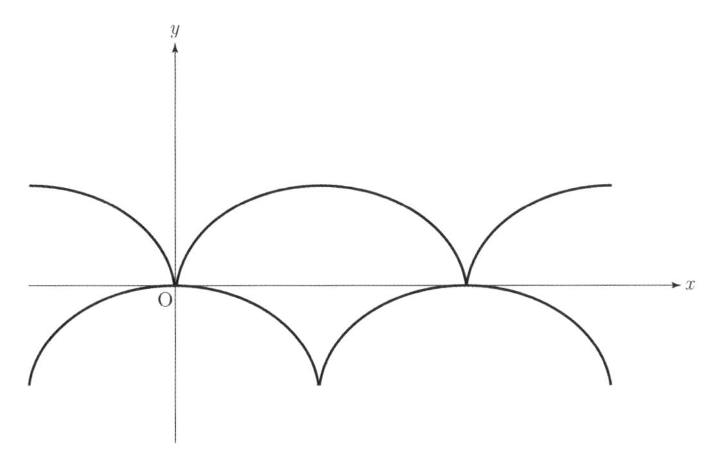

▶ **그림 49** 굴렁쇠선의 축폐선은 똑같은 굴렁쇠선이지만 이동된다.

'수선발 곡선'(극으로부터 주어진 곡선의 접선으로의 수직 사영의 궤적)이 똑같은 소용돌이선이라는 사실을 발견했다. 그리고 그는 이 정도로는 충분하지 못했던지, 로그 소용돌이선의 '화선'(극으로부터 뻗어 나온 반직선에 의해 형성되고 곡선에 의해 반사된 포락선)도 역시 똑같은 소용돌이선이라는 사실을 발견했다.

이런 발견에 대단히 감동을 받은 야곱은 사랑스러운 로그 소용돌이선에 대해 거의 신비로운 외경심을 품었다. "이 경이로운 소용돌이선은 훌륭하고 멋진 특성으로 … 신개선을 그리거나 축폐선을 그리거나 반사시키거나 굴절시켜도 언제나 자신과 비슷한, 사실 정확히 똑같은 곡선을 만들어내기 때문에, … 이것은 역경을 헤쳐나가는 불굴의 정신과 절개의 상징으로 또는 결국 변하겠지만 죽은 뒤에도 정확하고 완벽하게 자기 자신을 다시 되찾는 부활의 상징으로 이용될 수 있을 것이다."[5] 그는 로그 소용돌이선을 'spira mirabilis'(경이로운 소용돌이선)라고 불렀고, 전해지는 이야기에 따라 구와 외접하는 원기둥을 묘비에 새겨달라고 요청했다는 아르키메데스의 전통을 이어받아서, 자신의 묘비에 비문 'Eadem mutata resurgo'(비록 변할지라도, 나는 똑같이 부활할 것이다)와 함께 로그 소용돌이선을 새겨주었으면 좋겠다고 말했다. 야곱의 바람은 이루어졌지만, 완전하지는 못했다. 어쨌든 석공은 묘비에 소용돌이선을 새겼다. 그런데 무지 때문인지 아니면 그저 일을 쉽게 하려고 했는지 모르겠지만, 그것은 로그 소용돌이선이 아니라 아르키메데스 소용돌이선이었다. (아르키메데스 소용돌이선 또는 선형 소용돌이선은 한 바퀴 회전할 때마다 극으로부터의 거리가 일정한 비가 아니라 일정한 차에 따라 증가한다. 레코드 판의 홈이 바로 선형 소용돌이선이다.) 바젤에 있는 뮌스터(Münster) 성당의 회랑을 찾아가보면, 아직도 이런 그림을 볼 수 있는데(그림 50), 야곱이 이를 본다면 틀림없이 다시 무덤 안으로 돌아가고 말 것이다.

▶ **그림 50** 바젤에 있는 야곱 베르누이의 묘비

주석 및 출전

1. 제9장 주석 9를 보라.
2. 다음에서 인용했다. Eric Temple Bell, *Men of Mathematics*, 2 vols. (1937; rpt. Harmondsworth: Penguin Books, 1965), 1:146.
3. 스위스의 출판사 Birkhäuser는 베르누이 가문의 과학 업적과 서신 내용을 출판하는 작업을 진행하고 있다. 1980년에 시작된 이 기념비적 사업은 2000년에 완성될 예정인데, 적어도 30권의 책이 될 것이다.
4. Bell, *Men of Mathematics*, 1:150. Robert Edouard Moritz, On *Mathematics and Mathematicians* (Memorabilia Mathematica) (1914; rpt. New York: Dover, 1942), p. 143.
5. 다음에서 인용했다. Thomas Hill, *The Uses of Mathesis, Bibliotheca Sacr*a, vol. 32, pp. 515-516. Moritz, *On Mathematics and Mathematicians*, pp. 144-145.

바흐와 베르누이의 역사적인 만남

바흐 가문과 베르누이 가문 사이에 어떤 교류가 있었을까? 그럴 가능성이 있을 것 같지는 않다. 17세기로의 시간 여행은 단지 알고자 하는 욕망을 억누를 수 없다는 이유에서만 시도해볼 수 있는 모험이다. 우연한 만남을 제외한다면, 그런 만남을 상정할 수 있는 유일한 근거는 다른 사람의 활동에 대한 강한 호기심일 것이다. 그러나 만났다는 증거는 없다. 그럼에도 불구하고, 그런 만남이 있었으리라고 생각하지 않을 수 없다. 요한 베르누이와 요한 제바스티안 바흐가 만나는 장면을 상상해보자. 때는 1740년이다. 각자 최고조로 명성을 날리고 있었다. 55세의 바흐는 오르간 연주자이고 작곡가이며 라이프치히에 있는 성 토마스 교회의 악장이다. 73세의 베르누이는 바젤 대학에서 가장 뛰어난 교수이다. 이들이 살고 있는 두 도시의 중간 지점인 뉘른베르크에서 만남이 이루어졌다.

바흐: 교수님, 드디어 뵙게 되어 매우 기쁩니다. 교수님의 놀라운 업적은 아주 많이 듣고 있습니다.

베르누이: 저 또한 악장님을 만나서 무척 기쁩니다. 오르간 연주자와 작곡가로서 악장님의 명성은 라인 강을 넘어 먼 곳까지 퍼져 있습니다. 그런데 정말 제 연구에 관심이 있는지 말씀해 주시겠

습니까? 제 생각에 음악가들은 보통 수학을 잘 모르지 않나요. 그렇지 않습니까? 그리고 사실을 말씀드리면, 음악에 대한 저의 관심은 전적으로 이론적인 것입니다. 이를테면 얼마 전에 저와 제 아들 다니엘은 진동하는 현에 관한 이론을 연구했습니다. 이것은 새로운 분야이고, 수학에서 연속체 역학이라 부르는 것과 관계가 있습니다.[1]

바흐: 사실, 저도 현이 진동하는 방법에 관심이 있습니다. 교수님이 알고 계시듯이, 저는 하프시코드(harpsichord, 16-18세기에 쓰인 건반 악기로 피아노의 전신 — 옮긴이)를 연주하고 있는데, 이것의 소리는 건반을 누르면 현이 퉁겨질 때 나옵니다. 몇 년 동안 저는 이 악기의 기술적인 문제점 때문에 고심했습니다. 아주 최근에야 이를 해결할 수 있었습니다.

베르누이: 문제점이 무엇입니까?

바흐: 알고 계시겠지만, 통상적인 음계는 진동하는 현의 법칙에 기초합니다. 8도, 5도, 4도 등과 같이 음악에서 사용하는 음정은 모두 고조파, 즉 배음으로부터 얻는데, 이런 음은 현이 진동하면 언제나 나옵니다. 이런 고조파의 주파수는 기초적인(가장 작은) 주파수의 정수 배이고, 이에 따라 수열 1, 2, 3, 4, …를 형성합니다(그림 51). 우리 음계의 음정은 이런 수들의 비와 대응

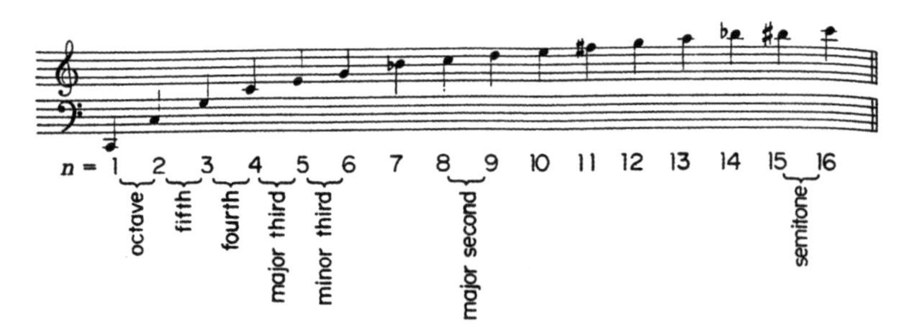

▶ **그림 51** 진동하는 현으로부터 나오는 고조파, 즉 배음의 열. 숫자는 각 음의 상대적인 주파수를 지적한다.

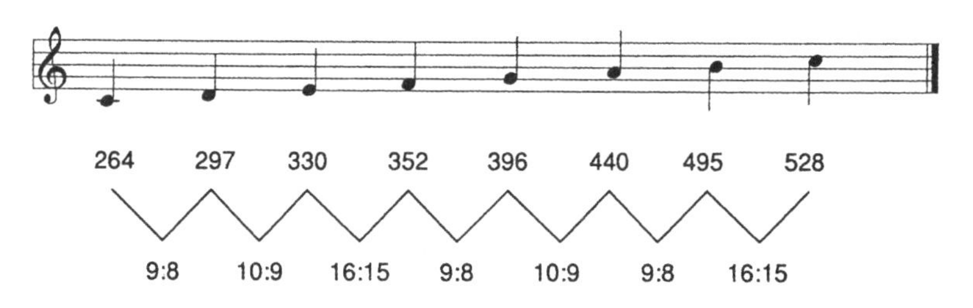

▶ **그림 52** C장조 음계. 위쪽의 수치는 각 음의 매초 주파수를 나타내고, 아래 쪽의 수치는 연속한 음 사이의 주파수 비를 나타낸다.

하는데, 한 옥타브는 2:1, 5도 음정은 3:2, 4도 음정은 4:3 등과 같이 대응합니다. 이런 비를 이용해서 만든 음계를 '순정률'이라고 합니다.

베르누이: 수의 질서 있는 배열이 아주 마음에 드네요.

바흐: 그런데 문제가 있습니다. 이런 비를 이용해서 만든 음계는 9:8, 10:9, 16:15와 같은 세 가지의 기본적인 음정으로 이루어집니다(그림 52). 처음 두 가지는 거의 같은데, 각각을 '온음' 또는 '2도 음정'(음계에서 하나 건너 위의 음을 나타내기 때문에 이렇게 불립니다)이라고 합니다. 마지막 비는 훨씬 더 작은데, 이를 '반음'이라고 합니다. C음에서 시작해서 음계를 따라 C-D-E-F-G-A-B-C′와 같이 올라가면, C에서 D로의 첫째 음정은 주파수의 비가 9:8인 온음입니다. 그 다음 D에서 E로의 음정도 온음이지만, 주파수의 비는 10:9입니다. 음계에서 나머지 음정은 E에서 F로(16:15), F에서 G로(9:8), G에서 A로(10:9), A에서 B로(9:8), B에서 C′로(16:15) 진행하는데, 마지막 음은 C보다 한 옥타브 위에 있습니다. 이것이 바로 C장조라고 부르는 음계입니다. 그런데 어떠한 음에서 시작하더라도 똑같은 비들이 유지되어야 할 것입니다. 모든 장조는 똑같은 음정의 열로 이루어져야 할 것입니다.

베르누이: 똑같은 음정의 서로 다른 두 가지 비에 대응해서 혼란이 있겠군요. 하지만 이것이 왜 문제가 됩니까? 어쨌든, 음악은 수 세기 동안 우리 곁에 있었고, 어느 누구도 이런 문제로 고민하지 않았습니다.

바흐: 사실은 그보다 문제가 더 심각합니다. 서로 다른 두 종류의 온음을 사용할 뿐만 아니라, 반음 두 개를 더하면 그 합은 어떠한 온음과도 정확하게 일치하지 않습니다. 직접 계산해서 확인하실 수 있습니다. 이것은 마치 1/2+1/2이 1과 정확하게 같지 않고 단지 비슷하다고 말하는 것과 같습니다.

베르누이: (공책에 숫자를 몇 개 적으면서) 그렇군요. 두 음정을 더하려면, 그것들의 주파수를 곱해야 합니다. 두 반음의 합은 곱 $(16:15)\cdot(16:15)=256:225$, 약 1.138에 대응하는데, 이것은 9:8 (=1.125)이나 10:9(=1.111)보다 약간 더 큽니다.

바흐: 어떤 현상이 일어나는지 제대로 아셨습니다. 하프시코드는 정교한 악기로 각 현은 특정한 주파수만으로 진동합니다. 이것은 C장조 대신에 D장조로 곡을 연주하려면, 이를 조옮김이라고 하는데, 처음 음정(D에서 E로)에 대응하는 비는 원래의 9:8이 아니라 10:9가 된다는 사실을 의미합니다. 이것은 괜찮습니다. 왜냐하면 비 10:9는 여전히 음계의 한 부분으로 존재하기 때문입니다. 게다가, 보통의 청중은 이런 차이점을 거의 구별할 수 없습니다. 그런데 다음 음정은, 이것도 다시 온음이 되어야 하는데, E에서 F로 반음 올리고 다음에 F에서 올림 F로 다시 반음을 올려야 얻을 수 있습니다. 이것은 $(16:15)\cdot(16:15)=256:225$의 비와 대응하는데, 이런 음정은 음계에 존재하지 않습니다. 그리고 이런 문제점은 새 음계에서 더 올라갈수록 더욱 커집니다. 간단히 말하면, 현재의 조율 체계로는 한 음계에서 다른 음계로 조옮김을 할 수 없습니다. 물론, 바이올린이나 사람의 목

소리와 같이 연속적인 음을 낼 수 있는 특수한 경우 몇 가지는 제외됩니다.

바흐: (베르누이의 대답을 기다리지 않고) 하지만 저는 해결 방법을 찾았습니다. 저는 모든 온음을 서로 똑같이 만들었습니다. 이것은 어떠한 두 반음을 더해도 항상 온음이 된다는 것을 의미합니다. 그렇지만 이렇게 하기 위해서는 절충안으로 순정률을 포기해야만 했습니다. 새로운 음계에서 한 옥타브는 12개의 똑같은 반음으로 이루어집니다. 이를 '평균율'이라고 합니다.[2] 문제는 평균율의 장점을 동료 음악가들에게 확신시키기가 매우 어렵다는 점입니다. 그들은 여전히 옛 음계를 고수하고 있습니다.

베르누이: 아마도 제가 도울 수 있을 것 같습니다. 우선, 새 음계에서 각 반음의 주파수 비를 알아야 합니다.

바흐: 물론, 교수님은 수학자이니까, 분명히 그 비를 계산하실 수 있을 겁니다.

베르누이: 아, 알았습니다. 한 옥타브에 12개의 반음이 있으면 각 반음은 $\sqrt[12]{2}:1$의 주파수 비와 대응합니다. 실제로 이런 반음 12개의 합은 $(\sqrt[12]{2})^{12}$에 대응하는데, 이는 정확하게 2:1로 한 옥타브입니다.[3]

바흐: 잠깐, 교수님의 말씀을 따라갈 수가 없습니다. 제 수학 지식은 초등 산술 정도에 불과합니다. 시각적으로 설명할 수 있는 방법이 있습니까?

베르누이: 할 수 있을 것 같습니다. 죽은 제 형 야곱은 많은 시간을 들여 로그 소용돌이선이라고 부르는 곡선을 연구했습니다. 이 곡선에서는 똑같은 정도로 회전하면 극으로부터의 거리가 똑같은 비율로 커집니다. 이것은 악장님이 방금 설명한 음계와 정확하게 일치하지 않습니까?

바흐: 그 곡선을 보여주실 수 있습니까?

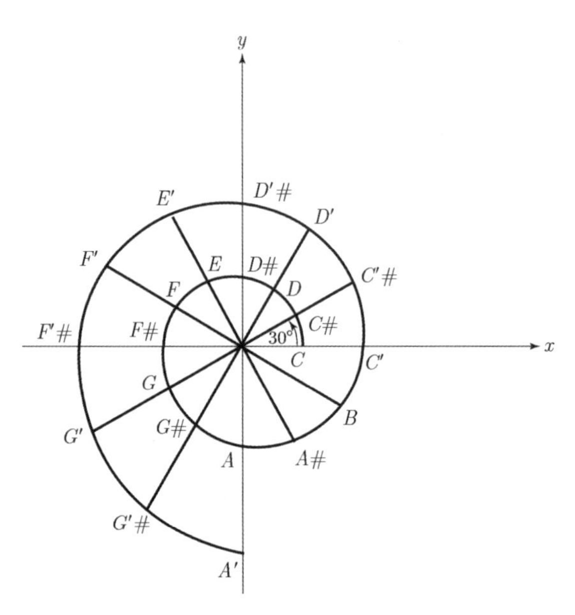

▶ **그림 53** 로그 소용돌이선을 따라 배열된 평균율의 반음 12개

베르누이: 물론입니다(그림 53). 악장님이 말씀하시는 동안에, 저는 그 곡선 위에 12개의 똑같은 반음을 표시했습니다. 한 음계에서 다른 음계로 조를 옮기려면, 그 음계의 첫 음이 x축 위에 오도록 소용돌이선을 돌리기만 하면 충분합니다. 나머지 음들은 자동적으로 제 위치로 갑니다. 이것은 정말 음악을 위한 일종의 계산기입니다.

바흐: 아주 재미있군요. 이 소용돌이선은 제가 젊은 음악가들에게 이 주제를 가르칠 때 도움이 될 것 같습니다. 왜냐하면 저는 새 음계가 미래의 연주자들에게 아주 밝은 전망을 가져다줄 것이라고 확신하기 때문입니다. 사실, 저는 《평균율 클라비어곡집》이라는 서곡 시리즈를 준비하고 있습니다. 각 서곡은 12개의 장조와 12개의 단조 중 하나로 작곡합니다. 저는 1722년에 이와 비슷한 시리즈를 썼는데, 그것은 죽은 제 첫째 아내 마리아 바바

라와 첫째 아들 빌헬름 프리데만에게 교습용 책으로 사용하기 위한 것이었습니다. 교수님도 알고 계시겠지만, 그 뒤 저는 큰 복을 받아서 더 많은 아이를 얻었는데, 모두 음악에 대단한 재능을 보였습니다. 제가 쓰고 있는 새로운 작품은 제 둘째 아내 안나 막달레나와 바로 이런 아이들을 위한 것입니다.

베르누이: 저는 악장님이 자녀들과 친밀하게 지내고 있는 것이 몹시 부럽습니다. 불행하게도, 저는 제 가족에 대해서 그와 같이 말할 수 없습니다. 어떤 이유에선지 저희 가족은 항상 싸우고 있습니다. 제 아들 다니엘에 대해 말씀드리겠습니다. 그 아이와 몇 가지 문제를 함께 연구했습니다. 그런데 6년 전 저는 2년에 한 번씩 주는 파리 과학원의 상을 제 아들과 공동 수상했습니다. 저는 그 상을 정말 저 혼자만 수상했어야 한다고 생각했습니다. 게다가, 다니엘은 한상 뉴턴 편에 서서 라이프니츠와 논쟁을 벌이고 있지만, 저는 확고하게 라이프니츠를 지지하고 있으며 그가 미적분학의 진정한 창시자라고 생각하고 있습니다. 이런 상황에서, 아들과 함께 계속 연구할 수 없었고, 그래서 아들을 집에서 나가게 했습니다.

바흐: (놀라움을 조금도 감추지 못한 채) 글쎄요, 저는 교수님과 교수님 가족이 아주 잘 되기를 기원하고, 교수님이 더욱 오랫동안 왕성하게 활동할 수 있도록 신의 축복이 가득하길 기도하겠습니다.

베르누이: 악장님에게도 똑같은 축복이 함께 하길 바랍니다. 그리고 지금 우리가 수학과 음악 사이에 공통점이 매우 많다는 사실을 발견했듯이, 또다시 만나서 더 많은 대화를 나눌 수 있기를 신에게 빌겠습니다.

두 사람은 악수를 나누고, 각자의 집을 향해 긴 여행을 떠났다.

주석

1. 현의 진동 문제는 18세기 전체를 통해서 수리 물리학에서 아주 유명했던 문제였다. 이 시기의 지도적인 수학자 대부분은 이 문제를 풀기 위해 노력했는데, 이런 수학자 중에는 베르누이 가문, 오일러, 달랑베르, 라그랑주 등이 속한다. 이 문제는 1822년 푸리에(Joseph Fourier)가 마침내 해결하였다.
2. 바흐가 이런 조율 체계를 처음으로 생각해낸 것은 아니다. '정확한' 조율 체계를 얻으려는 시도는 16세기에 이미 이루어졌고, 1691년에는 오르간 제조자인 베르크마이스터(Andreas Werckmeister)가 평균율을 제안했다. 그렇지만 평균율이 보편적으로 알려지게 된 것은 바로 바흐의 공로였다. 다음을 보라.

   The New Grove Dictionary of Music and Musicians, vol. 18 (London: Macmillan, 1980), pp. 664-666, 669-670.
3. 이런 비를 소수로 나타내면 약 1.059인데, 비 16 : 15에 대한 값 1.067과 비슷하다. 이런 근소한 차이는 여전히 가청역 내에 있지만, 매우 작기 때문에 대부분의 청중은 이를 무시한다. 그러나 독창하는 성악가와 독주하는 현악기 연주자들은 여전히 순정률을 선호한다.

미술과 자연에서 찾은 로그 소용돌이선

로그 소용돌이선보다 과학자, 미술가, 박물학자들의 마음을 더 많이 끈 곡선은 없을 것이다. 야곱 베르누이가 경이로운 소용돌이선이라고 부른 로그 소용돌이선은 수학적으로 놀라운 성질을 가지고 있기 때문에, 평면 곡선 중에서 매우 독특한 위치에 있다(172-178쪽을 보라). 이 곡선의 우아한 형태는 고대부터 인기 있는 장식의 주제가 되었다. 그리고 (로그 소용돌이선의 특별한 경우인) 원을 제외한

▶ **그림 54** 앵무조개

다면, 이 곡선은 다른 어떠한 곡선보다도 자연에서 더 자주 등장하며, 앵무조개에서 볼 수 있듯이(그림 54) 때로는 자연에서 놀랄 만큼 완벽한 모습으로 나타난다.

로그 소용돌이선의 가장 놀라운 점은 아마도 모든 방향에서 똑같이 보인다는 사실일 것이다. 좀더 정확히 말하면, 중심(극)으로부터 뻗어 나온 모든 직선은 이 곡선과 정확하게 똑같은 각도로 교차한다(제11장 그림 45를 보라). 그래서 이 곡선을 등각 소용돌이선이라고 부르기도 한다. 이 성질 때문에 로그 소용돌이선은 원의 완벽한 대칭성을 보여준다. 사실, 원은 교각이 90° 증가율이 0인 로그 소용돌이선이다.

첫째 특징과 관련된 둘째 특징은 다음과 같다. 로그 소용돌이선을 똑같은 각도만큼 회전시키면 극으로부터의 거리가 똑같은 비율로, 즉 등비 수열로 증가한다. 그러므로 일정한 각도를 유지하면서 극으로부터 뻗어 나온 한 쌍의 직선은 로그 소용돌이선을 (합동은 아니지만) 닮은꼴의 부채꼴로 나눈다. 이것을 앵무조개에서 확인할 수 있는데, 각 방은 완벽하게 닮은꼴이며 크기는 등비 수열로 증가한다. 영국의 박물학자 톰프슨(D'Arcy W. Thompson, 1860-1948)은 고전이 된 책 《성장과 형상》(On Growth and Form)에서 조개, 뿔, 송곳니, 해바라기 등과 같은 자연의 수많은 형상에서 쉽게 찾아볼 수 있는 성장 양식으로서 로그 소용돌이선의 역할을 매우 자세하게 설명했다(그림 55).[1] 여기에 소용돌이 은하계를 첨가할 수 있는데, 이런 '섬우주'의 정확한 속성은 톰프슨이 1917년 그의 책을 출판할 때까지는 정확하게 알려지지 않았었다(그림 56).

20세기 초 그리스의 미술과 이것의 수학과의 관계에 대한 흥미가 되살아났었다. 미학 이론이 많이 등장했으며, 아름다움의 개념을 수학적으로 공식화하려고 시도한 학자들도 있었다. 이것은 로그 소용돌이선의 재발견을 유도했다. 쿡(Theodore Andrea Cook)은 1914년 《생

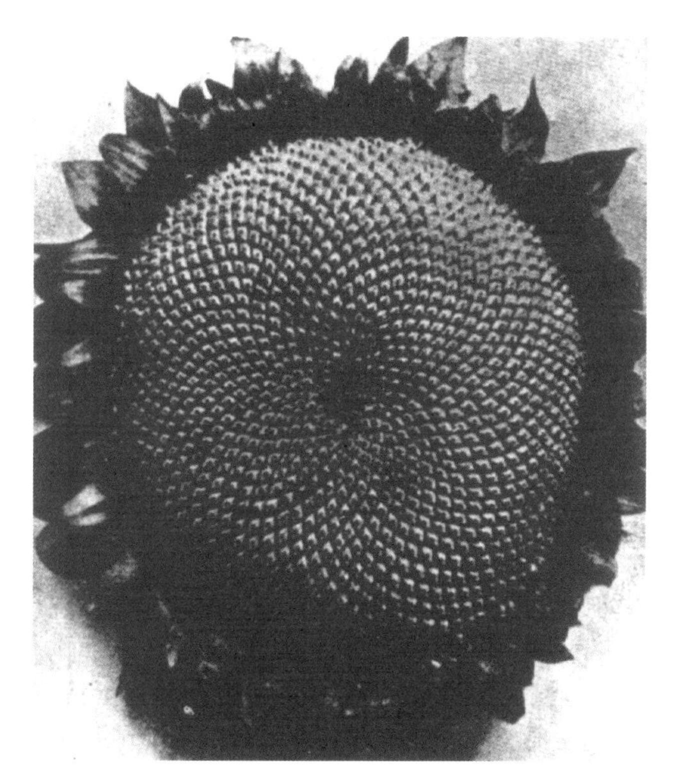

▶ **그림 55** 해바라기

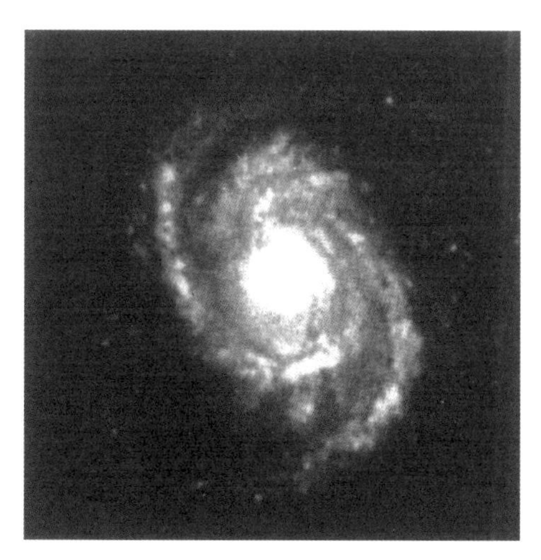

▶ **그림 56** 소용돌이 은하계 M100

▶ **그림 57** 황금 비. 점 C는 선분 AB를 긴 선분에 대한 전체 선분의 비와 짧은 선분에 대한 긴 선분의 비가 같도록 분할한다. 전체 선분의 길이를 1이라고 하면, 식 $1/x=x/(1-x)$가 성립한다. 이로부터 이차 방정식 $x^2+x-1=0$을 얻는데, 이 방정식의 양수 근은 $x=(-1+\sqrt{5})/2$으로 약 0.61803이다. 황금 비는 이 수의 역수로 약 1.61803이다.

명의 곡선》(The Curves of Life)을 출판했는데, 거의 500쪽에 달하는 이 책은 완전히 미술과 자연에서 소용돌이선과 이것의 역할만을 다루고 있다. 햄비지(Jay Hambidge)의 책 《역학적 대칭》(Dynamic Symmetry)은 완벽한 아름다움과 조화를 추구하는 미술가들에게 여러 세대를 걸쳐 영향을 주었다. 햄비지는 길잡이 원리로 황금 비를 이용했는데, 황금 비는 선분을 두 개의 선분으로 나누어 긴 선분에 대한 전체 선분의 비와 짧은 선분에 대한 긴 선분의 비가 같도록 만드는 비이다(그림 57). 문자 Φ(파이)로 나타내는 황금 비의 값은 $(1+\sqrt{5})/2=1.618\cdots$이다. 많은 미술가는 모든 직사각형 중에서 폭에 대한 길이의 비가 Φ인 황금 직사각형이 눈으로 보기에 가장 기분 좋다고 생각한다. 그래서 황금 비는 건축에서 탁월한 역할을 했다. 임의의 황금 직사각형으로부터 그 직사각형의 폭을 길이로 가지

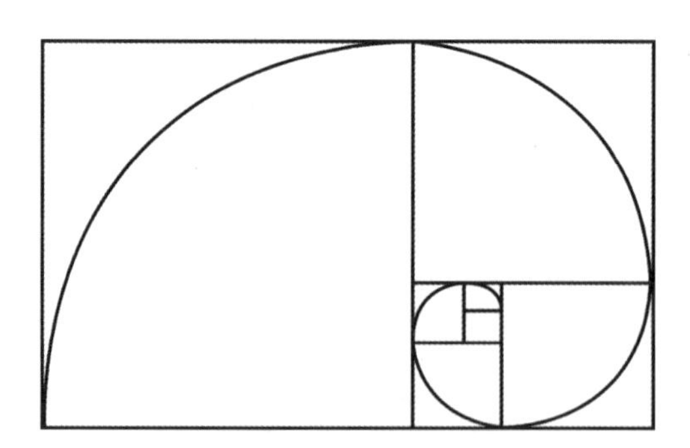

▶ **그림 58** 황금 직사각형들은 로그 소용돌이선에 외접한다. 각 직사각형은 폭에 대한 길이의 비가 1.61803이다.

는 새로운 황금 직사각형을 얻을 수 있다. 이런 과정을 한없이 반복할 수 있는데, 이에 따라 크기가 0으로 축소되는 황금 직사각형의 무한 수열을 얻게 된다(그림 58). 이런 직사각형들은 로그 소용돌이선, 즉 황금 소용돌이선에 외접하는데, 햄비지는 이것을 하나의 주제로 사용했다. 햄비지의 발상에 영향을 받은 저자로 에드워즈(Edward B. Edwards)가 있는데, 그의 저서 《역학적 대칭을 이용한 양식과 도안》

▶ 그림 59 로그 소용돌이선을 이용한 장식 도안

▶ **그림 60** 에스헤르의 '삶의 경로 II'(1958)

(Pattern and Design with Dynamic Symmetry, 1932)에서 소용돌이선의 주제에 근거한 수백 가지 장식 도안을 제시했다(그림 59).

네덜란드의 미술가 에스헤르(Maurits C. Escher, 1898-1972)는 그의 가장 독창적인 작품 몇 곳에서 로그 소용돌이선을 사용했다. '삶의 경로'(Path of Life II, 1958, 그림 60)에서 로그 소용돌이선의 격자 무늬를 볼 수 있는데, 이 곡선을 따라 물고기는 끝없는 원을 그리며 헤엄치고 있다. 한없이 먼 중심으로부터 나타나는 물고기는 하얗다. 그렇지만 가장자리로 접근할수록 물고기의 색은 회색으로 바뀐다. 그래서 물고기는 중심 쪽으로 다시 되돌아가서 사라지는, 삶과 죽음의 영원한 순환을 되풀이한다. 크기가 등비 수열로 증가하는 동일한 모양의 그림으로 평면을 채우는 에스헤르의 열정은 여기

▶ **그림 61** 네 마리 곤충 문제에 근거한 장식 도안

에서 장엄한 형태로 표현되었다.[2]

직사각형의 네 꼭지점에 있는 네 마리의 곤충을 상상해보자. 소리를 신호로 각 곤충은 자신의 왼쪽에 있는 곤충을 향해 움직이기 시작한다. 이들이 따라가는 경로는 무엇일까? 이들은 어디에서 만날까? 곤충이 따라가는 경로는 중심으로 수렴하는 로그 소용돌이선이라는 사실이 밝혀진다. 그림 61은 네 마리 곤충 문제에 기초한 많은 도안 중 한 가지이다.

"만약 …이라면, 어떤 일이 발생할까?"라고 상상하기를 좋아하는 사람들에게 여기에서 한 가지 소일거리를 제공하겠다. 만약 만유 인력의 법칙이 역 제곱이 아니라 역 세제곱 법칙이라면, 태양 주위를 공전하는 행성의 궤도는 로그 소용돌이선이 될 것이다(쌍곡 소용돌이선 $r = k/\theta$이 가능성 있는 또 다른 궤도이다). 이것은 뉴턴이 《자연 철학의 수학적 원리》 제1권에서 증명한 결과이다.

주석과 출전

1. 이번 장에서 인용한 모든 작품은 참고 문헌에 나열되어 있다.
2. 에스헤르의 작품에 나타나는 로그 소용돌이선에 대한 자세한 논의는 지은이의 다음 책을 보라. *To Infinity and Beyond: A Cultural History of the Infinite* (1987: rpt. Princeton: Princeton University Press, 1991).

12장

$(e^x + e^{-x})/2$: 매달린 사슬

그래서 나는 지금까지는 시도하지도 않았던
[현수선 문제를] 공략하기 시작했는데,
다행히 나의 열쇠[미분학]로 그 비밀을 밝혀냈다.
-라이프니츠, 《학술기요》(1690년 7월)

아직도 베르누이 가문에 관한 이야기를 끝마치지 못했다. 미적분학이 발견된 뒤 몇십 년 동안 수학계를 지배했던 주목할 만한 문제 중에는 '현수선'(catenary), 즉 매달린 사슬 문제가 있었다[사슬(chain)을 뜻하는 라틴어 catena에서 유래했다]. 최속 강하선 문제와 마찬가지로 이 문제도 베르누이 형제가 처음으로 제시했는데, 이번에는 야곱이었다. 《학술기요》(Acta eruditorum) 1690년 5월호에, 이 잡지는 이보다 8년 전 라이프니츠가 창간했는데, 야곱은 다음과 같이 썼다. "이제 다음과 같은 문제를 제시하겠다. 양 끝이 고정된 두 점에 매달리고 자유롭게 늘어진 줄이 형성하는 곡선을 찾아라."[1] 야곱은 줄이 모든 부분에서 유연하고 굵기도 일정하다고 (그래서 밀도

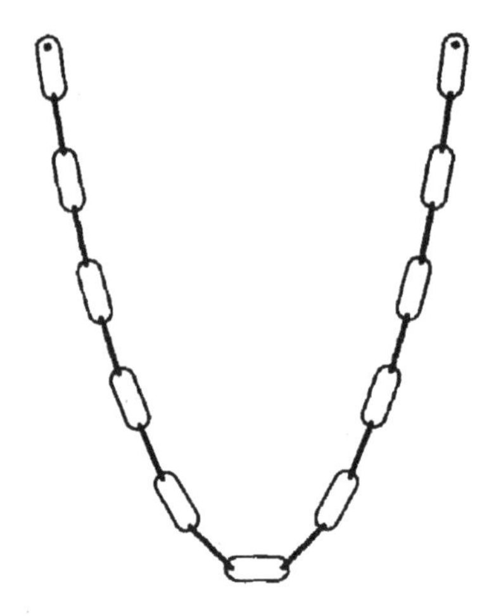

▶ **그림 62** 현수선: 매달린 사슬의 곡선

는 균등하다고) 가정했다.

이 유명한 문제의 역사는 최속 강하선의 역사와 밀접한 관계를 유지하면서 평행하게 진행되었는데, 거의 똑같은 수학자들이 이에 관여했다. 갈릴레오는 이미 이에 관심을 보였었는데, 구하려는 곡선이 포물선이라고 생각했었다. 우리의 눈에는 매달린 사슬이 분명히 포물선과 같이 보인다(그림 62). 그런데 네덜란드의 호이겐스는 매달린 사슬이 어쩌면 포물선이 아닐 수 있음을 증명했다. (호이겐스는 매우 많은 연구 결과를 발표한 과학자이지만 역사에서 그의 위치는 언제나 약간 낮게 평가받고 있다. 그 이유는 분명히 그가 그보다 앞선 케플러와 갈릴레오의 시대와 그보다 뒤의 뉴턴과 라이프니츠의 시대 사이에 살았기 때문일 것이다.) 이것은 1646년의 일로, 호이겐스가 겨우 열일곱 살 때였다. 그러나 곡선을 구체적으로 찾는 것은 또 다른 문제이며, 당시에는 어느 누구도 이 문제를 공략하는 방법을 알지 못했다. 이것은 자연의 큰 신비의 하나였으며, 미적분만이 감히 이를 해결할 수 있었다.

1691년 6월, 야곱 베르누이가 매달린 사슬 문제를 제시하고 한 해가 지난 뒤《학술기요》에는 호이겐스(당시 예순두 살), 라이프니츠, 요한 베르누이 등 세 사람이 제출한 세 가지의 정확한 풀이가 실렸다. 각자 서로 다른 방법으로 이 문제를 공략했지만, 모두 똑같은 해를 얻었다. 야곱 자신은 이 문제를 풀 수 없었는데, 이것은 동생 요한을 대단히 기쁘게 만들었다. 27년이 지난 뒤, 야곱이 죽고 오랜 시간이 흐른 뒤, 요한은 야곱이 아니라 자신이 해를 발견했다는 자신의 주장에 대해 분명히 의혹을 품고 있던 한 동료에게 다음과 같은 편지를 보냈다.

> 당신은 내 형이 이 문제를 제시했다고 말했다. 그것은 옳은 말이다. 그렇다고 해서 그가 당시에 이 문제를 풀었다고 당연히 생각할 수 있겠는가? 그가 이 문제를 나의 제안에 따라 제시했을 때(왜냐하면 내가 이 문제를 처음으로 생각했으니까), 우리 중 어느 누구도 이것을 풀 수 없었다. 우리는 이를 해결할 수 없을 것이라고 생각해서 단념했다. 그러다가 라이프니츠 씨가 1690년 라이프치히 잡지 360쪽에서 자신이 그 문제를 풀었지만 다른 해석학자들에게 시간을 주기 위해서 이를 발표하지 않겠다고 공언했는데, 이것이 우리를 고무시켰고, 형과 나는 또다시 이 문제에 전념했다.
>
> 형은 노력했지만 성공하지 못했다. 나는 좀더 운이 좋았는데, 이것을 자세하게 풀 수 있는 기법을 발견했기 때문이다. (나는 절대로 뽐내고 있는 것이 아니다. 진실을 숨길 이유가 있겠는가?) 다음 날 아침, 나는 기쁨에 넘쳐서 형에게로 달려갔는데, 형은 여전히 조금도 앞으로 나아가지 못했고 이 난문을 풀려고 불쌍하게 발버둥치고 있었다. 형은 갈릴레오와 같이 현수선이 포물선이라고 항상 생각하고 있었다. 그만둬, 중지해! 나는 형에게 말했다. 현수선이 포물선과 일치함을 증명하려고 더 이상 고민하지마. 그것은 완전히 잘못된 생각이니까.[2]

요한은 두 곡선 중에서 포물선은 대수적이지만 현수선은 초월적이라는 사실을 덧붙였다. 언제나 떠벌리기를 좋아했던 요한은 다음과 같이 끝을 맺었다. "당신은 내 형의 성질을 알 것이다. 형이 이 문제를 정직하게 해결할 수 있었다면, 나로부터 이 문제를 처음 푼 명예를 재빨리 빼앗아갔을 것이다. 형이 정말로 해결했다면 나를 위한 자리를 양보하는 것은 말할 것도 없고 내가 그것에 참여했다는 사실도 인정하지 않았을 것이다." 다른 사람들과의 관계에서만이 아니라 자신들끼리도 반목하기로 악명 높은 베르누이 가문의 명성은 시간이 흘러도 조금도 줄어들지 않았다.[3]

현대적인 기호로 나타내면, 현수선은 방정식이 $y=(e^{ax}+e^{-ax})/2a$인 곡선으로 밝혀졌다. 여기서 a는 상수로, 사슬의 물리적인 요소, 즉 밀도(단위 길이당 질량)와 장력에 따라 결정되는 값이다. 이 방정식의 발견은 새로운 미분학의 위대한 승리로 환영을 받았으며, 이의 발견자들은 자신의 명성을 높이는 가장 중요한 결과로 삼았다. 요한에게 이것은 '파리의 학계에 진입하는 허가증'[4]이었다. 라이프니츠는 이 신비를 해결한 것이 바로 자신의 미적분학(자신의 '열쇠')임을 모든 사람이 알 수 있도록 조처했다. 이렇게 자랑스러워하는 것이 오늘날에는 지나치게 느껴지겠지만, 17세기를 마감하는 시기에는 최속 강하선과 현수선과 같은 문제가 수학자들에게 극도로 어려운 문제였으며 이에 대한 풀이는 대단한 자랑거리로 정당하게 간주되었다는 사실을 상기해야 한다. 오늘날 이런 문제는 고등 미적분학 과정에서 일상적인 연습 문제가 되었다.[5]

현수선의 방정식은 원래 위와 같은 형태로 제시되지 않았다는 사실을 언급해야 한다. 수 e는 여전히 특별한 기호로 표시되지 않았고, 지수 함수는 그 자체로 하나의 함수로 간주되지 않았으며 단지 로그 함수의 역으로 간주되었을 뿐이다. 현수선의 방정식은, 라이프니츠 자신의 그림(그림 63)이 명확하게 보여주듯이, 그것을 작도하

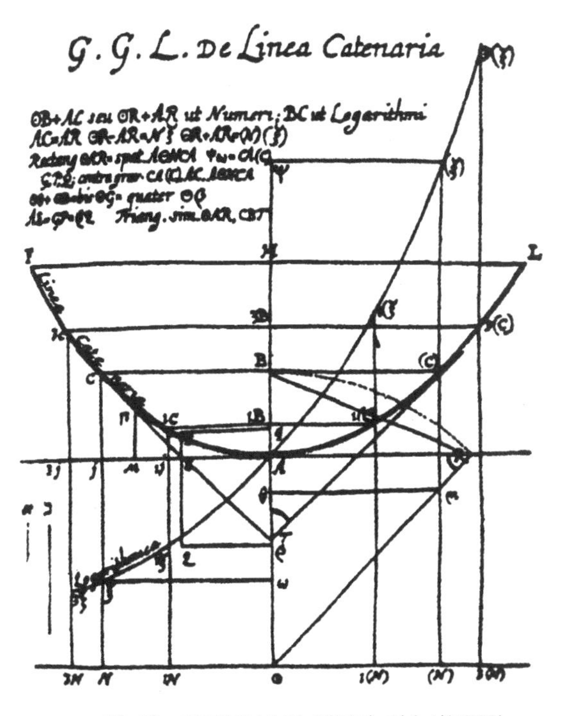

▶ **그림 63** 라이프니츠가 작도한 현수선(1690)

는 방법을 통해 암시되었을 뿐이다. 라이프니츠는 현수선을 로그를 계산하는 도구로, 일종의 '아날로그'(물질, 시스템 등의 상태를 연속적으로 변화하는 물리량으로 나타내는 것 — 옮긴이) 로그표로 사용할 수 있다고 제안하기까지 했다. 그는 말했다. "이것은 도움이 될 것이다. 왜냐하면 긴 여행 중에는 로그표를 분실할 수 있기 때문이다."[6] 그렇다면 그는 비상용 로그표로 주머니 속에 사슬을 가지고 다니자고 제안한 것인가?

20세기에 현수선은 세계에서 가장 인상적인 건축 기념비의 하나인 미주리 주 세인트루이스에 있는 게이트웨이 아치(Gateway Arch)로 불후의 명성을 얻었다(그림 64). 건축가 사리넨(Eero Saarinen)이 설계하고 1965년에 완성된 이 기념비는 뒤집힌 현수선의 모양을 정

▶ **그림 64** 미주리 주 세인트루이스에 있는 게이트웨이 아치

확하게 나타내며, 미주리 강의 언덕으로부터 가장 높은 지점까지의 높이는 630피트에 달한다.

$a=1$일 때 현수선의 방정식은 다음과 같다.

$$y=\frac{e^{x}+e^{-x}}{2} \tag{1}$$

이것의 그래프는 똑같은 좌표 평면 위에 e^{x}과 e^{-x}의 그래프를 그리

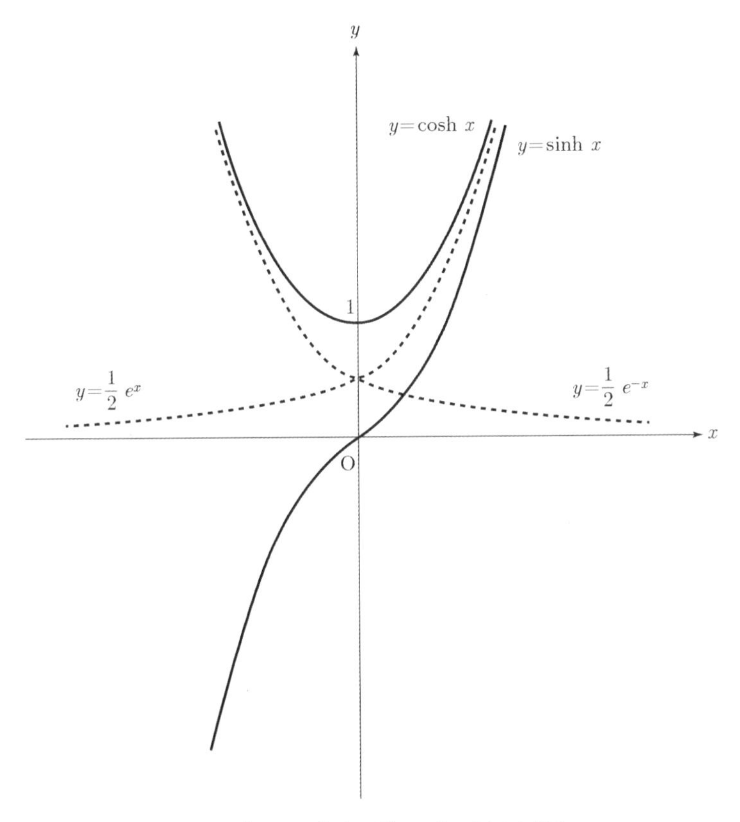

▶ **그림 65** sinh x와 cosh x의 그래프

고 각각의 x에 대한 y좌표들의 합의 반을 구해서 완성할 수 있다. 바로 이런 방법으로 그린 그래프는 y축에 관해 대칭인데, 그림 65에 나타냈다.

식 (1)과 함께, 다음 식을 생각해볼 수 있다.

$$y = \frac{e^{x} - e^{-x}}{2} \tag{2}$$

이 방정식의 그래프도 그림 65에 나타냈다. 식 (1)과 (2)를 x에 관한 함수로 생각했을 때, 이것들은 삼각법에서 배우는 원 함수

(circular function, 삼각 함수) $\cos x$ 및 $\sin x$와 몇 가지 점에서 매우 유사한 점을 보여준다. 이런 유사성은 이탈리아의 예수회 회원 빈센초 리카티(Vincenzo Riccati, 1707-1775)가 처음으로 인식했다. 1757년 그는 이런 함수들에 대해 다음과 같이 기호 $\mathrm{Ch}\,x$와 $\mathrm{Sh}\,x$를 도입했다.

$$\mathrm{Ch}\,x = \frac{e^{x} + e^{-x}}{2}, \quad \mathrm{Sh}\,x = \frac{e^{x} - e^{-x}}{2} \tag{3}$$

그는 이 함수들이 등식 $(\mathrm{Ch}\phi)^2 - (\mathrm{Sh}\phi)^2 = 1$을 만족시킨다는 사실을 밝혔는데(여기서 독립 변수로 문자 ϕ을 사용했다), 둘째 항의 뺄셈 기호를 제외하면 삼각 등식 $(\cos\phi)^2 + (\sin\phi)^2 = 1$과 유사하다. 이것은 $\cos\phi$와 $\sin\phi$가 단위 원 $x^2 + y^2 = 1$과 관계가 있는 것과 똑같은 방식으로 $\mathrm{Ch}\phi$와 $\mathrm{Sh}\phi$가 쌍곡선 $x^2 - y^2 = 1$과 관계가 있음을 보여준다.[7] 리카티의 표기법은 거의 변하지 않은 채 사용되었는데, 오늘날에는 이 함수들을 $\cosh\phi$와 $\sinh\phi$로 나타내고 '쌍곡 코사인 ϕ'와 '쌍곡 사인 ϕ'라고 읽는다.

리카티는 또 다른 놀랄 만한 수학 가문의 일원인데, 이 가문은 베르누이 가문만큼 번성하지는 못했다. 빈센초 리카티의 아버지 야코포(Jacopo 또는 Giacomo) 리카티(1676-1754)는 파두아(Padua) 대학에서 공부했으며, 나중에 이탈리아에서 뉴턴의 연구 결과를 보급하는 데 크게 공헌했다(x에 관한 함수 p, q, r에 대한 미분 방정식 $dy/dx = py^2 + qy + r$은 야코포 리카티의 이름으로 불리고 있다). 야코포의 두 아들 지오르다노(Giordano, 1709-1790)와 프란체스코(Francesco, 1718-1791)도 수학자로 성공했는데, 프란체스코는 기하학적 원리를 건축에 응용했다. 빈센초 리카티는 쌍곡선의 방정식 $x^2 - y^2 = 1$과 단위 원의 방정식 $x^2 + y^2 = 1$ 사이의 유사성에 호기심을 가졌다. 그는 쌍곡선 함수(hyperbolic function)의 이론을 완전히 쌍곡선의 기하학으로부터 전개했다. 오늘날에는 해석적인 방법을 선호하는데, 여기서는 함수 e^{x}와 e^{-x}의 특별한 성질을 이용한다. 예를 들면, 등식 $(\mathrm{Ch}\phi)^2-(\mathrm{Sh}\phi)^2=1$을 식 (3)의 양변을 제곱한 다음에 빼고 등식 $e^{x}\cdot e^{y}=e^{x+y}$과 $e^{0}=1$을 이용해서 쉽게 증명할 수 있다.

삼각 함수에 관한 통상적인 공식들과 유사한 공식들이 쌍곡선 함수에 대해서도 성립한다는 사실이 밝혀진다. 즉, 전형적인 삼각 등식에서 $\cos\phi$와 $\sin\phi$를 $\cosh\phi$와 $\sinh\phi$로 바꾸어도, 몇 개의 항에서 기호를 바꾸어야 한다는 점을 제외하면, 여전히 성립한다. 예를 들면, 원 함수는 다음과 같은 미분 공식을 따른다.

$$\frac{d}{dx}(\cos x)=-\sin x,\quad \frac{d}{dx}(\sin x)=\cos x \tag{4}$$

이에 대응하는 쌍곡선 함수에 대한 미분 공식을 다음과 같다.

$$\frac{d}{dx}(\cosh x)=\sinh x,\quad \frac{d}{dx}(\sinh x)=\cosh x \tag{5}$$

(식 (5)의 첫째 공식에서 음의 부호가 빠진 점을 주목하자.) 이런 유사성 때문에 쌍곡선 함수는 특정한 부정 적분(역 도함수), 이를테면 $(a^2+x^2)^{1/2}$ 꼴의 적분을 구하는 데 유용하게 이용된다. (원 함수와 쌍곡선 함수 사이의 또 다른 유사한 점 몇 가지를 210-211쪽에서 찾아볼 수 있다.)

원 함수 사이에서 성립하는 모든 관계에 대응하는 쌍곡선 함수 사이의 관계가 존재하기를 희망할 것이다. 그러면 원 함수와 쌍곡선 함수를 완전히 똑같은 기초 위에 세울 수 있고, 이에 따라 쌍곡선에 원과 똑같은 지위를 부여할 수 있을 것이다. 불행하게도, 이렇게 할 수 없다. 쌍곡선과 달리, 원은 폐곡선으로, 이를 따라 돌아가면 모든 것은 원래의 상태로 되돌아간다. 필연적으로, 원 함수는 '주기적'이다. 즉, 함수 값이 2π마다 반복된다. 이것이 바로 원 함수를 주기적인 현상, 이를테면 음악의 소리에 대한 분석과 전자기파의 전달과 같은 현상에 대한 연구에서 중요하게 만드는 특징이다. 쌍곡선 함수에는 이런 특징이 없고, 그래서 수학에서의 역할을 덜 중요하다.[8]

그러나 수학에서는 순수하게 형식적인 관계가 대단히 강력한 힘을 발휘하는 경우가 자주 있고, 새로운 개념의 발달을 자극하기도 한다. 다음 두 장에서는 오일러가 지수 함수의 변수 x를 허수 값을 취하도록 허락함으로써 원 함수와 쌍곡선 함수 사이의 관계를 완전히 새로운 기반 위에 설정한 방법을 알아보겠다.

주석 및 출전

1. 다음에서 인용했다. C. Truesdell, *The Rational Mechanics of Flexible or Elastic Bodies*, 1638-1788 (Switzerland: Orell Füssli Turici, 1960), p. 64. 이 책에는 호이겐스, 라이프니츠, 요한 베르누이가 유도한 세 가지 현수선이 실려 있다.
2. 앞의 책, pp. 75-76.
3. 공정성을 기하기 위해서, 두께가 다양한 사슬에 대한 요한의 해결 방법을 야곱이 확장시켰다는 사실을 언급해야 할 것이다. 그는 또한 매달린 사슬이 취할 수 있는 가능성 있는 모든 형태 중에서 현수선이 무게 중심이 가장 낮은 곡선이라는 사실을 증명했다. 이는 자연은 위치 에너지를 최소로 하는 형태를 취하려고 애쓴다는 점을 시사한다.
4. Ludwig Otto Spiess의 말. 다음에서 인용했다. Truesdell, *Rational Mechanics*, p. 66.
5. 현수선 문제에 대한 해는 이를테면 다음을 보라. George F. Simmons, *Calculus with Analytic Geometry* (New York: McGraw-Hill, 1985), pp. 716-717.
6. 다음에서 인용했다. Truesdell, *Rational Mechanics*, p. 69.
7. 그렇지만 삼각 함수와 달리, 쌍곡선 함수에서 변수 ϕ는 결코 각의 크기

로서의 역할을 하지 않는다는 점에 유의하자. 이 경우 ϕ에 대한 기하학적 해석은 부록 7을 참조하라.

8. 그렇지만 제14장에서 쌍곡선 함수가 허수 주기 $2\pi i$를 가진다는 사실을 보일 것이다. 여기서 $i=\sqrt{-1}$ 이다.

놀랍도록 유사한 성질

중심이 원점이고 반지름이 1인 단위 원을 생각하자. 직교 좌표 평면에서 이 원의 방정식은 $x^2 + y^2 = 1$이다(그림 66). $P(x, y)$를 이

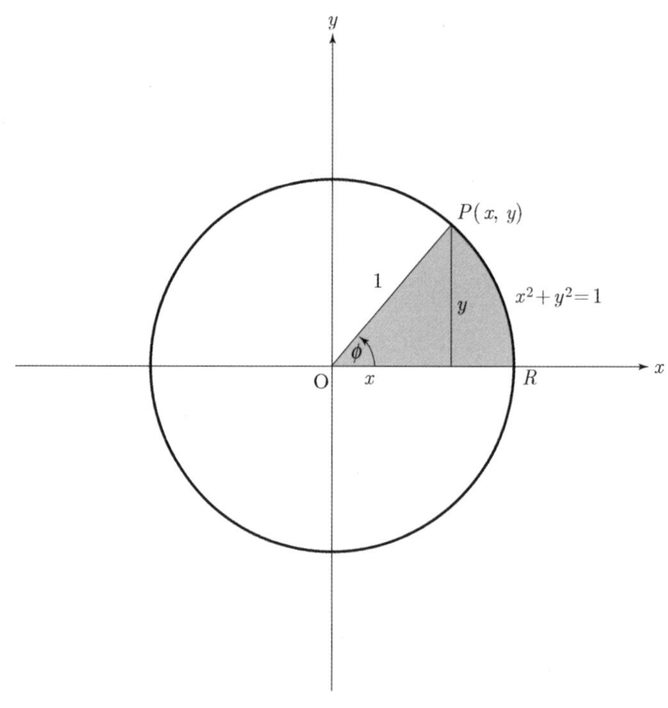

▶ **그림 66** 단위 원 $x^2 + y^2 = 1$

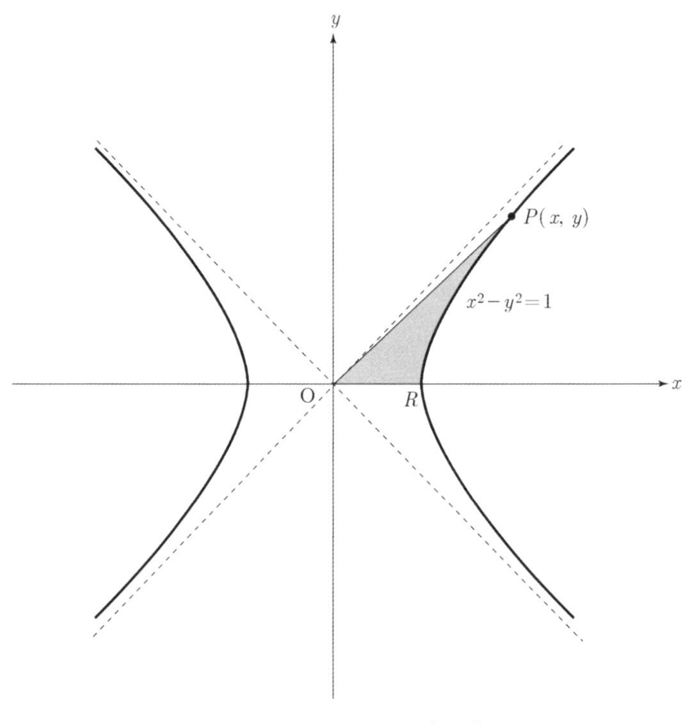

▶ **그림 67** 직교 쌍곡선 $x^2-y^2=1$

원 위의 점이라 하고, x축의 양의 방향과 선 OP 사이의 각의 크기를 ϕ라고 하자(여기서 각의 크기는 라디안으로 시계 바늘이 도는 방향과 반대 방향으로 측정한다). 원 함수(즉 삼각 함수) 사인과 코사인을 점 P의 x좌표와 y좌표를 이용해서 다음과 같이 정의한다.

$$x=\cos\phi, \quad y=\sin\phi$$

각의 크기 ϕ를 그림 66에 나타낸 부채꼴 OPR의 넓이의 두 배로 해석할 수도 있다. 왜냐하면 이 넓이는 공식 $A=r^2\phi/2=\phi/2$로 주어지기 때문이다. 여기서 $r=1$은 반지름의 길이이다.

쌍곡선 함수를 직교 쌍곡선 $x^2-y^2=1$과의 관계에서 비슷한 방법으로 정의한다(그림 67). 이 방정식의 그래프는 좌표축들을 시계 바늘이 도는 방향과 반대 방향으로 45°만큼 회전시켜서 쌍곡선 $2xy=1$로부터 얻을 수도 있다. 이 그래프에는 한 쌍의 점근선 $y=\pm x$가 있다. $P(x,y)$를 이 쌍곡선 위의 점이라고 하자. 그리고 다음과 같이 정의한다.

$$x=\cosh\phi,\quad y=\sinh\phi$$

여기서 $\cosh\phi=(e^{\phi}+e^{-\phi})/2$이고 $\sinh\phi=(e^{\phi}-e^{-\phi})/2$이다(204쪽을 보라). 이때 ϕ는 x축과 선 OP 사이의 각의 크기가 아니라, 단순한 매개 변수에 불과하다.

다음의 표에 원 함수와 쌍곡선 함수의 유사한 성질 몇 가지를 나란히 나열했다(독립 변수를 x로 나타냈다).

피타고라스의 관계	
$\cos^2x+\sin^2x=1$	$\cosh^2x-\sinh^2x=1$

여기서 $\cos^2x$는 $(\cos x)^2$을 간략하게 나타낸 것이며, 다른 함수도 마찬가지로 나타낸다.

대칭성(우함수-기함수 관계)	
$\cos(-x)=\cos x$	$\cosh(-x)=\cosh x$
$\sin(-x)=-\sin x$	$\sinh(-x)=-\sinh x$

$x=0$에서의 값	
$\cos0=1$	$\cosh0=1$
$\sin0=0$	$\sinh0=0$

$x=\frac{\pi}{2}$에서의 값	
$\cos\frac{\pi}{2}=0$	$\cosh\frac{\pi}{2}\approx 2.508$
$\sin\frac{\pi}{2}=1$	$\sinh\frac{\pi}{2}\approx 2.301$
	(이런 값에 특별한 의미는 없다)

합의 공식
$\cos(x+y)=\cos x\cos y-\sin x\sin y$
$\cosh(x+y)=\cosh x\cosh y+\sinh x\sinh y$
$\sin(x+y)=\sin x\cos y+\cos x\sin y$
$\sinh(x+y)=\sinh x\cosh y+\cosh x\sinh y$

미분 공식	
$\frac{d}{dx}(\cos x)=-\sin x$	$\frac{d}{dx}(\cosh x)=\sinh x$
$\frac{d}{dx}(\sin x)=\cos x$	$\frac{d}{dx}(\sinh x)=\cosh x$

적분 공식	
$\int\frac{dx}{\sqrt{1-x^2}}=\sin^{-1}x+c$	$\int\frac{dx}{\sqrt{1+x^2}}=\sinh^{-1}x+c$

여기서 $\sin^{-1}x$와 $\sinh^{-1}x$는 각각 $\sin x$와 $\sinh x$의 역 함수이다.

주기성	
$\cos(x+2\pi)=\cos x$ $\sin(x+2\pi)=\sin x$	주기 함수가 아니다

함수 $\tan x(=\sin x/\cos x)$와 $\tanh x(=\sinh x/\cosh x)$ 사이에 그리고 나머지 세 가지 삼각 함수 $\sec x(=1/\cos x)$, $\csc x(=1/\sin x)$, $\cot x(=1/\tan x)$와 이에 대응하는 쌍곡선 함수 사이에 또 다른 유사한 점이 있다.

삼각 함수가 수학과 과학에서 대단히 중요한 이유는 그것의 주기성에 있다. 쌍곡선 함수는 이런 성질을 가지지 않고 이에 따라 삼각 함수보다 덜 중요하다. 그러나 쌍곡선 함수도 함수 사이의 다양한 관계, 특히 어떤 부정 적분(역 도함수)들을 표현하는 데 유용하다.

흥미롭게도, 쌍곡선 함수에 나타나는 매개 변수 ϕ는 각의 크기가 아니지만, 그림 67에 나타낸 쌍곡선의 부채꼴 OPR의 넓이의 두 배로 해석할 수 있다. 이것은 ϕ를 그림 66에 나타낸 부채꼴 OPR의 넓이의 두 배로 해석할 수 있다는 사실과 완벽하게 유사하다. 이 사실에 대한 증명은 부록 7에 실었는데, 빈센초 리카티(Vincenzo Riccati)가 1750년경에 처음으로 언급했다.

e와 관련된 흥미로운 공식

$$e = 1 + \frac{1}{1!} + \frac{1}{2!} + \frac{1}{3!} + \frac{1}{4!} + \cdots$$

이 무한 급수는 1665년 뉴턴이 발견했다. 이 급수를 $n \to \infty$ 일 때 식 $(1+1/n)^n$의 이항 전개로부터 얻을 수 있다. 이 급수는 매우 빠르게 수렴하는데, 각 항의 분모에 있는 계승의 값이 급속하게 증가하기 때문이다. 예를 들면, 처음 11개의 항을(1/10!까지의 항을) 더하면 2.718281801이다. 그리고 소수점 아홉째 자리에서 반올림한 e의 참값은 2.718281828이다.

$$e^{\pi i} + 1 = 0$$

이것은 오일러의 공식으로, 수학 전체에서 가장 유명한 공식의 하나이다. 이 공식은 다섯 개의 기본적인 수학 상수 0, 1, e, π, $i = \sqrt{-1}$을 연결한다.

$$e = 2 + \cfrac{1}{1 + \cfrac{1}{2 + \cfrac{2}{3 + \cfrac{3}{4 + \cfrac{4}{5 + \cdots}}}}}$$

이 무한 '연분수' 및 e와 π가 관련된 다른 많은 연분수는 1737년 오일러가 발견하였다. 그는 모든 유리수를 유한 연분수로 나타낼 수 있고, 역도 성립한다는 사실을 증명했다(역에 대한 증명은 자명하다). 그러므로 무한 연분수는 언제나 무리수를 나타낸다. 다음은 오일러가 발견한 e와 관련된 또 다른 연분수이다.

$$\frac{e+1}{e-1}=2+\cfrac{1}{6+\cfrac{1}{10+\cfrac{1}{14+\cdots}}}$$

$$2=\frac{e^{1}}{e^{1/2}}\cdot\frac{e^{1/3}}{e^{1/4}}\cdot\frac{e^{1/5}}{e^{1/6}}\cdot\cdots$$

이 '무한 곱'은 급수 $\ln 2=1-1/2+1/3-1/4+\cdots$로부터 얻을 수 있다. 이 공식은 곱 안에 e가 나타나지 않는다는 점을 제외하면 월리스의 곱 $\pi/2=(2/1)\cdot(2/3)\cdot(4/3)\cdot(4/5)\cdot(6/5)\cdot(6/7)\cdot\cdots$을 연상시킨다.

응용 수학에는 e와 관련된 공식이 많이 있다. 몇 가지 예를 들겠다.

$$\int_0^\infty e^{-x^2/2}dx=\frac{\sqrt{\pi}}{\sqrt{2}}$$

이 정적분은 확률론에 등장한다. 함수 $e^{-x^2/2}$의 부정 적분(역 도함수)을 초등 함수(다항 함수, 유리 함수, 삼각 함수, 지수 함수와 이것들의 역함수)로 표현할 수 없다. 즉, 유한 개의 초등 함수를 어떻게 결합시키더라도 그 도함수는 함수 $e^{-x^2/2}$이 될 수 없다.

초등 함수로 표현할 수 없는 역 도함수를 가진 또 다른 예로 매우 단순하게 보이는 함수 e^{-x}/x이 있다. 사실, 주어진 점 x부터 무한대까지 이 함수를 적분하면 '새로운' 함수가 정의되는데, 이를 '지수 적분'(exponential integral)이라고 하며 다음과 같이 $Ei(x)$로 나타낸다.

$$Ei(x) = \int_x^{\infty} \frac{e^{-t}}{t} dt$$

(적분 변수는 적분의 아래끝 x와 혼동을 피하기 위해서 t로 나타냈다.) 이른바 특수 함수로 불리는 이것은 초등 함수를 이용해서 완성된 형태로 표현할 수는 없지만, 그럼에도 불구하고 임의의 주어진 양수 x에 대한 값이 계산되었고 수표로 만들어졌다는 의미에서 이미 알려진 함수로 간주한다. (함수의 값을 계산할 수 이유는 피적분 함수 e^{-x}/x을 거듭제곱 급수로 표현해서 항별로 적분할 수 있기 때문이다.)

주어진 함수 $f(t)$에 대한 정적분 $\int_0^{\infty} e^{-st} f(t) dt$는 매개 변수 s에 따라 값이 결정된다. 그래서 이 적분은 s에 관한 함수 $F(s)$를 정의하는데, 이를 $f(t)$의 '라플라스 변환'이라고 하며 다음과 같이 $\mathcal{L}[f(t)]$로 나타낸다.

$$\mathcal{L}[f(t)] = \int_0^{\infty} e^{-st} f(t) dt$$

라플라스 변환은 e^{-st}의 성질에 기인하는 여러 가지 편리한 특징을 갖고 있기 때문에 응용 분야에서, 특히 미분 방정식의 풀이에서 널리 사용되고 있다(상미분 방정식에 관한 교과서를 참조하라).

13장

e^{ix}: 가장 유명한 공식

드 무아브르가 발견하고 오일러가 발전시킨 유명한 공식으로
아마도 모든 공식 중에서 가장 알차고 유명한 공식인
$e^{\pi i}+1=0$이 있다. … 이것은 신비주의자, 과학자, 철학자,
수학자 모두의 흥미를 똑같이 끈다.
-캐스너와 뉴먼, 《수학과 상상력》(1940)

베르누이 가문을 바흐 가문에 비유한다면, 레온하르트 오일러(Leonhard Euler, 1707-1783)는 분명히 수학의 모차르트라고 부를 수 있다. 그는 엄청난 양의 글을 써댔는데, 아직도 모두 출판되지 않았으며 적어도 70권의 분량은 될 것으로 추정된다. 오일러가 손대지 않은 수학의 분야는 거의 없으며, 해석학, 수론, 역학과 유체 역학, 지도 작성법, 위상 수학, 달의 운동 이론 등의 다양한 분야에 그의 자취가 남아 있다. 뉴턴을 제외한다면, 오일러의 이름은 다른 어떠한 사람보다도 고전 수학 전체에서 더 많이 등장한다. 게다가, i, π, e, $f(x)$를 포함해서 현재 사용되고 있는 많은 수학 기호는 오일러

의 덕분으로 정착되었다. 그리고 그는 이 정도로는 부족했던지, 과학의 대중화에도 대단히 크게 기여했으며, 과학, 철학, 종교, 공공 문제의 모든 면에 관해 다량의 편지를 남겼다.

레온하르트 오일러는 1707년 바젤에서 성직자의 아들로 태어났는데, 아버지 파울 오일러(Paul Euler)는 아들이 자신과 같은 직업을 갖길 원했다. 그런데 야곱 베르누이로부터 수학을 배운 파울 오일러는 수학에도 정통했으며, 아들의 수학 재능을 발견하고는 자신의 생각을 바꿨다. 베르누이 가문은 이런 결정에 크게 기여했다. 야곱의 동생 요한은 어린 오일러에게 수학을 개인 지도했고 파울을 설득하여 아들이 자신의 관심사를 추구할 수 있도록 했다. 1720년 레온하르트 오일러는 바젤 대학에 입학했고, 단 2년 만에 졸업했다. 그 뒤 76세의 나이로 죽을 때까지 자신의 수학적 창조력을 한없이 펼쳤다.

그는 장기간 외국에서 활동했다. 1727년 그는 상트 페테르부르크 과학원에 가입해달라는 요청을 받아들였다. 여기에도 또다시 베르누이 가문이 개입되었다. 오일러는 요한으로부터 지도를 받는 동안, 그의 두 아들 다니엘과 니콜라우스의 친구가 되었다. 두 형제는 몇 년 전 상트 페테르부르크 과학원에 들어갔었는데(애석하게도 니콜라우스는 그곳에서 익사했고, 그래서 장래가 유망했던 베르누이 가문의 한 일원이 너무 일찍 세상을 떠났다), 그들은 과학원을 설득하여 오일러를 초청하도록 했다. 그런데 오일러가 새로운 자리에 취임하려고 상트 페테르부르크에 도착한 바로 그 날, 여왕 예카테리나 1세가 세상을 떴고, 이로 인해 러시아는 불확실하고 억압적인 시기로 빠지게 되었다. 과학원은 필요 없이 예산을 낭비한다고 생각되어 보조금이 단절되었다. 그래서 오일러는 그곳에서 생리학과의 조교로 일하기 시작했다. 1733년이 되어서야 바젤로 되돌아간 다니엘의 자리를 이어받아 수학과의 정교수가 되었다. 같은 해에 오일러는 카테리나 그젤(Catherine Gsell)과 결혼했고, 13명의 자녀를 두었지만 5

명만이 어린 시절을 무사히 넘기고 살아남았다.

오일러는 러시아에 14년 동안 머물렀다. 1741년 그는 프리드리히 대왕의 초청을 받아들여서 베를린 과학원에 가입했다. 이는 프러시아가 기술과 과학에서 탁월한 지위를 확보할 수 있도록 군주가 조처한 노력의 일환이었다. 오일러는 그곳에서 25년 동안 머물렀다. 그렇지만 프리드리히와의 관계가 언제나 원만하지는 않았다. 두 사람은 학술원의 정책뿐만 아니라 개인적인 성격에서도 달랐는데, 왕은 조용한 오일러보다는 활발한 성격의 소유자를 더 좋아했다. 이 기간에 오일러는 대중적인 책 《물리학과 철학의 여러 가지 주제에 대해 독일 공주에게 보낸 편지》(1768-1772년 사이에 3권으로 출판되었다)를 썼다(여기서 공주는 프리드리히의 조카였고 오일러는 그녀의 개인 교사였다). 이 책에서 그는 광범위한 과학 주제에 대한 자신의 견해를 피력했다. 책 편지는 여러 번 재판되고 여러 나라 말로 번역되었다. 오일러는 과학 출판물에서, 전문적인 경우와 해설적인 경우 모두에서 언제나 쉽고 명확하며 알기 쉬운 어휘를 사용했고, 이에 따라 그의 사고의 흐름을 쉽게 따라 갈 수 있었다.

1766년 환갑을 눈앞에 둔 오일러는 러시아의 새로운 통치자 예카테리나 2세(예카테리나 대왕)로부터 상트 페테르부르크로 돌아와 달라는 초청을 받아들었다(베를린 과학원에서 그의 자리는 라그랑주가 이어받았다). 여왕이 오일러에게 가능한 한 모든 물질적인 혜택을 주었지만, 이 기간 동안 그의 인생은 여러 가지 비극적인 사건으로 큰 손상을 입었다. 그는 러시아에 처음 체류할 때 오른쪽 눈의 시력을 잃었었다(과로 때문이라는 설명도 있고, 눈을 보호하지 않은 채 태양을 관찰해서 그렇게 되었다는 이야기도 있다). 1771년, 러시아에 두 번째로 체류하고 있었을 때, 나머지 한쪽 눈의 시력마저 잃었다. 같은 해에 집은 불에 타서 무너져버렸고, 많은 원고도 함께 소실되었다. 5년 뒤에는 부인이 죽었는데, 어찌할 도리가 없는 오일러는 일흔의 나이에 재혼했다. 이제, 그는 완전히 장님이 되었지만 이전과 마찬가지로 연구를 계속했으며, 자신이 찾아낸 수많은 결과를 자녀나 제자에게 받아 적게 했다. 이런 점에서 그의 놀라운 기억력이 한 몫을 했다. 그는 머릿속으로 50자리의 수를 계산할 수 있었고 긴 수학적 논증을 종이에 적지 않고도 암기할 수 있었다고 한다. 집중력은 엄청났으며, 종종 아이들을 무릎에 앉힌 채로 어려운 문제를 풀어내기도 했다. 1783년 9월 18일, 새로 발견된 행성인 천왕성의 궤도를 계산하고 있었다. 그 날 저녁, 손자와 놀던 그는 갑자기 발작을 일으켰고 즉시 세상을 떠났다.

개괄적으로 써야 하는 이렇게 짧은 글에서, 오일러의 방대한 연구 결과를 충분히 나열하기는 거의 불가능하다. 그의 방대한 연구 범위는, 수학에서 가장 '순수한' 분야인 수론과 고전 수학에서 가장 '응용적인' 분야인 해석적 역학이라는 수학의 양 극단에 있는 두 가지 연구 분야에서 그가 발견한 결과로부터 충분히 판단할 수 있다. 수론은 페르마의 대단한 공헌에도 불구하고 오일러의 시대에도 여전히 일종의 수학적인 오락으로 취급받았다. 오일러는 수론을 수학 연구 분야에서 가장 고상한 분야의 하나로 만들었다. 역학에서 그는 뉴턴의 세 가지 운동 법칙을 몇 개의 미분 방정식으로 다시 공식화했고, 이에 따라 동역학을 수학적 해석학의 일부로 만들었다. 그는 또한 유체 역학의 기본적인 법칙들을 공식화했는데, 오일러의 방정식이라고 부르며 유체의 운동을 지배하는 이런 방정식은 수리 물리학의 이 분야에서 기초가 되었다. 오일러는 또한 형태의 연속적인 변형을 다루는 수학 분야인 위상 수학[당시에는 analysis situs('위치 분석')로 불렸다]의 시조 중 한 사람으로 간주된다. 그는 유명한 공식 $V-E+F=2$를 발견했는데, 이것은 임의의 (구멍이 없는) 다면체에서 꼭지점의 개수, 모서리의 개수, 면의 개수 사이의 관계를 알려준다.

오일러의 수많은 연구서 중에서 가장 영향력이 컸던 책은《무한소 해석 입문》(Introductio in analysin infinitorum)인데, 1748년에 출판되었으며 두 권으로 이루어진 이 책은 현대 해석학의 출발점으로 간주된다. 이 책에서 오일러는 무한 급수, 무한 곱, 연분수에 관해 발견한 수많은 결과를 요약했다. 이런 결과 중에서 2부터 26까지의 모든 짝수 k에 대한 급수 $1/1^k + 1/2^k + 1/3^k + \cdots$의 합도 있다. ($k = 2$일 때 이 급수는 $\pi^2/6$으로 수렴한다. 오일러는 이 사실을 1736년에 이미 발견했는데, 이것은 베르누이 형제들도 어찌할 수 없었던 신비를 해결한 것이었다). 책《입문》에서 오일러는 함수를 해석학의 핵심 개념으로 만들었다. 함수에 대한 그의 정의는 오늘날 응용 수학과 물리학에서 사용되는 것과 근본적으로 똑같다(그렇지만 순수 수학에서는 이것이 '사상'의 개념으로 대체되었다). "어떤 변량의 함수는 그 변량과 수 또는 불변량으로부터 임의의 방법으로 만들어진 모든 해석적 식이다." 물론, 함수의 개념은 오일러로부터 시작되지는 않았는데, 요한 베르누이는 오일러와 매우 비슷한 방법으로 함수를 정의했었다. 그러나 함수를 나타내는 현대적인 기호 $f(x)$를 도입하고 '모든' 종류의 함수에 이 기호를 사용한 사람은 바로 오일러였다. 여기서 모든 종류의 함수란 양함수와 음함수(양함수는 $y = x^2$과 같이 독립 변수가 방정식의 한쪽 변으로 분리되어 있는 함수이고, 음함수는 $2x + 3y = 4$와 같이 두 변수가 함께 나타나는 함수이다), 연속 함수와 불연속 함수(그의 불연속 함수는 사실 도함수가 불연속인 함수로, 그래프 자체가 아니라 그래프의 기울기가 갑자기 꺾이는 함수이다), $u = f(x, y)$와 $u = f(x, y, z)$와 같이 독립 변수가 여러 개인 함수 등을 모두 포함한다. 그리고 그는 함수를 무한 급수와 무한 곱으로 전개하고 자유롭게 사용했는데, 이렇게 부주의한 방법은 오늘날 허락되지 않을 것이다.

책《입문》은 처음으로 해석학에서 수 e와 함수 e^x의 중심적인 역할에 대한 관심을 불러일으켰다. 앞에서 말했듯이, 오일러의 시대까지도 지수 함수를 단순히 로그 함수의 역으로 생각했다. 오일러는 두 함수를 동등한 위치에 올려놓았고, 다음과 같이 이것들을 독립적으로 정의했다.

$$e^x = \lim_{n\to\infty}(1+x/n)^n \tag{1}$$

$$\ln x = \lim_{n\to\infty} n(x^{1/n}-1) \tag{2}$$

두 식이 실제로 역 관계에 있다는 증거는 다음과 같다. 식 $y=(1+x/n)^n$을 x에 관해 풀면 $x=n(y^{1/n}-1)$을 얻는다. 문자 x와 y의 교환은 제쳐놓더라도, $n\to\infty$일 때 두 식의 극한이 역 함수를 정의한다는 사실을 보이는 것은 매우 어려운 과제이다. 이것은 극한 과정을 고려한 몇 가지의 미묘한 논법이 필요하지만, 오일러의 시대에는 무한 과정을 형식적으로 조작하는 관행이 여전히 허락되었다. 예를 들면, 그는 '무한대 수'를 나타내기 위해 문자 i를 사용했는데, 실제로 공식 (1)의 우변을 $(1+x/i)^i$와 같이 썼다. 이것은 오늘날 고등학생도 상상하지 못할 일이다.

오일러는 최초의 연구 논문 중 하나인 〈최근에 이루어진 대포 발사 실험에 관한 고찰〉에서 이미 수 2.71828…을 나타내는 데 문자 e를 사용했다. (이 논문은 그가 겨우 20세였던 1727년에 썼는데, 그가 죽고 80년이 지난 1862년에야 발표되었다.[1]) 1731년에 쓴 편지에서 수 e는 어떤 미분 방정식과 관련되어 또다시 등장했는데, 오일러는 이것을 '쌍곡선 로그 값이 1인 수'라고 정의했다. e가 '발표된' 책에서 처음으로 등장한 것은 오일러의 《역학》(Mechanica, 1736)이었는데, 이 책에서 해석적 역학의 기초를 세웠다. 그런데 왜 문자 e를 선택했을까? 이에 대해 일치된 견해는 없다. 어떤 주장에 따르면, 오일러는 e가 단어 exponential(지수)의 머리글자이기 때문에 이를 선택했다고 한다. 그렇지만 알파벳 a, b, c, d는 수학에서 흔히 사용되었으므로 나머지 알파벳 중에서 '사용되지 않은' 첫째 글자인 이것을 자연스럽게 사용했을 가능성이 더 높다. 가끔 들을 수 있는 이야기로, 오일러가 이 글자를 자기 이름의 머리글자이기 때문에 선택했다는 주장은 신빙성이 거의 없어 보인다. 그는 매우 겸손한 사람이었고, 자신의 동료나 제자의 체면을 적당히 세워주기 위해서 자신의 연구 결과를 자주 늦추어 발표하기도 했다. 여하튼, 그가 선택한 기호 e는 그가 사용한 다른 많은 기호와 마찬가지로 보편적으로 받아들여지게 되었다.

오일러는 식 (1)에 나타낸 지수 함수에 대한 정의를 사용해서 지수 함수를 무한 거듭제곱 급수로 전개했다. 제4장에서 알아봤듯이, 식 (1)에 $x=1$을 대입하면 다음과 같은 수치적인 급수를 얻는다.

$$\lim_{n\to\infty}\left(1+\frac{1}{n}\right)^n = 1+\frac{1}{1!}+\frac{1}{2!}+\frac{1}{3!}+\cdots \tag{3}$$

여기서 $1/n$을 x/n로 바꾸어 식 (3)에 이르는 단계를 반복하면(49쪽을 보라), 약간의 조작으로 다음과 같은 무한 급수를 얻는다.

$$\lim_{n\to\infty}\left(1+\frac{x}{n}\right)^n = 1+\frac{x}{1!}+\frac{x^2}{2!}+\frac{x^3}{3!}+\cdots \tag{4}$$

이것은 e^x에 대한 친숙한 거듭제곱 급수이다. 이 급수가 x의 모든 실수 값에 대해 수렴한다는 사실을 밝힐 수 있다. 사실, 분모가 급속하게 증가하기 때문에 이 급수는 매우 빠르게 수렴한다. e^x의 수치적인 값을 통상 이 급수로부터 얻는다. 보통 처음 몇 개의 항만을 계산해도 원하는 만큼 정확한 값을 얻을 수 있다.

책 《입문》에서 오일러는 다른 종류의 무한 과정인 연분수를 다루었다. 예를 들어 분수 13/8을 선택하자. 이것을 1+5/8=1+1/(8/5) =1+1/(1+3/5)로 쓸 수 있다. 즉, 다음과 같다.

$$\frac{13}{8}=1+\cfrac{1}{1+\cfrac{3}{5}}$$

오일러는 모든 유리수를 유한 연분수로 쓸 수 있는 반면에 무리수는 무한 연분수로 표현된다는 사실을 증명했다. 무한 연분수에서 분수의 사슬은 결코 끝나지 않는다. 예를 들면, 무리수 $\sqrt{2}$을 연분수로 나타내면 다음과 같다.

$$\sqrt{2}=1+\cfrac{1}{2+\cfrac{1}{2+\cfrac{1}{2+\cdots}}}$$

오일러는 또한 무한 급수를 무한 연분수로 나타내는 방법을 보였고, 그 역도 밝혔다. 예를 들면, 그가 출발점으로 삼은 식 (3)을 이용해서 수 e와 관련된 흥미로운 연분수를 많이 유도했다. 그중에서 두 가지를 들면 다음과 같다.

$$e=2+\cfrac{1}{1+\cfrac{1}{2+\cfrac{2}{3+\cfrac{3}{4+\cfrac{4}{5+\cdots}}}}}$$

$$\sqrt{e}=1+\cfrac{1}{1+\cfrac{1}{1+\cfrac{1}{1+\cfrac{1}{5+\cfrac{1}{1+\cfrac{1}{1+\cfrac{1}{9+\cfrac{1}{1+\cfrac{1}{1+\cdots}}}}}}}}}$$

(첫째 공식에서 우변의 첫 항 2를 좌변으로 옮기면 수들의 양식이 명확해진다. 그리고 e의 소수 부분인 0.718281…에 대한 표현을 얻는다.) 이런 표현은 놀라울 정도의 규칙성을 갖는데, 무리수의 소수 전개에서 숫자들이 겉보기에 멋대로 나타나는 것과 대조를 이룬다.

오일러는 뛰어난 실험 수학자였다. 그는 어린아이가 장난감을 갖고 놀듯이 공식을 갖고 놀았으며, 흥미로운 결과를 얻을 때까지 갖가지 방법으로 대입해보았다. 종종 그 결과들은 대단히 놀라웠다. 그는 e^x에 대한 무한 급수인 식 (4)를 이용하고 과감하게 실변수 x를 허수 식 ix로 대체했다. 여기서 $i=\sqrt{-1}$이다. 그런데 이것은 수학에서 극도로 뻔뻔스러운 행동이었다. 왜냐하면 함수 e^x에 대한 모든 정의에서 변수 x는 언제나 실수를 나타냈기 때문이다. 변수를 허수로 바꾸는 것은 의미 없는 기호 조작이지만, 오일러는 자신의 공식이 의미 없는 상황에서 의미 있는 상황으로 바뀔 것이라고 굳게 믿었다. 식 (4)에서 x를 ix로 대체하면 다음을 얻는다.

$$e^{ix}=1+ix+\frac{(ix)^2}{2!}+\frac{(ix)^3}{3!}+\cdots \tag{5}$$

그런데 -1의 제곱근으로 정의된 기호 i를 거듭제곱하면 $i=\sqrt{-1}$, $i^2=-1$, $i^3=-i$, $i^4=1$, …과 같이 네 단계마다 반복되는 성질이 있다. 그러므로 식 (5)를 다음과 같이 쓸 수 있다.

$$e^{ix}=1+ix-\frac{x^2}{2!}-\frac{ix^3}{3!}+\frac{x^4}{4!}+\cdots \tag{6}$$

여기서 오일러는 두 번째 반칙을 범했다. 식 (6)에서 항의 순서를 바꾸고, 모든 실수 항과 허수 항을 분리시켰다. 이것은 위험할 수 있다. 합에 영향을 주지 않고 항의 순서를 언제나 바꿀 수 있는 유한 합과 달리, 무한 급수에서 이렇게 하면 합에 영향을 끼칠 수 있고, 심지어 수렴하는 급수를 발산하는 급수로 바꿀 수도 있다.[2] 그러나 오일러의 시대에는 이런 모든 사항이 완전히 인식되지 않았다. 그는 뉴턴의 유율법과 라이프니츠의 미분법의 망령 속에서 무한 과정을 마구잡이로 태평스럽게 실험하는 시대에 살았다. 그래서 그는 식 (6)에서 항의 순서를 바꾸어 다음과 같은 급수에 도달했다.

$$e^{ix} = \left(1 - \frac{x^2}{2!} + \frac{x^4}{4!} - + \cdots\right) + i\left(x - \frac{x^3}{3} + \frac{x^5}{5!} - + \cdots\right) \qquad (7)$$

그런데 괄호에 나타난 두 급수가 각각 삼각함수 $\cos x$와 $\sin x$의 거듭제곱 급수라는 사실은 오일러의 시대에 이미 알려져 있었다. 이에 따라 오일러는 다음과 같은 놀라운 공식에 도달했다.

$$e^{ix} = \cos x + i \sin x \qquad (8)$$

이것은 즉시 지수 함수(지수가 허수임에도 불구하고)와 통상적인 삼각 함수들을 연결시킨다.[3] 식 (8)에서 ix를 $-ix$로 바꾸고 등식 $\cos(-x) = \cos x$와 $\sin(-x) = -\sin x$를 사용해서, 오일러는 식 (8)과 짝을 이루는 다음 공식을 얻었다.

$$e^{-ix} = \cos x - i \sin x \qquad (9)$$

마지막으로, 그는 식 (8)과 식 (9)를 더하고 빼서, $\cos x$와 $\sin x$를 다음과 같이 지수 함수 e^{ix}과 e^{-ix}으로 표현할 수 있었다.

$$\cos x = \frac{e^{ix} + e^{-ix}}{2}, \qquad \sin x = \frac{e^{ix} - e^{-ix}}{2i} \qquad (10)$$

이런 관계를 '삼각 함수에 관한 오일러의 공식'이라고 부른다(대단히 많은 공식이 그의 이름을 땄기 때문에 단순히 '오일러의 공식'이라고 부르면 불충분할 것이다).

오일러는 엄밀하지 않은 방법으로 많은 결과를 유도했지만, 여기서 언급한 모든 공식은 엄격한 시험을 거쳐 참으로 판명된 것들이다. 사실, 이런 공식들에 대한 적절한 유도는 오늘날 고등 미적분학 과목에서 일상적인 연습 문제이다.[4] 오일러는 그보다 반세기 앞선 뉴턴과 라이프니츠와 같이 개척자였다. 이 세 사람이 발견한 수많은 결과를 정확하고 엄밀하게 증명하는 '정제 과정'은 새로운 세대의 수학자들의 몫이었다. 이런 과정에 참여한 수학자로 달랑베르(Jean-le-Rond D'Alembert, 1717-1783), 라그랑주(Joseph Louis Lagrange, 1736-1813), 코시(Augustin Louis Cauchy, 1789-1857) 등이 특히 눈에 띈다. 이런 노력은 20세기에 들어와서도 상당 기간 동안 계속되었다.[5]

지수 함수와 삼각 함수 사이의 놀라운 관계에 대한 발견은 예상치 못한 다른 관계들의 등장을 거의 피할 수 없게 만들었다. 예를 들면, 식 (8)에 $x=\pi$를 대입하고 $\cos\pi=-1$과 $\sin\pi=0$을 이용해서 오일러는 다음 공식을 얻었다.

$$e^{\pi i}=-1 \tag{11}$$

만약 '놀랍다'라는 말이 식 (8)과 식 (9)를 묘사하는 적절한 감탄사라면, 식 (11)을 묘사하는 적절한 표현을 반드시 찾아내야 할 것이다. 이 공식은 분명히 수학 전체에서 가장 아름다운 공식의 하나에 속할 것이다. 사실, 이것을 $e^{\pi i}+1=0$으로 다시 쓰면, 수학에서 가장 중요한 다섯 개의 상수를 연결하는 공식을 얻는다(그리고 수학에서 가장 중요한 세 가지 연산인 덧셈, 곱셈, 지수도 얻는다). 이 다섯 개의 상수는 고전 수학을 대표하는 네 가지 주요한 분야를 상징적으로 나타낸다. 즉, 0과 1은 산술을, i는 대수학을, π는 기하학을, e는 해석학을 각각 나타낸다. 많은 사람이 오일러의 공식에서 갖가지 신비로운 의미를 찾는 것은 결코 놀랍지 않다. 캐스너(Edward Kasner)와 뉴먼(James Newman)은 《수학과 상상력》(Mathematics and the Imagination)에 다음과 같은 일화를 실었다.

19세기 하버드 대학교의 지도적인 수학자의 한 사람인 벤저민 퍼스에게 오일러의 공식 $e^{\pi i}=-1$은 일종의 계시와 같았다. 이것을 발견한 어느 날 그는 학생들을 돌아보며 말했다. "여러분, 이것은 분명히 옳은 결과입니다. 그러나 이것은 완전히 역설적입니다. 우리는 이것을 이해할 수 없습니다. 그리고 우리는 이것의 의미를 모릅니다. 그러나 우리는 이것을 증명했습니다. 따라서 이것이 틀림없이 진실임을 우리는 알고 있습니다."[6]

주석과 출전

1. David Eugene Smith, *A Source Book in Mathematics* (1929; rpt. New York: Dover, 1959), p. 95.
2. 좀더 자세한 내용은 지은이의 다음 책을 보라. *To Infinity and Beyond: A Cultural History of the Infinite* (1987; rpt. Princeton: Princeton University Press, 1991), pp. 29-39.
3. 그렇지만 이 공식을 처음으로 발견한 사람은 오일러가 아니었다. 뉴턴의 《원리》 제2판의 편집을 도왔던 영국의 수학자 코츠(Roger Cotes, 1682-1716)는 1710년경 오일러의 공식과 동치인 공식 $\log(\cos\phi+i\sin\phi)=i\phi$를 서술했다. 이것은 코츠가 죽은 뒤인 1772년에 출판된 그의 대표적인 저서 《Harmonia mensurarum》에 등장했다. 이번 장의 시작에서 인용한 문장에서 언급된 드 무아브르(Abraham De Moivre, 1667-1754)는 유명한 공식 $(\cos\phi+i\sin\phi)^n=\cos n\phi+i\sin n\phi$를 발견했는데, 이것은 오일러의 공식에 비추어 볼 때 등식 $(e^{i\phi})^n=e^{in\phi}$과 일치한다. 드 무아브르는 프랑스에서 태어났지만 대부분의 인생을 런던에서 보냈다. 코츠와 마찬가지로, 그는 뉴턴학파에 속하며, 왕립 학회의 위원회에서 미적분학을 누가 먼저 발견했는지에 관한 뉴턴과 라이프니츠 사이의 논쟁을 조사하는 일도 했다.
4. 분명히, 오일러도 나름대로의 커다란 실수를 저질렀다. 예를 들면, 그는 등식 $x/(1-x)+x/(x-1)=0$을 택하고 항별로 거듭제곱으로 전개해

서 공식 $\cdots 1/x^2+1/x+1+x+x^2+\cdots=0$에 도달했는데, 이것은 분명히 어처구니없는 결과였다(왜냐하면 급수 $1+1/x+1/x^2+\cdots$은 $|x|>1$에서만 수렴하고 급수 $x+x^2+\cdots$은 $|x|<1$에서만 수렴하므로, 두 급수의 합은 전혀 의미가 없기 때문이다). 오일러의 부주의한 결과들을 그가 무한 급수의 값을 그 급수가 나타내는 함수의 값이라고 생각했던 사실에서 비롯되었다. 오늘날에는 이런 해석이 급수의 수렴 반지름 내에서만 정당하다는 사실을 알고 있다. 다음을 보라. Morris Kline, *Mathematics: The Loss of Certainty* (New York: Oxford University Press, 1980), pp. 140-145.

5. 앞의 책, ch. 6.
6. (New York: Simon and Schuster, 1940), pp. 103-104. 퍼스는 오일러의 공식을 대단히 존경한 나머지 π와 e에 대한 매우 특이한 두 개의 기호를 제안했다(229쪽을 보라).

e의 역사에 나타난 흥미로운 사건

벤저민 퍼스(Benjamin Peirce, 1809-1880)는 24세의 나이에 하버드 대학교 수학 교수가 되었다.[1] 그는 오일러의 공식 $e^{\pi i}=-1$에 감명 받아서, π와 e에 대한 새로운 기호를 고안했는데, 다음과 같은 이유를 달았다.

> 현재 네이피어(자연) 로그의 밑과 지름에 대한 원주의 비를 나타내는 데 사용하고 있는 기호들은 여러 가지 이유에서 불편하다. 그리고 이 두 양 사이의 밀접한 관계를 표기법을 통해 밝혀주는 것이 당연하다. 나는 다음과 같은 기호를 제안하고 싶은데, 이것들을 강의에서 사용해서 성공을 거두었다.
>
> |O : 지름에 대한 원주의 비를 나타내는 기호
> O| : 네이피어 로그의 밑을 나타내는 기호
>
> 앞의 기호는 문자 c(circumference, 원주)의 변형이고, 뒤의 기호는 문자 b(base, 밑)의 변형임을 알 수 있을 것이다. 이 두 양 사이의 관계는 다음 등식으로 표현된다.
>
> $$\mathrm{O|}^{\mathrm{|O}}=(-1)^{-\sqrt{-1}}$$

퍼스는 이런 제안을 《수학 월간지》(Mathematical Monthly, 1898년

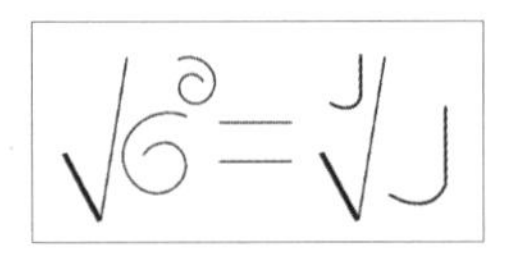

▶ **그림 68** π, e, i에 대한 벤저민 퍼스의 기호들이 제임스 퍼스의 《세 자리와 네 자리 수표》의 속표지에 등장한다. 이 공식은 오일러의 $e^{\pi i}=-1$을 바꾸어 나타낸 것이다.

2월)를 통해 발표했고, 자신의 책 《해석 역학》(Analytic Mechanics, 1855)에서 이 기호들을 사용했다. 그의 두 아들 찰스 퍼스(Charles Saunders Peirce)와 제임스 퍼스(James Mills Peirce)도 수학자였는데, 아버지의 표기법을 계속 사용했으며, 제임스 퍼스는 자신의 책 《세 자리와 네 자리 수표》(Three and Four Place Tables, 1871)를 방정식 $\sqrt{e^{\pi}}=\sqrt[i]{i}$ 으로 장식했다(그림 68).[2]

놀랍지 않겠지만, 퍼스의 제안은 크게 환영받지는 못했다. 이런 기호들을 조판하는 인쇄상의 어려움은 제쳐두더라도, 기호 ⦶와 ⦶을 구별하기 위해서는 약간의 숙달이 필요하다. 그의 제자들도 좀더 전통적인 기호 π와 e를 더 좋아했다는 이야기가 있다.[3]

주석 및 출전

1. David Eugene Smith, *History of Mathematics*, 2 vols. (1923: rpt, New York: Dover, 1958), 1:532.
2. 벤저민 퍼스의 공식 $e^{\pi}=(-1)^{-i}$과 마찬가지로, 이 등식도 형식적인 기호 조작을 통해 오일러의 공식으로부터 유도할 수 있다.
3. Florian Cajori, *A History of Mathematical Notations*, vol. 2, Higher Mathematics (1929; rpt. La Salle, III.: Open Court, 1929), pp. 14-15.

14장

e^{x+iy}: 상상이 현실로

이 주제[허수]가 지금까지 신비로운 모호함으로
둘러싸여 있던 이유는 주로 잘못된 표기법 때문이다.
예를 들어, $+1$, -1, $\sqrt{-1}$을 각각 양수, 음수, 허수(또는
심지어 불가능한 수)의 단위가 아니라 앞으로, 뒤로, 옆으로의
단위라고 불렀다면, 이런 모호함은 문제가 되지 않았을 것이다.
–카를 프리드리히 가우스(1777–1855)[1]

수학에 e^{ix}와 같은 표현의 도입은 문제를 야기한다. 이런 표현의 의미는 정확하게 무엇일까? 지수가 허수이므로, $e^{3.52}$의 값을 구할 수 있다는 것과 똑같은 의미에서 e^{ix} 값을 계산할 수 없다. 물론, 허수의 경우에 '계산'의 의미를 명확하게 하지 않을 때는 그렇다는 말이다. 그래서 수 $\sqrt{-1}$이 수학계에 처음 등장했던 16세기로 되돌아가게 된다.

당시부터 '상상의 수'(imaginary number, 허수)라고 불린 개념은 아직도 신비로운 분위기에 싸여 있고, 이 수를 처음으로 접하는 사

람은 누구나 이것의 이상한 성질 때문에 당혹스러워 한다. 그렇지만 '이상하다'는 것은 상대적이다. 충분히 익숙해지면, 과거의 이상한 개념도 이제는 일상적인 것이 된다. 수학적인 관점에서 보면, 허수는 이를테면 음수보다 결코 더 이상하지 않으며, '이상한' 덧셈 법칙 $a/b+c/d=(ad+bc)/bd$를 가진 통상적인 분수보다 다루기가 훨씬 더 쉽다. 사실, 오일러의 공식 $e^{\pi i}+1=0$에 등장하는 다섯 개의 유명한 수는 어쩌면 가장 하찮은 흥밋거리가 될 수 있다($i=\sqrt{-1}$). 허수(와 그것의 확장인 복소수)를 수학에서 대단히 중요하게 만든 것은 바로 우리의 수 체계에 이 수를 받아들인 결과에 불과하다.

양수 a에 대한 일차 방정식 $x+a=0$을 풀기 위한 필요에서 음수가 등장했던 것과 마찬가지로, a가 양수일 때 이차 방정식 $x^2+a=0$을 풀기 위한 필요에서 허수가 탄생했다. 구체적으로 말하면, '음수 단위'인 수 -1을 방정식 $x+1=0$의 근이라고 정의하는 것과 마찬가지로, '허수 단위'인 수 $\sqrt{-1}$을 방정식 $x^2+1=0$의 두 근 중 하나로 정의한다(다른 해는 $-\sqrt{-1}$이다). 그런데 방정식 $x^2+1=0$을 푼다는 것은 제곱이 -1인 수를 찾으라는 것과 같다. 물론, 실수의 제곱은 결코 음수가 될 수 없기 때문에 어떠한 실수도 이 방정식의 근이 될 수 없다. 양수의 영역에서 방정식 $x+1=0$의 근이 존재하지 않는 것과 마찬가지로, 실수의 영역에서 방정식 $x^2+1=0$의 근은 존재하지 않는다.

2000년 동안 수학은 이런 제한에 구애받지 않고도 무성하게 성장했다. 그리스 사람들은 (서기 275년경 《산학》을 저술한 디오판토스라는 사람만을 제외하면) 음수를 인정하지도 않았고 이를 필요로 하지도 않았다. 그들의 주요한 관심사는 기하학에 있었는데, 길이, 넓이, 부피와 같은 양을 나타내기 위해서는 양수만으로도 충분하고도 남았다. 인도의 수학자 브라마굽타(Bramagupta, 628년경)는 음수를 사용했지만, 중세 유럽에서는 이를 거의 완벽하게 무시했으며

'상상의 수' 또는 '불합리한 수'라고 생각했다. 사실, 뺄셈을 '빼내는' 행위로 간주하는 한, 음수는 불합리하다. 어느 누구도 사과 세 개에서 다섯 개를 빼낼 수 없다. 그러나 음수는 다른 방법으로 수학에 자신의 존재를 계속해서 알렸는데, 주로 이차 방정식과 삼차 방정식의 근으로 그리고 실제적인 문제와 관련해서 자신의 존재를 과시했다[1225년 피보나치(Leonardo Fibonacci)는 재정 문제에서 제기되는 음수 근을 이익 대신에 손실로서 해석했다]. 그러나 르네상스 시대까지도 수학자들은 여전히 음수를 거북하게 생각했다. 음수가 궁극적으로 인정받게 된 과정에서 중요한 진척은 봄벨리(Rafael Bombelli, 1530년경 출생)에 의해 이루어졌는데, 그는 수를 한 직선 위에 있는 선분의 길이로 그리고 사칙 연산을 그 직선 위에서의 이동으로 해석함으로써 실수를 기하학적으로 해석했다. 그러나 뺄셈을 덧셈의 역으로 해석할 수 있다는 사실을 깨달은 뒤에야 음수를 우리의 수 체계 안으로 완전히 받아들일 수 있었다.[2]

허수도 비슷한 발전 과정을 거쳤다. 수세기 전부터 a가 양수일 때 방정식 $x^2+a=0$을 풀 수 없다는 사실은 알려져 있었지만, 이 어려움을 극복하려는 시도는 매우 더디게 이루어졌다. 첫 시도의 하나는 1545년 이탈리아의 카르다노(Girolamo Cardano, 1501-1576)가 합이 10이고 곱이 40인 두 수를 찾으려고 했을 때 이루어졌다. 이것은 이차 방정식 $x^2-10x+40=0$의 풀이와 같은데, 근의 공식을 이용해서 쉽게 찾을 수 있는 두 근은 $5+\sqrt{-15}$과 $5-\sqrt{-15}$이다. 처음에 카르다노는 이 값들을 찾을 수 없었기 때문에 이런 '근'의 의미를 알지 못했다. 그러나 그는 이런 허수 근들을 순수하게 형식적인 방식으로 계산하면, 두 근이 마치 통상적인 산술 법칙을 모두 따라 행동하듯이 문제의 조건들을 만족시킨다는 사실에 흥미를 느꼈다. 즉, 두 근의 합은 $(5+\sqrt{-15})+(5-\sqrt{-15})=10$이고, 두 근의 곱은 $(5+\sqrt{-15})\cdot(5-\sqrt{-15})=25-5\sqrt{-15}+5\sqrt{-15}$

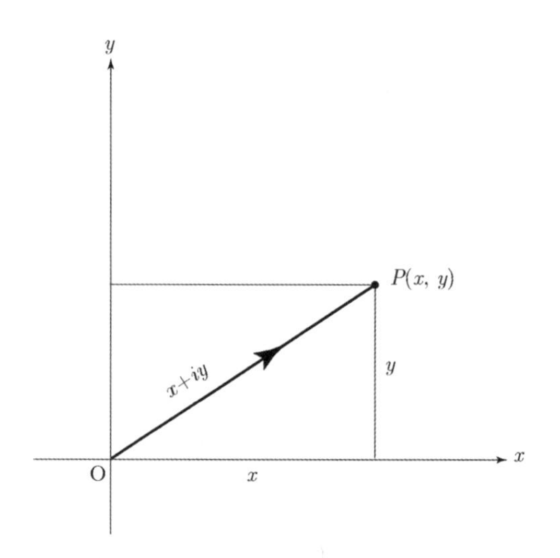

▶ **그림 69** 복소수 $x+iy$를 유향 선분, 즉 벡터 OP로 나타낼 수 있다.

$-(\sqrt{-15})^2 = 25-(-15) = 40$이다.

시간이 지남에 따라, 현재 복소수라고 부르며 기호로 (실수 x와 y 및 $i=\sqrt{-1}$에 대해) $x+iy$로 나타내는 $x+(\sqrt{-1})y$ 꼴의 양이 수학에서 점점 더 많이 쓰이게 되었다. 예를 들면, 일반적인 삼차방정식의 풀이에서 최종적으로 모든 근이 실수로 판명되는 경우에도 이런 양을 다룰 필요가 있다. 그렇지만 수학자들은 19세기 초가 되어서야 비로소 복소수를 진정한 수로 받아들였고 이를 마음 편하게 생각했다.

이런 과정에서 두 가지 발전이 크게 공헌했다. 첫째, 1800년경양 $x+iy$를 기하학적으로 간단하게 해석할 수 있다는 사실이 밝혀졌다. 직교 좌표 평면에서 좌표가 x와 y인 점 P를 찍을 수 있다. x축과 y축을 각각 '실수' 축과 '허수' 축으로 해석하면, 복소수 $x+iy$를 점 $P(x,y)$로 나타내거나 동시에 선분(또는 벡터) OP로 나타낼 수 있다(그림 69). 그리고 벡터들을 더하고 빼는 것과 똑같은 방식으로, 복소수의 허수부와 실수부를 별도로 더하고 뺌으로써

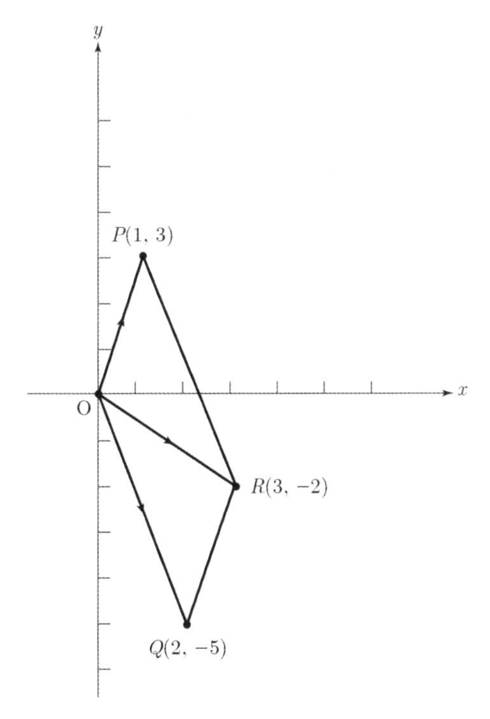

▶ **그림 70** 두 복소수의 합은 그에 대응하는 두 벡터의 합이다. $(1+3i)+(2-5i)=3-2i$.

복소수를 더하고 뺄 수 있다. 예를 들면, $(1+3i)+(2-5i)=3-2i$ 이다(그림 70). 이런 기하학적 표현은 서로 다른 나라의 세 과학자가 거의 동시에 제안하였다. 노르웨이의 측량가 베셀(Caspar Wessel, 1745-1818)은 1797년에, 프랑스의 아르강(Jean Robert Argand, 1768-1822)은 1806년에, 독일의 가우스(Carl Friedrich Gauss, 1777-1855)는 1831년에 각각 이를 제시했다.

두 번째 발전은 아일랜드의 수학자 해밀턴(William Rowan Hamilton, 1805-1865)에 의해 이루어졌다. 1835년 그는 복소수를 어떤 특정한 연산 규칙들을 만족시키는 실수의 순서쌍으로 취급함으로써 복소수를 순수하게 형식적인 방법으로 정의했다. '복소수'는 실수 a와 b에 대해 순서쌍 (a, b)로 정의된다. 두 순서쌍 (a, b)와 (c, d)가 같기 위한 필요 충분 조건은 $a = c$이고 $b = d$이다. 순서쌍 (a, b)에 실수(스칼라) k를 곱하면 순서쌍 (ka, kb)가 된다. 순서쌍 (a, b)와 (c, d)의 합은 순서쌍 $(a+c, b+d)$이고, 이것들의 곱은 순서쌍 $(ac-bd, ad+bc)$이다. 이상하게 정의된 것으로 보이는, 곱셈의 숨은 뜻은 순서쌍 $(0, 1)$을 제곱해보면 분명해진다. 방금 제시한 규칙에 따라 계산하면 $(0, 1) \cdot (0, 1) = (0 \cdot 0 - 1 \cdot 1,\ 0 \cdot 1 + 1 \cdot 0) = (-1, 0)$을 얻는다. 이제, 둘째 성분이 0인 모든 순서쌍을 첫째 성분만으로 나타내고 이를 실수로 간주하면, 즉 순서쌍 $(a, 0)$을 실수 a와 동일시하는 데 동의한다면, 위에서 얻은 마지막 결과를 $(0, 1) \cdot (0, 1) = -1$로 쓸 수 있다. 순서쌍 $(0, 1)$을 문자 i로 나타내면, $i \cdot i = -1$ 또는 간단히 $i^2 = -1$을 얻는다. 게다가, 이제는 임의의 순서쌍 (a, b)를 $(a, 0) + (0, b) = a(1, 0) + b(0, 1) = a \cdot 1 + b \cdot i = a + ib$, 즉 통상적인 복소수로 쓸 수 있다. 그래서 복소수에 남아 있던 신비로운 흔적을 모두 제거하게 된다. 사실, 복소수의 힘든 발전 과정을 상기시키는 유일한 것은 '상상의'를 뜻하는 i 라는 기호이다. 해밀턴의 엄밀한 접근 방법은 공리적 대수학의 출발점이었다. 공리적 대수학은 소수의 간단한 정의('공리')와 이로부터 유도된 논리적인 결과('정리')들을 이용해서 주제를 단계적으로 전개한다. 물론, 공리적 방법이 수학에 새롭게 등장한 것은 아니었다. 그리스 사람들이 기하학을 엄밀하고 연역적인 학문으로 확립하고 유클리드가 《원론》(기원전 300년경)을 통해 이에 불후의 명성을 준 이래, 공리적 방법은 기하학에서 교리와 같이 이어져오고 있었다. 19세기 중반에 대수학은 기하학의 예를 열심히 흉내내고 있었다.

일단 복소수의 수용에 대한 심리적인 어려움이 극복되자, 새로운 발견의 길이 열렸다. 가우스는 1799년 22세의 나이에 쓴 박사 학위 논문에서 꽤 오래 전부터 알려졌던 다음과 같은 사실을 최초로 엄밀하게 증명했다. “n차 다항 방정식(137쪽을 보라)은 언제나 복소수 영역에서 적어도 한 개의 근을 가진다.” (사실, 중근을 각각 독립된 근으로 계산하면 n차 다항식은 정확하게 n개의 복소 근을 가진다.)[3] 예를 들면, 다항식 x^3-1(즉 방정식 $x^3-1=0$)은 세 개의 근 1, $(-1+i\sqrt{3})/2$, $(-1-i\sqrt{3})/2$을 가지는데, 이는 각 수의 세제곱을 계산해서 쉽게 확인할 수 있다. 가우스의 정리를 ‘대수학의 기본 정리’라고 부르는데, 이것은 복소수가 일반적인 다항 방정식의 풀이에 필요할 뿐만 아니라 ‘충분하다’는 사실도 보여준다.[4]

대수학의 영역에서 복소수의 수용은 해석학에도 영향을 주었다. 대단한 성공을 거두었던 미분학과 적분학을 확장시켜서 ‘복소 변수 함수’에 적용시킬 수 있는 가능성에 대한 문제가 제기되었다. 형식적으로, 함수에 대한 오일러의 정의를 단 하나의 단어도 바꾸지 않고 복소 변수 함수로 확장시킬 수 있다. 단지 상수와 변수가 복소수 값을 취할 수 있다고 허락하기만 하면 충분하다. 그러나 기하학적 관점에서 이런 함수를 이차원 좌표 평면에 그래프로 나타낼 수 없다. 왜냐하면 이제 변수 각각을 나타내기 위해서는 이차원 좌표계, 즉 평면이 필요하기 때문이다. 이런 함수를 기하학적으로 해석하기 위해서는 이를 한 평면에서 또 다른 평면으로의 ‘사상’ 또는 변환으로 생각해야만 한다.

이런 과정을 z와 w가 모두 복소 변수인 함수 $w=z^2$을 이용해서 예시해보자. 이 함수를 기하학적으로 나타내기 위해서는, 두 개의 좌표 평면, 즉 독립 변수 z를 위한 좌표 평면과 종속 변수 w를 위한 좌표 평면이 필요하다. $z=x+iy$와 $w=u+iv$로 쓰면, $u+iv=(x+iy)^2=(x+iy)(x+iy)=x^2+xiy+iyx+i^2y^2=(x^2-y^2)+i(2xy)$를 얻는다. 이 식의 양변에서 실수부와 허수부끼리 같게 놓으면, $u=x^2-y^2$이고 $v=2xy$이다. 이제, 변수 x와 y가 ‘z 평면’(xy 평면)에서 어떤 곡선을 그린다고 가정하자. 그러면 변수 u와 v

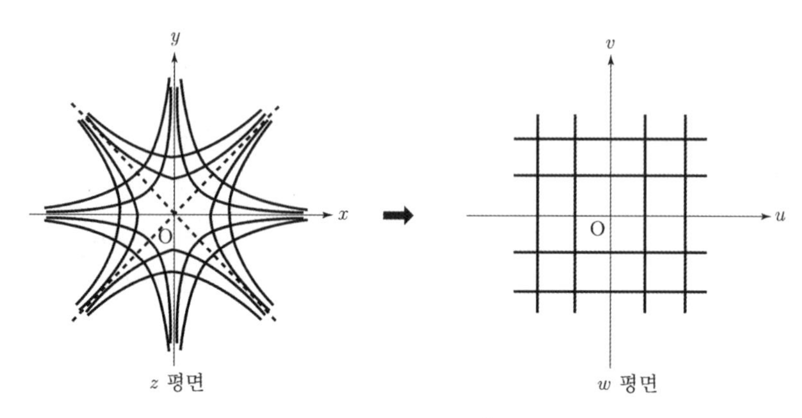

▶ **그림 71** 복소 함수 $w=z^2$에 의한 사상

는 'w-평면'(uv 평면)에서 그 곡선의 상인 어떤 곡선을 그리게 된다. 예를 들어, 점 $P(x, y)$가 쌍곡선 $x^2-y^2=c$(c는 상수)를 따라 움직이면, P의 상 $Q(u, v)$는 곡선 $u=c$, 즉 w 평면에서 수직선을 따라 움직일 것이다. 마찬가지로, P가 쌍곡선 $2xy=k$(=상수)를 따라 움직이면, Q는 수평선 $v=k$를 그릴 것이다(그림 71). 쌍곡선 $x^2-y^2=c$와 $2xy=k$는 z에서 주어진 상수 값에 대응하는 곡선으로 이루어진 두 개의 곡선족을 형성한다. 이런 곡선족의 상은 w 평면에서 수평선과 수직선의 서로 직교하는 격자를 형성한다.

실 변수 x와 y의 함수 $y=f(x)$를 미분하는 것과 똑같은 방식으로, z와 w가 복소 변수일 때 함수 $w=f(z)$를 미분할 수 있을까? 답은 '그렇다'이다. 그러나 주의해야 한다. 우선, 함수의 도함수를 그래프에 대한 접선으로는 결코 해석할 수 없다. 왜냐하면 복소 변수 함수를 한 개의 그래프로 나타낼 수 없기 때문이다. 복소 변수 함수는 한 평면에서 다른 평면으로의 사상이다. 그렇지만 순수하게 형식적인 방식으로 미분 과정을 시행할 수는 있는데, '이웃하는' 두 점 z와 $z+\Delta z$ 사이에서 $w=f(z)$의 값의 차를 구하고 그 차를 z로 나눈 다음에 $\Delta z \to 0$일 때의 극한을 구하면 된다. 이렇게 하면 적어도 형식적으로는, 점 z에서 $f(z)$의 변화율을 얻을 수 있다. 그러나 이런 형식적인 과정에서 실 변수 함수에서는 존재하지 않는 어려움에 부딪히게 된다.

극한 개념은 원래 독립 변수가 그것의 '궁극적인' 값에 접근하는 방법에 관계없이 극한 과정의 최종적인 결과가 똑같다는 사실을 가정한다. 예를 들면, $y=x^2$의 도함수를 구할 때(118쪽을 보라), x의 고정된 값, 이를테면 x_0에서 출발해서 이웃하는 점 $x=x_0+\Delta x$로 이동한 다음에 이 두 점 사이에서 y값의 차 Δy를 구하고 이 차를 x로 나누고, 마지막으로 $\Delta x \to 0$일 때의 $\Delta y/\Delta x$의 극한을 구한다. 그러면 x_0에서 도함수의 값(미분 계수) $2x_0$을 얻는다. 그런데 Δx를 0으로 보낼 때 결코 분명하게 말하지 않았지만, Δx를 0으로 접근시키는 방식에 관계 없이 똑같은 결과를 얻어야만 한다고 가정하고 있다. 예를 들면, 양의 값만을 이용해서 Δx를 0에 접근시킬 수 있다(즉 x를 x_0의 오른쪽으로부터 접근시킬 수 있다). 또, 음의 값만을 이용해서 접근시킬 수 있다(즉 x을 x_0의 왼쪽으로부터 접근시킬 수 있다). 여기서 묵시적인 가정은 마지막 결과, 즉 x_0에서 $f(x)$의 미분 계수가 Δx를 0으로 접근시키는 방법과 무관하다는 점이다. 초등 대수학에서 접하는 거의 대부분의 함수에 대해서 이런 점을 포착하기가 어렵고 지나치게 현학적일 수 있는데, 이런 함수는 통상 매끄럽고 연속적이기 때문이다. 즉, 그것들의 그래프는 날카로운 모서리도 없고 갑작스럽게 끊어지지 않기 때문이다. 그러므로 이런 함수의 도함수를 구할 때는 지나치게 근심할 필요가 없다.[5]

그런데 복소 변수 함수의 경우에는, 이런 점에 대한 고려가 즉시 중요해진다. 실 변수 x와 달리, 복소 변수 z는 무수히 많은 방향에서 z_0에 접근할 수 있다(독립 변수 하나만을 나타내기 위해서도 평면 전체가 필요함을 상기하자). 그러므로 $\Delta z \to 0$일 때 $\Delta w/\Delta z$의 극한이 존재한다는 것은 이 극한의 (복소수) 값이 z가 z_0에 접근하는 어떤 특별한 방향과 독립적이어야 함을 의미한다.

이런 형식적인 조건은 복소 변수 함수에 대한 미적분학에서 가장 중요한 한 쌍의 미분 방정식에 귀착됨을 보일 수 있다. 이런 미분 방정식을 '코시-리만 방정식'이라고 하는데, 이것은 프랑스의 코시(Augustin Louis Cauchy, 1789-1857)와 독일의 리만(Georg Friedrich Bernhard Riemann, 1826-1866)의 이름을 따서 붙인 것이다. 이런 방정식의 유도는 이 책의 범위를 벗어나므로,[6] 여기서는 그것들을 이용하는 방법만 알아보겠다. 복소 변수 z의 함수 $w=f(z)$에 대해 $z=x+iy$와 $w=u+iv$로 쓰면 u와 v는 (실) 변수 x와 y의 (실가) 함수가 된다. 기호로는 $w=f(z)=u(x,y)+iv(x,y)$와 같이 나타낸다. 예를 들면, 함수 $w=z^2$의 경우에는 $u=x^2-y^2$이고 $v=2xy$이다. 코시-리만 방정식은 복소 평면 위의 점 z에서 미분 가능한(즉 도함수를 가진) 함수 $w=f(z)$에 대해서 모든 도함수의 값을 문제의 점 $z=x+iy$에서 계산할 때, x에 관한 u의 도함수와 y에 관한 v의 도함수가 반드시 같고, y에 관한 u의 도함수와 x에 관한 v의 도함수의 음의 값이 반드시 같다고 주장한다.

물론, 이런 관계들을 자연 언어 대신에 수학적 언어로 표현하는 것이 훨씬 더 쉽겠지만, 이런 경우의 도함수를 나타내는 새로운 표기법을 먼저 도입해야만 한다. 왜냐하면 u와 v는 두 개의 독립 변수의 함수이고 어떤 변수에 관해 미분하는지를 반드시 지적해야 하기 때문이다. 방금 언급한 도함수들을 기호로 $\partial u/\partial x$, $\partial u/\partial y$, $\partial u/\partial x$, $\partial v/\partial y$와 같이 나타낸다. 연산 $\partial/\partial x$와 $\partial/\partial y$를 각각 x와 y에 대한 '편미분'이라고 부른다. 이런 미분을 시행할 때는 미분 기호에 나타난 변수를 제외한 나머지 모든 변수를 고정시킨다. 그래서 $\partial/\partial x$에서는 y를 고정시키는 반면에, $\partial/\partial y$에서는 x를 고정시킨다. 코시-리만 방정식은 다음과 같다.

$$\frac{\partial u}{\partial x} = \frac{\partial v}{\partial y}, \quad \frac{\partial u}{\partial y} = -\frac{\partial v}{\partial x} \tag{1}$$

함수 $w = z^2$의 경우, $u = x^2 - y^2$이고 $v = 2xy$이므로, $\partial u/\partial x = 2x$, $\partial u/\partial y = -2y$, $\partial v/\partial x = 2y$, $\partial v/\partial y = 2x$이다. 그래서 x와 y의 모든 값에 대해 코시-리만 방정식이 성립하므로, 결론적으로 $w = z^2$은 복소 평면의 모든 점 z에서 미분 가능하다. 사실, x를 z로 y를 w로 바꾸고 $y = x^2$의 도함수를 구하는 과정을 형식적으로 반복하면 (118쪽을 보라), $\partial w/\partial z = 2z$를 얻을 수 있다. 이 식을 통해 z 평면에서 각 점의 도함수의 (복소수) 값을 얻을 수 있다. 코시-리만 방정식은 도함수의 계산과 직접적인 관계는 없지만, 문제의 점에서 도함수가 존재하기 위한 필요 조건을 제공한다(그리고 가정을 약간만 보완하면 충분 조건이 된다).

함수 $w = f(z)$가 복소 평면의 한 점 z에서 미분 가능할 때, $f(z)$는 z에서 '해석적'이라고 한다. 해석적이기 위해서는, 그 점에서 코시-리만 방정식이 반드시 성립해야 한다. 그러므로 해석적이라는 조건은 실수의 영역에서 미분 가능하다는 조건보다 훨씬 더 강력하다. 그리고 해석적으로 밝혀진 함수는 실 변수 함수에 적용되는 친숙한 미분 법칙을 모두 만족시킨다. 예를 들면, 두 함수의 합과 곱의 미분 법칙, 연쇄 법칙, 공식 $d(x^n)/dx = nx^{n-1}$은 실 변수 x를 복소 변수 z로 바꾸어도 여전히 성립한다. 이를 함수 $y = f(x)$의 성질이 복소수의 영역으로 옮겨진다고 말한다.

잠깐 일반적인 복소 함수론에 관한 약간 전문적인 내용을 알아봤는데, 다시 우리의 주제, 즉 지수 함수로 되돌아가자. 논의의 출발점으로 오일러 공식 $e^{ix} = \cos x + i \sin x$를 선택하면, 이 등식의 우변을 식 e^{ix}의 정의로 생각할 수 있는데, 이것은 아직까지 정의되지 않았었다. 그렇지만 이보다 더 잘 할 수도 있다. 지수가 허수 값을 취할 수 있다고 가정한다면, 지수가 복소수 값을 취할 수 있다고 가정할 수 있지 않겠는가? 다시 말하면, $z=x+iy$일 때 식 e^z에 어떤 의미를 부여하고 싶다. 오일러와 같은 용기로 순전히 형식적인 조작을 통해서 진행할 수 있다. e^z가 변수가 실수인 지수 함수의 친숙한 규칙을 모두 만족시킨다고 가정하면, 다음을 얻는다.

$$e^z = e^{x+iy} = e^x e^{iy} = e^x(\cos y + i\sin y) \tag{2}$$

물론, 이런 논의의 약점은 정의되지 않은 식 e^z가 실 변수에 관한 멋지고 오래된 대수학 규칙을 따른다고 하는 바로 이 가정이다. 이것은 실제로 믿음에 의한 행위인데, 모든 과학 중에서 수학은 이런 행위를 받아들이는 데 가장 관대하지 못하다. 그러나 해결 방법은 있다. 방향을 바꾸어서, e^z를 식 (2)로 정의하면 어떻겠는가? 분명히, 이렇게 자유롭게 정의할 수 있다. 왜냐하면 이런 정의가 지수 함수에 관해 이미 확립된 어떠한 성질과도 모순되지 않기 때문이다.

물론, 수학에서는 새로운 대상을 정의할 때, 그 정의가 이전에 받아들인 정의와 확립된 사실들과 전혀 모순되지 않는 한, 원하는 임의의 방법으로 정의할 수 있는 자유가 있다. 실질적인 문제는 다음과 같다. 그 정의가 새로운 대상의 성질들에 의해 정당화되는가? 위의 경우에, 식 (2)의 좌변을 e^z으로 나타낼 수 있는 정당성은 이 정의가 새로운 대상, 즉 복소 변수의 지수 함수가 우리가 원하는 것과 정확하게 똑같이 행동함을 보장한다는 사실이다. 즉 복소 변수의 지수 함수는 실가 함수 e^x의 형식적인 성질을 모두 보존한다. 예를 들면, 임의의 두 실수 x와 y에 대해 $e^{x+y}=e^x \cdot e^y$이 성립하듯이, 임의의 두 복소수 w와 z에 대해 $e^{w+z}=e^w \cdot e^z$이 성립한다.[7] 게다가, z가 실수이면(즉 $y=0$이면) 식 (2)의 우변은 $e^x(\cos 0 + i\sin 0) = e^x(1+i \cdot 0) = e^x$이 되고, 이에 따라 실 변수의 지수 함수는 e^z의 정의에 특별한 경우로 포함된다.

e^z의 도함수는 무엇일까? 함수 $w=f(z)=u(x,y)+iv(x,y)$가

점 $z=x+iy$에서 미분 가능하면, 그 도함수가 다음과 같음을 보일 수 있다.

$$\frac{dw}{dz}=\frac{\partial u}{\partial x}+i\frac{\partial v}{\partial x} \tag{3}$$

(또는 $\partial v/\partial y-i\partial u/\partial y$라고도 할 수 있는데, 두 표현은 코시-리만 방정식에 의해 서로 똑같다.) 함수 $w=e^z$의 경우, 식 (2)에 의해 $u=e^x\cos y$이고 $v=e^x\sin y$이므로, $\partial u/\partial x=e^x\cos y$이고 $\partial u/\partial x=e^x\sin y$이다. 그러므로 다음을 얻는다.

$$\frac{d}{dz}(e^z)=e^x(\cos y+i\sin y)=e^z \tag{4}$$

따라서 함수 e^z는 자신의 도함수와 똑같은데, 이는 함수 e^x의 경우와 정확하게 일치한다.

이제 복소 변수 함수론 또는 통상 불리는 대로 간단히 '함수론'을 발전시킨 또 다른 접근 방법을 언급해야 할 것이다. 이 접근 방법은 코시가 개척했고 독일의 수학자 바이어슈트라스(Karl Weierstrass, 1815-1897)가 완성했는데, 거듭제곱 급수(멱급수)를 광범위하게 이용한다. 예를 들면, 함수 e^z을 다음과 같이 정의한다.

$$e^z=1+\frac{z}{1!}+\frac{z^2}{2!}+\frac{z^3}{3!}+\cdots \tag{5}$$

이 정의는 e^x이 $n\to\infty$일 때 $(1+x/n)^n$의 극한이라는 오일러의 정의에서 착안해서 얻었다(222쪽을 보라). 자세한 설명은 이 책의 범위를 벗어나지만, 이런 논의의 핵심은 거듭제곱 급수 (5)가 복소 평면의 모든 점 z에 대해 수렴하고 (통상적인 유한 다항식과 마찬가지로) 항별로 미분 가능하다는 사실을 보이는 것이다. 그러면 e^z의 모든 성질을 이 정의로부터 유도할 수 있다. 특히, 공식 $d(e^z)/dz=e^z$

은 급수 (5)를 항별로 미분하면 즉시 얻을 수 있다. 독자는 이를 쉽게 확인할 수 있을 것이다.

지금까지 지수 함수를 실수 영역의 친숙한 성질을 모두 보존하는 방법으로 복소수의 영역으로 확장시켰다. 그렇다면 이렇게 하면 도대체 어떤 점이 좋은가? 새로 얻은 정보는 무엇인가? 사실, 이것이 실 변수 x를 복소 변수 z로 형식적으로 바꾸는 문제에 불과하다면, 이런 과정을 정당화하기가 매우 어려울 것이다. 다행스럽게도, 함수를 복소수 영역으로의 확장은 몇 가지 실질적인 이익을 준다. 이미 한 가지를 알아봤는데, 복소 함수를 z 평면에서 w 평면으로의 사상으로 해석한 것이 바로 그것이다.

함수 $w = e^z$이 어떤 종류의 사상인지를 알아보기 위해서는, 주된 주제로부터 잠시 벗어나서 복소수의 극 형식에 대해 먼저 살펴봐야 한다. 제11장에서 알아본 대로, 평면 위의 점 P를 직교 좌표 (x, y) 또는 극 좌표 (r, θ)로 나타낼 수 있다. 그림 72의 직각 삼각형 OPR에서 두 쌍의 좌표가 식 $x = r\cos\theta$, $y = r\sin\theta$를 통해 서

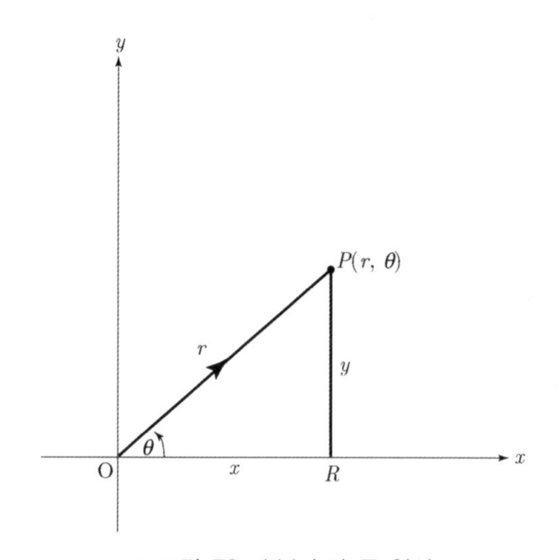

▶ **그림 72 복소수의 극 형식**

로 연관되어 있음을 알 수 있다. 따라서 임의의 복소수 $z = x + iy$를 $z = r\cos\theta + ir\sin\theta$로 나타내거나 r을 뽑아내서 다음과 같이 쓸 수 있다.

$$z = x + iy = r(\cos\theta + i\sin\theta) \tag{6}$$

식 $\cos\theta + i\sin\theta$를 간략하게 기호 $\operatorname{cis}\theta$로 나타내면, 식 (6)을 좀더 간단하게 표현할 수 있다. 그러면 다음과 같은 식을 얻는다.

$$z = x + iy = r\operatorname{cis}\theta \tag{7}$$

복소수의 두 가지 표현 $x + iy$와 $r\operatorname{cis}\theta$를 각각 z의 직교 형식과 극 형식이라고 부른다(여기서 해석학에서는 항상 그렇듯이 각 θ는 호도법으로 측정한다. 171쪽을 보라). 예를 들면, 수 $z = 1 + i$의 극 형식은 $\sqrt{2}\operatorname{cis}\pi/4$이다. 왜냐하면 원점으로부터 점 $P(1, 1)$까지의 거리는 $r = \sqrt{1^2 + 1^2} = \sqrt{2}$이고 선분 OP는 x축의 양의 방향과 크기가 $\theta = 45° = \pi/4$ 라디안인 각을 이루기 때문이다.

극 형식은 복소수를 곱하거나 나눌 때 매우 유용함이 밝혀진다. $z_1 = r_1\operatorname{cis}\theta$와 $z_2 = r_2\operatorname{cis}\phi$라고 놓자. 그러면 $z_1z_2 = (r_1\operatorname{cis}\theta)(r_2\operatorname{cis}\phi) = r_1r_2(\cos\theta + i\sin\theta)(\cos\phi + i\sin\phi) = r_1r_2[(\cos\theta\cos\phi - \sin\theta\sin\phi) + i(\cos\theta\sin\phi + \sin\theta\cos\phi)]$이다. 사인과 코사인의 합의 공식을 이용하면(211쪽을 보라). 괄호 안의 식은 간단하게 $\cos(\theta + \phi)$와 $\sin(\theta + \phi)$가 되어 $z_1z_2 = r_1r_2\operatorname{cis}(\theta + \phi)$가 된다. 이것은 두 복소수를 곱하기 위해서는 원점으로부터 거리를 곱하고 각의 크기는 더해야 함을 의미한다. 다시 말하면, 거리는 팽창하고(늘어나고) 각은 회전한다. 바로 이런 기하학적 해석 때문에 복소수는 기계적인 진동으로부터 전기 회로까지, 사실 회전이 관계된 모든 상황에서 매우 유용하다.

식 (2)를 다시 살펴보면, 우변이 정확하게 극 형식으로 e^x가 r의

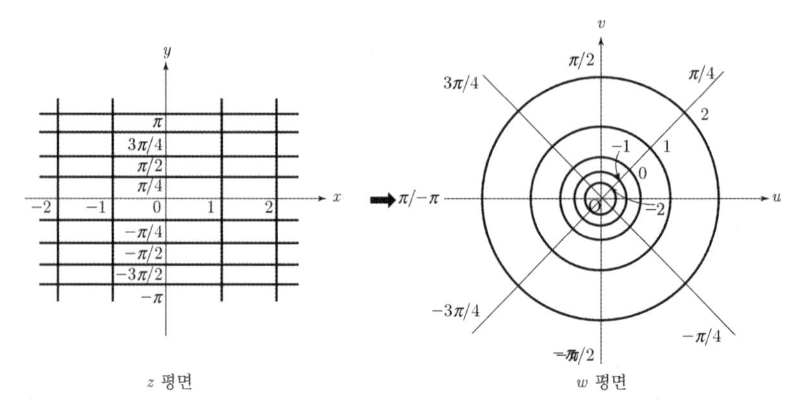

▶ **그림 73** 복소 함수 $w=e^z$에 의한 사상

역할을 하고 y가 θ의 역할을 하고 있음을 알 수 있다. 그러므로 변수 $w=e^z$를 극 형식으로 $R(\cos\Phi+i\sin\Phi)$와 같이 나타내면, $R=e^x$이고 $\Phi=y$이다. 이제, z 평면 위의 점 P가 수평선 $y=c$(=상수)를 따라 움직이고 있는 상황을 상상하자. 그러면 이 점의 상인 w 평면의 점 Q는 반직선 $\Phi=c$를 따라 움직일 것이다(그림 73). 특히, 직선 $y=0$(x축)은 반직선 $\Phi=0$(양의 u축)에, 직선 $y=\pi/2$는 반직선 $\Phi=\pi/2$(양의 v축)에, 직선 $y=\pi$는 반직선 $\Phi=\pi$(음의 u축)에, 그리고 놀랍게도 직선 $y=2\pi$는 다시 양의 u축에 사상된다. 왜냐하면 식 (2)에 나타나는 함수 $\sin y$와 $\cos y$는 2π라디안(360°)마다 반복하는 주기 함수이기 때문이다. 그런데 이것은 함수 e^z 자체가 주기 함수임을 의미한다. 사실, 이 함수는 $2\pi i$의 허수 주기를 가진다. 그래서 실 함수 $\sin x$와 $\cos x$의 행동은 단 하나의 구간 내에서만, 이를테면 $x=-\pi$부터 $x=\pi$까지만 살펴보면 충분히 알 수 있듯이, 복소 함수 e^z의 행동도 단 하나의 수평 띠 내에서만, 이를테면 $y=-\pi$부터 $y=\pi$까지(좀더 정확하게 말하면 $-\pi<y\leq\pi$)만 살펴보면 충분히 알 수 있다. 이런 영역을 e^z의 '기본 영역'(funda-

mental domain)이라고 부른다.

수평선에 대해서는 이 정도로 끝마치자. 점 P가 수직선 $x=k$(=상수)를 따라 움직일 때, 이 점의 상 Q는 곡선 $R=e^k$(=상수), 즉 중심이 원점이고 반지름이 $R=e^k$인 원을 따라 움직인다(그림 73을 보라). 서로 다른 수직선에 대해서(서로 다른 k의 값에 대해서) 중심이 모두 원점이고 반지름이 서로 다른 동심원을 얻는다. 그렇지만 수직선들의 간격이 똑같으면 그것들의 상인 원들은 지수적으로 증가한다(반지름의 길이가 등비 수열로 증가하다)는 사실에 유의해야 한다. 여기서 17세기 초 네이피어가 로그를 발견하도록 이끌었던 등차 수열과 등비 수열 사이의 그 유명한 관계 속에 함수 e^z의 원초적인 뿌리가 있음을 상기하게 된다.

실 변수 함수 $y=e^x$의 역함수는 자연 로그 함수 $y=\ln x$이다. 이와 똑같은 방법으로, 복소 변수 함수 $w=e^z$의 역함수는 z의 복소 자연 로그 함수 $w=\ln z$이다. 그렇지만 여기에는 중요한 차이점이 있다. 함수 $y=e^x$에는 x의 서로 다른 두 값에 대해 언제나 y의 서로 다른 두 값이 대응되는 성질이 있다(제10장의 그림 31). 이것은 e^x의 그래프가 x축 전체에서 왼쪽에서 오른쪽으로 갈 때 증가한다는 사실로부터 알 수 있다. 이런 성질을 가진 함수를 '일대일'이라 하고, 1:1로 적는다. 1:1이 아닌 함수의 예로 포물선 $y=x^2$이 있다. 왜냐하면 $(-3)^2=3^2=9$이기 때문이다. 엄밀하게 말하면, 1:1 함수에서는 y의 각 값이 정확하게 단 하나의 x의 값의 상이 되기 때문에, 이런 함수만이 역함수를 가진다. 그러므로 함수 $y=x^2$은 역함수를 갖지 않는다(그렇지만 정의역을 $x \geq 0$으로 제한하면 역함수를 가진다). 똑같은 이유에서 삼각 함수 $y=\sin x$와 $y=\cos x$도 역함

수를 갖지 않는다. 이런 함수들이 주기 함수라는 사실은 x의 무수히 많은 값에 대해 똑같은 y가 대응함을 의미한다(또다시 정의역을 적절하게 제한하면 역함수가 존재한다).

앞에서 이미 복소 함수 e^z가 주기 함수임을 알아봤다. 그러므로 실 함수의 규칙만을 생각한다면, 이 함수는 역함수를 갖지 않을 것이다. 그러나 통상적인 실 함수를 복소수 영역으로 확장시키면 주기 함수가 되는 경우가 많기 때문에, 관례적으로 1:1의 제한을 완화하고 심지어 1:1이 아닌 경우에도 복소 변수 함수가 역함수를 가지도록 허락한다. 이것은 역함수가 독립 변수의 각 값에 대해 종속 변수의 여러 개의 값을 대응시킴을 의미한다. 복소 로그 함수가 바로 이런 '다가 함수(multivalued function)'의 예이다.

현재의 목표는 함수 $w=\ln z$를 $u+iv$와 같은 복소수의 형태로 표현하는 것이다. $w=e^z$에서 출발하고, w를 극 형식 $R\mathrm{cis}\Phi$로 표현하자. 그러면 식 (2)에 의해 $R\mathrm{cis}\Phi=e^x\mathrm{cis}\,y$이다. 그런데 두 복소수는 원점으로부터의 거리가 같고 실수 축과 똑같은 각을 이루면 서로 같다. 첫째 조건에 의해 $R=e^x$이다. 그러나 둘째 조건은 $y=\Phi$인 경우만이 아니라, 임의의 (양과 음의) 정수 k에 대해 $\Phi=y+2k\pi$인 경우에도 성립한다. 왜냐하면 원점으로부터 뻗어 나온 반직선은 몇 바퀴씩 차이가 나는, 즉 2π의 정수 배만큼 차이가 나는 무수히 많은 각을 나타내기 때문이다. 그러므로 $R=e^x$, $\Phi=y+2k\pi$이다. 이 방정식들을 R과 Φ를 사용해서 x와 y에 관해 풀면, $x=\ln R$, $y=\Phi+2k\pi$를 얻는다(실제로는 $\Phi-2k\pi$이지만 k가 음의 정수도 양의 정수도 될 수 있으므로 음의 부호는 무의미하다). 따라서 $z=x+iy=\ln R+i(\Phi+2k\pi)$이다. 독립 변수와 종속 변수에 대해 관례적으로 쓰이는 문자로 바꾸면, 최종적으로 다음 식을 얻는다.

$$w = \ln z = \ln r + i(\theta + 2k\pi),\ k = 0,\ \pm 1,\ \pm 2,\ \cdots \qquad (8)$$

식 (8)은 임의의 복소수 $z = r\,\mathrm{cis}\,\theta$에 대한 '복소 로그'를 정의한다. 살펴본 대로, 로그는 주어진 z에 대해 2π의 정수 배만큼씩 차가 나는 무수히 많은 로그 값을 가지는 다가 함수이다. 예로 $z = 1 + i$의 로그 값을 구해보자. 이 수의 극 형식은 $\sqrt{2}\,\mathrm{cis}\,\pi/4$이므로 $r = \sqrt{2}$이고 $\theta = \pi/4$이다. 식 (8)에 의해 $\ln z = \ln\sqrt{2} + i(\pi/4 + 2k\pi)$이다. $k = 0, 1, 2, \cdots$에 따라서 $\ln\sqrt{2} + i(\pi/4) \approx 0.3466 + 0.7854i$, $\ln\sqrt{2} + i(9\pi/4) \approx 0.3466 + 7.0686i$, $\ln\sqrt{2} + i(17\pi/4) \approx 0.3466 + 13.3518i$ 등의 값을 얻는다. 음수인 k에 대해 또 다른 값을 얻는다.

실수의 로그 값은 무엇일까? 실수 x는 또한 복소수 $x + 0i$이기 때문에, $x + 0i$의 자연 로그가 x의 자연 로그와 똑같아야 할 것이라고 예상하게 된다. 이것은 진실이다. 그렇지만 거의 진실일 뿐이다. 복소 로그가 다가 함수라는 사실 때문에, 실수의 자연 로그에 포함되지 않는 값이 또 존재한다. 예로 수 $x = 1$을 택하자. ($e^0 = 1$이기 때문에) $\ln 1 = 0$임을 알고 있다. 그러나 실수 1을 복소수 $z = 1 + 0i = 1\,\mathrm{cis}\,0$로 생각하면, 식 (8)로부터 $k = 0, \pm 1, \pm 2, \cdots$일 때 $\ln z = \ln 1 + i(0 + 2k\pi) = 0 + i(2k\pi) = 2k\pi i$를 얻는다. 그래서 복소수 $1 + 0i$는 무수히 많은 로그 값 $0, \pm 2\pi i, \pm 4\pi i, \cdots$를 가진다. 0을 제외하면 모두 순 허수이다. 값 0을, 좀더 일반적으로 식 (8)에서 $k = 0$으로 놓았을 때 얻는 값 $\ln r + i\theta$를 로그의 '주치(principal value)'라 부르고, $\mathrm{Ln}\,z$로 나타낸다.

이제, 18세기로 되돌아가서 이런 발상들이 확립된 과정을 알아보자. 기억하고 있겠지만, 쌍곡선 $y = 1/x$ 아래의 넓이를 구하는 문제

는 17세기에 아주 유명했던 수학 문제의 하나이다. 이 넓이가 로그와 관계 있다는 발견은 관심의 초점을 계산 도구라는 로그의 본래 역할로부터 로그 함수의 성질로 이동시켰다. 1이 아닌 임의의 양수 b에 대해 $y=b^x$이면 $x=\log_b y$('밑이 b인 y의 로그')이라는 현대적인 로그의 정의를 내린 사람은 바로 오일러였다. 그런데 변수 x가 실수이면 $y=b^x$는 언제나 양수가 된다. 이에 따라 음수의 제곱근이 실수의 영역에 존재하지 않는 것과 마찬가지로, 실수의 영역에 음수의 로그는 존재하지 않는다. 그러나 18세기에 이르러 복소수는 수학 속에 잘 융합되었기 때문에, 자연스럽게 다음과 같은 문제가 제기되었다. 음수의 로그는 무엇일까? 특히, $\ln(-1)$은 무엇일까?

이런 문제는 활발한 논쟁을 불러일으켰다. 오일러와 같은 해에 사망한 달랑베르(Jean-le-Rond D'Alembert, 1717-1783)는 $\ln(-x)=\ln x$라고 생각했고, 이에 따라 $\ln(-1)=\ln 1=0$이라고 믿었다. 그의 근거는 $(-x)(-x)=x^2$이므로 $\ln[(-x)(-x)]=\ln x^2$이라는 것이었다. 로그의 법칙에 의해 이 식의 좌변은 $2\ln(-x)$와 같고, 우변은 $2\ln x$이다. 그래서 양변에서 2를 소거하면 $\ln(-x)=\ln x$를 얻는다. 그러나 이 '증명'에는 결함이 있다. 왜냐하면 이것은 통상적인(즉 실수에 관한) 대수학을 이런 법칙들이 필연적으로 성립하지 않는 복소수의 영역에 적용했기 때문이다. (이것은 $i^2=-1$이 아니라 $i^2=1$이라는 다음과 같은 '증명'을 생각나게 한다. $i^2=\sqrt{-1}\cdot\sqrt{-1}=\sqrt{(-1)\cdot(-1)}=\sqrt{1}=1$. 두 번째 단계에 오류가 있는데, $\sqrt{a}\cdot\sqrt{b}=\sqrt{ab}$라는 규칙은 근호 속의 수가 양수인 경우에만 성립하기 때문이다.) 1747년 오일러는 달랑베르에게 편지를 써서, 음수의 로그 값은 복소수이고 더욱이 무수히 많은 값을 가진다는 사실을 지적했다. 사실, x가 음수이면 극 형식은 $|x|\operatorname{cis}\pi$이고, 이에 따라 식 (8)로부터 $\ln x=\ln|x|+i(\pi+2k\pi)$를 얻는다($k=0, \pm1, \pm2, \cdots$). 특히 $x=-1$에 대해 $\ln|x|=\ln 1=0$이므로, $\ln(-1)=$

$i(\pi+2k\pi)=i(2k+1)\pi=\cdots, -3\pi i, -\pi i, \pi i, 3\pi i, \cdots$이다. 그러므로 $\ln(-1)$의 주치($k=0$일 때의 값)는 πi이고, 이 결과도 또한 오일러의 공식 $e^{\pi i}=-1$로부터 직접 유도된다. 허수의 로그 값을 이와 유사하게 구할 수 있다. 예를 들면, $z=i$의 극 형식이 $1 \cdot \text{cis}\pi/2$이므로, $\ln i=\ln 1+i(\pi/2+2k\pi)=0+(2k+1/2)\pi i=\cdots, -3\pi i/2, \pi i/2, 5\pi i/2, \cdots$이다.

말할 필요도 없이, 오일러의 시대에는 이런 결과들을 생소하고 이상하게 생각했다. 비록 당시에 복소수가 대수학의 영역에서 완전히 받아들여졌지만, 복소수를 초월 함수에 적용하는 것은 여전히 신기하게 여겨졌다. 복소수를 초월 함수에 '입력'시키고 '출력'도 또한 복소수로 생각한다면, 복소수를 이렇게 사용할 수 있음을 보임으로써 새로운 길을 개척한 사람이 바로 오일러였다. 그의 새로운 접근 방법은 전혀 예상하지 못했던 결과를 낳았다. 이를테면, 그는 허수의 허수 거듭제곱이 실수가 될 수 있음을 보였다. 예를 들어 식 i^i을 생각해보자. 이런 식은 어떤 의미를 줄 수 있을까? 우선, 임의의 밑에 대한 거듭제곱은 언제나 다음과 같은 등식을 이용해서 밑이 e인 거듭제곱으로 나타낼 수 있다.

$$b^z=e^{z\ln b} \tag{9}$$

(이 등식은 양변에 자연 로그를 취하고 $\ln e=1$을 이용해서 증명할 수 있다.) 식 (9)를 식 에 적용하면 다음을 얻는다.

$$i^i=e^{i\ln i}=e^{i\cdot i(\pi/2+2k\pi)}=e^{-(\pi/2+2k\pi)}, \quad k=0, \pm 1, \pm 2, \cdots \tag{10}$$

그러므로 무수히 많은 값, 모두 실수인 값을 얻는데, 처음 몇 개는 ($k=0$에서 시작해서 거꾸로 진행하면) $e^{-\pi/2}\approx 0.208$, $e^{+3\pi/2}\approx 111.318$, $e^{+7\pi/2}\approx 59609.742$ 등이 된다. 말 그대로, 오일러는 상상(imaginary, 허수)을 현실(real, 실수)로 만들었다![8]

복소 함수에 대한 오일러의 선구적인 연구에는 또 다른 결과도 있다. 제13장에서 오일러의 공식 $e^{ix} = \cos x + i\sin x$이 삼각 함수에 대한 새로운 정의 $\cos x = (e^{ix} + e^{-ix})/2$과 $\sin x = (e^{ix} - e^{-ix})/2i$을 유도한 과정을 알아봤다. 이 정의를 그대로 받아들이고, 실 변수 x를 복소 변수 z로 단순히 바꾸면 어떨까? 이렇게 하면, 복소 변수의 삼각 함수에 대한 다음과 같은 형식적인 표현을 얻는다.

$$\cos z = \frac{e^{iz} + e^{-iz}}{2}, \quad \sin z = \frac{e^{iz} - e^{-iz}}{2i} \tag{11}$$

물론, 임의의 복소수 z에 대해 $\cos z$와 $\sin z$의 값을 계산하기 위해서는 이런 함수들의 실수부와 허수부를 찾아낼 필요가 있다. 식 (2)를 이용하면, e^{iz}와 e^{-iz}을 모두 실수부와 허수부의 항으로 나타낼 수 있다. 즉, $e^{iz} = e^{i(x+iy)} = e^{-y+ix} = e^{-y}(\cos x + i\sin x)$이고, 마찬가지로 $e^{-iz} = e^{y}(\cos x - i\sin x)$이다. 이런 식을 식 (11)에 대입하고, 약간의 대수적 조작을 거치면 다음 공식을 얻는다.

$$\begin{aligned} \cos z &= \cos x \cosh y - i \sin x \sinh y \\ \sin z &= \sin x \cosh y + i \cos x \sinh y \end{aligned} \tag{12}$$

여기서 cosh와 sinh는 쌍곡선 함수를 나타낸다(204쪽을 보라). 이런 공식들이 과거의 훌륭한 실 변수의 삼각 함수의 모든 친숙한 성질을 만족시킨다는 사실을 밝힐 수 있다. 예를 들면, 공식 $\sin^2 x + \cos^2 x = 1$, $d(\sin x)/dx = \cos x$, $d(\cos x)/dx = -\sin x$와 다양한 덧셈 공식들은 모두 실 변수 x를 복소 변수 $z = x + iy$로 바꾸어도 여전히 유효하다.

식 (12)의 재미있고 특별한 경우는 z를 순 허수로 택했을 때, 즉 $x = 0$일 때 나타난다. $z = iy$라 하면, 식 (12)는 다음과 같이 된다.

$$\cos(iy) = \cosh y, \quad \sin(iy) = i \sinh y \tag{13}$$

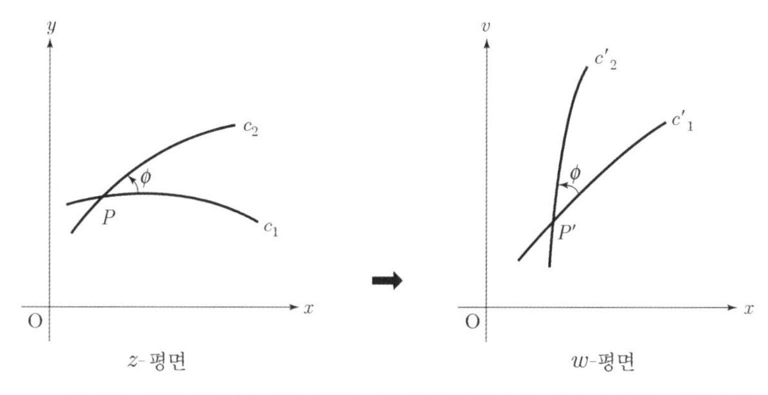

▶ **그림 74** 해석 함수의 등각 성질. 두 곡선의 교각은 사상에 의해 보존된다.

이 놀라운 공식은 복소수의 영역에서 원 함수와 쌍곡선 함수 사이를 자유로이 왕래할 수 있다는 사실을 보여준다. 반면에 실수의 영역에서는 이것들 사이의 형식적으로 유사한 면만을 지적할 수 있다. 복소수 영역으로의 확장은 본질적으로 함수들의 이런 두 집합 사이의 차이를 제거한다.

복소수 영역으로 함수의 확장은 실수 영역에서의 모든 성질을 보존할 뿐만 아니라, 함수에 새로운 특징을 실제로 부여한다. 이번 장의 앞부분에서 복소 변수 함수 $w = f(z)$를 z 평면에서 w 평면으로의 사상으로 해석할 수 있음을 알아봤다. 함수론에서 가장 멋진 정리 중 하나는 $f(z)$가 해석적인(미분 가능한) 각 점에서 이 함수는 '등각 사상'이라는, 즉 각을 보존한다는 정리이다. 등각 사상이란, z 평면에 있는 두 곡선이 각도 ϕ로 교차하면, w 평면에 있는 그것들의 상인 곡선들도 각도 ϕ로 교차함을 의미한다. (교각은 교점에서 두 곡선에 대한 접선 사이의 각으로 정의된다. 그림 74를 보라.) 예를 들면, 앞에서 알아본 대로, 함수 $w = z^2$는 쌍곡선 $x^2 - y^2 = c$와 $2xy = k$를 각각 직선 $u = c$와 $v = k$로 사상한다. 이런 두 개의 쌍곡선족은 '직교'한다. 즉, 한 족에 속하는 각 쌍곡선은 다른 족에 속하는 모든 쌍곡선과 직각으로 교차한다. 상 곡선 $u=c$와 $v=k$는 분명히 직각으로 교차하기 때문에(그림 71을 보라), 이렇게 직교하는 성질을 사상에 의해 보존된다. 둘째 예로, 함수 $w=e^z$을 들 수 있는데, 이 함수는 직선 $y=c$와 $x=k$를 각각 반직선 $\Phi=c$와 원 $R=e^k$으로 사상한다(그림 73을 보라). 또다시 직각인 교각이 보존됨을 알 수 있다. 이 경우에 등각 성질은 원의 모든 접선은 접점에서 반지름과 직교한다는 잘 알려진 정리를 표현한다.

예상할 수 있듯이, 식 (1)의 코시-리만 방정식은 복소 함수론에서 핵심적인 역할을 하고 있다. 이것은 함수 $w=f(z)$가 z에서 해석적이기 위한 조건을 제공할 뿐만 아니라, 복소 해석학에서 가장 중요한 결과 중 하나를 낳는다. 식 (1)의 첫째 방정식을 먼저 x에 관해 미분하고 둘째 방정식을 y에 관해 미분하면, 이계 도함수에 대한 라이프니츠의 표기법을 이용할 때 (d 대신에 ∂를 쓰면, 133쪽을 보라), 다음을 얻는다.

$$\frac{\partial^2 u}{\partial x^2}=\frac{\partial}{\partial x}\left(\frac{\partial v}{\partial y}\right),\quad \frac{\partial^2 u}{\partial y^2}=-\frac{\partial}{\partial y}\left(\frac{\partial v}{\partial x}\right) \tag{14}$$

기호 ∂가 여러 번 나타나서 혼란스러울 것이다. 이를 설명하면, $\partial^2 u/\partial x^2$은 $u(x,y)$의 x에 관해 이계 도함수이고, $\partial/\partial x(\partial v/\partial y)$는 $v(x,y)$의 y와 x에 관한 이 순서대로의 이계 '혼합' 도함수이다. 다시 말하면, 이 식을 안쪽으로부터 바깥쪽으로 시행하는데, 이는 한 쌍의 포개진 괄호 $[(\cdots)]$를 시행할 때와 같다. 다른 두 식도 마찬가지로 시행한다. 이 모든 것이 꽤 혼란스럽게 보이겠지만, 다행스럽게도 미분을 시행하는 순서에 대해 지나치게 걱정할 필요는 없다. 함수 u와 v가 무리 없이 '잘 행동하면'(즉 연속이고 도함수도 연속이면) 미분의 순서는 중요하지 않다. 즉, 일종의 교환 법칙인 $\partial/\partial y(\partial/\partial x)=\partial/\partial x(\partial/\partial y)$이 성립한다. 예를 들면, $u=3x^2y^3$일 때, $\partial u/\partial x=3(2x)y^3$

$= 6xy^3$, $\partial/\partial y(\partial u/\partial x) = 6x(3y^2) = 18xy^2$, $\partial u/\partial y = 3x^2(3y^2) = 9x^2y^2$, $\partial/\partial x(\partial u/\partial y) = 9(2x)y^2 = 18xy^2$이므로 $\partial/\partial y(\partial u/\partial x) = \partial/\partial x(\partial u/\partial y)$이다. 이 결과는 고등 미적분학 교과서에 증명되어 있다. 식 (13)의 우변들이 부호만 다르고 값이 일치하므로, 합이 0이라는 결론을 유도한다. 그러므로 다음 식을 얻는다.

$$\frac{\partial^2 u}{\partial x^2} + \frac{\partial^2 u}{\partial y^2} = 0 \tag{15}$$

$v(x, y)$에 대해서도 마찬가지의 결과를 얻는다. 함수 $w = e^z$를 다시 예로 사용하자. 식 (2)에 의해 $u = e^x \cos y$이므로, $\partial u/\partial x = e^x \cos y$, $\partial^2 u/\partial x^2 = e^x \cos y$, $\partial u/\partial y = -e^x \sin y$, $\partial^2 u/\partial y^2 = -e^x \cos y$이고 $\partial^2 u/\partial x^2 + \partial^2 u/\partial y^2 = 0$이다.

식 (15)를 이차원 '라플라스 방정식'이라고 부르는데, 이것은 프랑스의 위대한 수학자 라플라스(Pierre Simon Marquis de Laplace, 1749-1827)의 이름을 따서 명명되었다. 이 방정식을 삼차원으로 일반화한 $\partial^2 u/\partial x^2 + \partial^2 u/\partial y^2 + \partial^2 u/\partial z^2 = 0$(여기서 u는 세 개의 공간 좌표 x, y, z의 함수이다)은 수리 물리학에서 가장 중요한 방정식의 하나이다. 일반적으로 말하면, 평형 상태에 있는 물리적인 양은, 예를 세 가지만 들면, 전기장, 정상 운동을 하는 유체, 열 평형 상태에 있는 물체의 온도 분포는 삼차원 라플라스 방정식으로 설명된다. 그러나 고려하고 있는 현상이 단 두 개의 공간 좌표, 이를테면 x와 y에만 좌우되는 경우도 있는데, 이런 경우는 식 (15)로 설명된다. 예를 들면, 속도 u가 항상 xy평면에 평행이고 z좌표에 독립적인 정상 운동을 하는 유체를 생각할 수 있다. 이런 운동은 본질적으로 이차원적이다. 해석 함수 $w = f(z) = u(x, y) + iv(x, y)$의 실수부와 허수부가 모두 식 (15)를 만족시킨다는 사실은 속도 u를 복수함수 $f(z)$로 표현할 수 있음을 의미하는데, 이런 함수를 '복소 퍼텐

셜'(complex potential)이라고 부른다. 이렇게 되면 두 개의 독립 변수 x와 y 대신에 단 하나의 독립 변수 z로 다루는 이점이 있다. 더욱이, 고려하고 있는 현상을 복소 함수의 성질을 이용해서 수학적으로 용이하게 다룰 수 있다. 예를 들면, 적절한 등각 사상을 이용해서 유체가 흐르고 있는 z 평면의 한 영역을 w 평면의 좀더 단순한 영역으로 변환시키고, 그곳에서 문제를 푼 다음에 역함수를 이용하여 z 평면으로 되돌릴 수 있다. 이런 기법은 퍼텐셜 이론에서 일상적으로 이용된다.[9]

복소 함수론은 19세기 수학의 가장 위대한 업적 세 가지 중 하나이다(나머지는 추상 대수학과 비유클리드 기하학이다). 이것은 뉴턴과 라이프니츠가 상상도 할 수 없었던 영역으로, 미분학과 적분학의 확장을 의미했다. 1750년경 오일러는 복소 함수론을 개척했고, 코시, 리만, 바이어슈트라스 등과 19세기의 다른 많은 수학자는 이 분야가 현재 누리고 있는 지위까지 끌어올렸다. (덧붙여 말하면, 코시는 극한 개념을 최초로 정확하게 정의했고, 이를 통해 유율과 미분의 모호한 개념을 제거했다.) 뉴턴과 라이프니츠가 자신들의 창작품이 이 정도로 크게 발전할 때까지 살아 있었다면, 어떤 반응을 보였을까? 아마도 틀림없이 놀라움과 경탄으로 반응했을 것이다.

주석과 출전

1. 다음에서 인용했다. Robert Edouard Moritz, *On Mathematics and Mathematicians* (Memorabilia Mathematica) (1914; rpt. New York; Dover, 1942), p. 282.
2. 음수와 복소수의 역사는 다음을 보라. Morris Klein, *Mathematics: The Loss of Certainty* (New York: Oxford University Press, 1980), pp.

114-121.

David Eugene Smith, *History of Mathematics*, 2 vols. (1923; rpt. New York: Dover, 1958), 2:257-260.

3. 사실, 가우스는 이에 대해 네 가지의 서로 다른 증명을 제시했는데, 마지막 증명은 1850년에 발표했다. 둘째 증명은 다음을 보라. David Eugene Smith, *A Source Book in Mathematics* (1929; rpt. New York: Dover, 1959), pp. 92-306.
4. 이 정리는 다항식의 계수가 복소수인 경우에도 성립한다. 예를 들면, 다항식 $x^3-2(1+i)x^2+(1+4i)x-2i$의 세 근은 1, 2, $2i$이다.
5. 이 조건이 성립하지 않는 함수의 예는 절댓값 함수 $y=|x|$이다. 이 함수의 그래프는 원점에서 45°의 각을 형성하는 *V*자 형태이다. $x=0$에서 이 함수의 미분 계수를 구하면, x가 왼쪽과 오른쪽에서 0에 접근하는 방식에 따라 서로 다른 결과 1과 -1을 얻는다. 이 함수는 $x=0$에서 '우 미분 계수'와 '좌 미분 계수'를 갖지만, 단 하나의 미분 계수는 존재하지 않는다.
6. 복소 변수 함수론에 관한 책을 보라.
7. 이것은 $e^w \cdot e^z$에서 출발해서, 각 인수를 식 (2)의 우변에 있는 대응하는 식으로 바꾸고, 사인과 코사인의 덧셈 공식을 이용해서 증명할 수 있다.
8. 음수와 허수의 로그 값에 관한 논쟁은 다음 책에서 좀더 자세하게 다루었다.

   Florian Cajori, *A History of Mathematics* (1894), 2nd ed. (New York: Macmillan, 1919), pp. 235-237.
9. 그러나 이것은 오직 이차원에서만 가능하다. 삼차원에서는 반드시 다른 방법, 이를테면 벡터 해석학을 사용해야만 한다. 다음을 보라. Erwin Kreyszig, *Advanced Engineering Mathematics* (New York: John Wiley, 1979), pp. 551-528, ch. 18.

대단히 놀라운 발견

'소수'는 자기 자신과 1만으로 나누어떨어지는 1보다 큰 정수이다. 처음 몇 개의 소수를 나열하면, 2, 3, 5, 7, 11, 13, 17, 19, 23, 29이다. 1보다 크고 소수가 아닌 정수를 '합성수'라고 한다. (수 1은 소수도 아니고 합성수도 아니라고 생각한다.) 수론(과 수학 전체)에서 소수의 중요성은 1보다 큰 모든 정수를 단 한 가지의 방법으로 소수들로 인수 분해할 수 있다(즉 소수들의 곱으로 나타낼 수 있다)는 사실에 기인한다. 예를 들면, 합성수 12는 2와 6의 곱이지만 $(12=2\times6)$, $6=2\times3$이므로 $12=2\times2\times3$이다. 다른 방법으로 시작해도, 이를테면 $12=3\times4$이면 $4=2\times2$이므로 $12=3\times2\times2$이기 때문에, (소인수의 순서를 제외하면) 앞에서 얻은 결과와 일치한다. 이 중요한 사실을 '산술의 기본 정리'라고 부른다.

소수에 대해 알고 있는 몇 가지 사실 중 하나는 소수가 무수히 많다는 것이다. 즉, 소수를 적어 내려가면 절대 끝이 나지 않는다. 이런 사실은 유클리드의《원론》제9권에 증명되어 있다. 가장 작은 소수는 2인데, 이 수는 소수 중 유일한 짝수이다. 이 책을 인쇄하고 있을 때까지 발견된 가장 큰 소수는 $2^{2976221}-1$이다. 이 수는 895,932자리의 수로 스펜스(Gordon Spence)가 1997년 12월 가정용

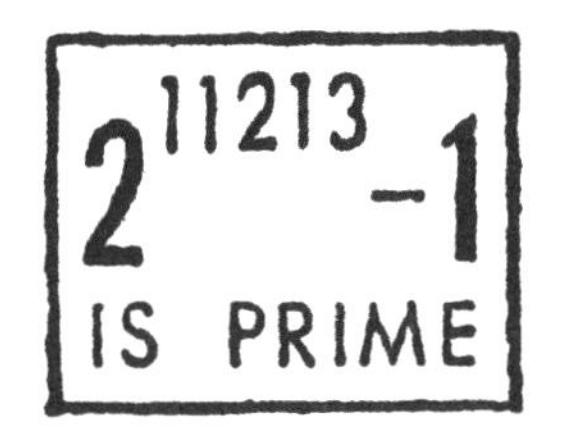

▶ 그림 75 새로운 소수의 발견을 기념하는 우체국 소인

컴퓨터로 발견했는데, 그는 인터넷에서 다운로드받은 프로그램을 이용했다. 이 수를 인쇄한다면, 450쪽의 책을 모두 채울 것이다.[1] 새로운 소수의 발견은 통상 샴페인으로 축하를 받거나 우표 소인의 문양으로 기념되곤 했다(그림 75). 오늘날에는 컴퓨터 제작사 또는 소프트웨어 회사는 새로운 소수를 발견하면 기업의 이익을 올릴 목적으로 크게 떠들어대곤 한다. 과거에는 순수 수학의 독점적인 영역이었던 소수는 최근에 국가 방위의 문제와 예상치 못한 관계를 맺게 되었는데, 이것은 매우 큰 두 소수의 곱을 소인수 분해하기가 (그 소수들을 모르고 있는 사람에게는) 어렵다는 사실에 근거하고 있다. 이것이 바로 '공개 열쇠 암호 체계'의 기초이다.

소수에 관한 대부분의 문제는 아직도 풀리지 않고 있는데, 이에 따라 소수는 신비로운 분위기 속에 싸여 있다. 예를 들면, 소수는 p와 $p+2$와 같은 형태의 쌍으로 배열되는 경향을 보인다. 이를테면, 3과 5, 5와 7, 11과 13, 17과 19, 101과 103을 들 수 있다. 이런 쌍을 큰 수에서도 찾아볼 수 있는데, 이를테면 29,879와 29,881, 140,737,488,353,699와 140,737,488,353,701이 있다. 1990년까지 알려진 가장 큰 쌍은 $1,706,595 \times 2^{11235} \pm 1$인데, 각각 3,389자리의 수이다.[2] 이런 '쌍둥이 소수'가 무수히 많은지는 아직도 밝혀지지 않았지만, 대부분의 수학자는 그럴 것이라고 믿고 있다. 그러나 아직도 이 추측은 증명되지 않았다.

소수와 관련된 또 다른 미해결 문제는 '골드바흐의 추측'인데, 독일의 수학자 골드바흐(Christian Goldbach, 1690-1764)의 이름을 따서 명명되었다(이 사람은 나중에 러시아의 외무 장관을 지냈다). 그는 1742년 오일러에게 쓴 편지에서 4 이상의 모든 짝수는 두 소수의 합이라고 추측했다. 예를 들면, $4 = 2 + 2$, $6 = 3 + 3$, $8 = 3 + 5$, $10 = 5 + 5 = 3 + 7$, $12 = 5 + 7$이다. (이 추측은 홀수에 대해서는 성립하지 않는데, 쉽게 확인할 수 있듯이 11은 두 소수의 합이 아니다.) 우리가 알고 있는 한, 오일러는 골드바흐의 추측을 증명하지 못했지만, 그뿐만 아니라 다른 어떠한 수학자도 이를 증명하지도 못했고 반례를 찾지도 못했다. 이 추측은 적어도 10^{10}까지의 모든 짝수에 대해 참으로 밝혀졌지만, 물론 이것이 모든 짝수에 대해 그 추측이 성립함을 보장하지는 못한다. 이것은 수학에서 중요한 미해결 문제의 하나로 남아있다.[3]

소수가 가장 호기심을 끄는 면 중 하나는 소수가 정수 사이에 아무렇게나 흩어져 있고 소수의 분포를 지배하는 분명한 양식이 전혀 없을 것으로 보인다는 점이다. 사실, 현재까지 소수만을 생성하는 또는 소수의 정확한 분포를 예견하는 공식을 찾으려는 모든 시도가 실패로 끝났다. 그렇지만 수학자들이 관심의 초점을 개별적인 소수에서 소수 전반의 평균적인 분포로 돌리면서 획기적인 돌파구가 마련되었다. 1792년 15세의 가우스는 독일-스위스의 수학자 람베르트(Johann Heinrich Lambert, 1728-1777)가 편집한 소수표를 면밀하게 관찰했다. 그는 어떤 주어진 정수 x 이하의 소수의 개수를 지배하는 법칙을 찾아내고 싶었다. 오늘날 이 개수를 π로 나타내는데, 이것은 x에 관한 함수이기 때문에, $\pi(x)$로 나타낸다(물론 여기서 문자 π는 수 $\pi = 3.14\cdots$와 아무런 관계가 없다). 예를 들면, 12보다 작은 소수가 5개가 있으므로$(2, 3, 5, 7, 11)$ $\pi(12) = 5$이다. 마찬가지로 $\pi(13) = 6$인데, 여기서 13 자신은 소수이다.

$\pi(x)$의 값은 다음 소수가 나올 때까지는 변하지 않음을 주목하자. 그러므로 $\pi(14)$는 또다시 6이고, $\pi(15)$와 $\pi(16)$도 마찬가지이다. 따라서 $\pi(x)$는 1만큼 증가하는 데 필요한 간격들은 불규칙하다. 그렇지만 정수를 대충 관찰하더라도 이 간격들이 평균적으로 점점 더 커진다는 사실을 알 수 있다. 즉, 임의로 선택한 정수가 소수일 확률은, 평균적으로, 큰 수로 진행할수록 작아진다. 가우스는 큰 수 x에 대해서 $\pi(x)$의 행동을 어떤 특정한 함수로 근사시킬 수 있는지에 대해 스스로 물었다. 그는 람베르트의 소수표를 주의 깊이 조사한 뒤에 다음과 같이 대담하게 추측했다. "큰 수 x에 대해 $\pi(x) \sim x/\ln x$이다." 여기서 $\ln x$는 x의 자연 로그(밑이 e인 로그)이고, 기호 ~는 $x/\ln x$에 대한 $\pi(x)$의 비가 x의 값이 한없이 커짐에 따라 1에 가까워짐을 의미한다. 기호로 나타내면 $\lim_{x\to\infty}\pi(x)/(x/\ln x) = 1$이다.[4] 이 유명한 명제는 '소수 정리'로 불리게 되었다.

소수 정리를 동치인 명제 $\pi(x)/x \sim 1/\ln x$로 쓰면, 이를 소수의 평균 밀도, 즉 주어진 정수가 소수인 확률은 x의 값이 한없이 커질 때 $1/\ln x$에 한없이 가까워진다는 말로 해석할 수 있다. 다음 표는 x의 값이 커짐에 따라 $\pi(x)/x$와 $1/\ln x$의 비를 비교하고 있다.

x	$\pi(x)$	$\pi(x)/x$	$1/\ln x$
10	4	.4000	.4343
100	25	.2500	.2171
1,000	168	.1680	.1448
10,000	1,229	.1229	.1086
100,000	9,592	.0959	.0869
1,000,000	78,498	.0785	.0724
10,000,000	664,579	.0665	.0620
100,000,000	5,761,455	.0576	.0543

어린 가우스는 자신의 추측을 로그표의 뒷면에 적어두었다. 그곳에서 다음과 같은 문장을 찾아볼 수 있다.

Primzahlen unter $a(=\infty)$ $a/\mathrm{l}a$.

가우스는 자신의 추측을 증명하려고 시도하지는 않았다. 이에 대한 증명은 뛰어난 많은 수학자들을 괴롭혔는데, 이런 수학자 중에는 독일의 수학자 리만도 있었다. 가우스의 제자인 리만은 1859년 이 주제에 관한 중요한 논문을 발표했다. 1896년이 되어서야 드디어 프랑스의 아다마르(Jacques Salmon Hadamard, 1865-1963)와 벨기에의 푸생(Charles de la Valleé-Poussin, 1866-1962)은 독자적으로 가우스의 추측을 증명하는 데 성공했다.

소수 정리에 등장하는 자연 로그는 수 e가 소수와 간접적으로 관계되어 있음을 보여준다. 이런 관계가 실제로 존재한다는 사실은 정말 놀랍다. 소수는 이산 수학의 진수인 정수 영역에 속하지만, 수 e는 극한과 연속성의 영역인 해석학 분야에 속하기 때문이다.[5] 《수학이란 무엇인가》(What is Mathematics?)에는 다음과 같은 쿠랑(Richard Courant)과 로빈스(Herbert Robbins)의 말이 있다.[6]

> 소수 분포의 평균적인 행동을 로그 함수로 설명할 수 있다는 사실은 아주 놀라운 발견이다. 왜냐하면 겉으로 보기에 아무런 관계가 없을 것으로 보이는 두 가지 수학 개념이 실제로 매우 밀접하게 연결되어야 한다는 것은 놀랍기 때문이다.

주석과 출전

1. *Focus* (newsletter of the Mathematical Association of America), Dec. 1997, p. 1.

2. David M. Burton, *Elementary Number Theory* (Dubuque, Iowa: Wm. C. Brown, 1994), p. 53.
3. 골드바흐의 추측에 대한 좀더 자세한 역사는 다음을 보라. Burton, pp. 52-56, 124.
4. $\pi(x)/x$가 $1/\ln x$에 '점근적으로' 가까워진다고 한다.
5. 다소 유사한 관계가 정수와 $\pi = 3.14\cdots$ 사이에 존재하는데, 그 예로 월리스의 곱을 들 수 있다(68쪽을 보라).
6. London: Oxford University Press, 1941.

15장

도대체 e는 어떤 수인가?

수는 만물을 지배한다.
–피타고라스 학파의 표어

π의 역사는 고대까지 거슬러 올라간다. 반면에 e의 역사는 겨우 4세기 정도 되었다. 수 π는 원의 둘레와 넓이를 찾는 기하학적 문제에서 유래했다. e의 기원은 이보다 덜 명확한데, 16세기에 시작된 것으로 보인다. 당시 복리 이자에 관한 공식에 등장하는 식 $(1+1/n)^n$은 n이 증가함에 따라 약 2.71828인 어떤 극한에 가까워지는 경향이 있다는 사실을 알게 되었다. 그래서 e는 $n\to\infty$일 때 $e = \lim(1+1/n)^n$이라는 극한 과정으로 정의된 최초의 수가 되었다. 얼마 동안 이 새로운 수는 신기한 대상으로 여겨졌다. 그 뒤 생-빈센트가 쌍곡선의 구적에 성공하면서 로그 함수와 수 e가 수학의 전면에 등장하게 되었다. 결정적인 단계는 미적분학의 발견과 함께 이루어졌는데, 당시 로그 함수의 역함수(나중에 e^x로 나타냄)가 자기 자

신의 도함수와 같다는 사실이 밝혀졌다. 이 사실은 즉시 수 e와 함수 e^x가 해석학에서 중추적인 역할을 담당하게 만들었다. 그 뒤 1750년경 오일러는 변수 x가 허수와 복소수를 취하도록 확장했는데, 이렇게 얻은 함수의 놀라운 성질과 함께 복소 함수론에 이르는 길이 열렸다. 그러나 '도대체 e는 정확하게 어떤 종류의 수인가?'라는 의문은 여전히 풀리지 않은 채로 남아 있었다.

역사의 시작과 함께 인류는 수를 다루어야만 했다. 고대인들에게(그리고 오늘날에도 일부 종족에게) 수는 셈수를 의미했다. 사실, 자신의 소유물을 셀 필요만 있다면, 셈수('자연수' 또는 '양의 정수'라고도 부름)만으로 충분하다. 그렇지만 조만간 넓은 땅의 넓이, 술통의 부피, 이 마을에서 저 마을까지의 거리 등을 구하기 위한 측정을 다루어야만 했다. 이런 측정 결과 어떤 단위의 정확한 정수 배가 되지 않을 가능성이 매우 높다. 그래서 분수가 필요해진다.

분수는 이집트 사람들과 바빌로니아 사람들도 이미 알고 있었는데, 그들은 분수를 기록하고 계산하는 독창적인 방법을 고안했었다. 그러나 분수를 수학적 체계와 철학적 체계의 중추적인 기둥으로 만들고, 거의 신화적인 위치로 끌어올린 것은 피타고라스의 가르침에 영향을 받은 그리스 사람들이었다. 피타고라스 학파는 이 세상의 모든 것을, 물리학과 우주론으로부터 예술과 건축까지, 분수(즉 유리수)를 이용해서 표현할 수 있다고 믿었다. 이런 믿음은 거의 확실하게 음악의 화음 법칙에 대한 피타고라스의 관심에서 비롯되었던 것으로 보인다. 그는 줄, 종, 물이 담긴 유리잔 등과 같이 다양한 소리를 생성하는 물체를 가지고 실험했는데, 진동하는 현의 길이와 생성되는 소리의 높이 사이에는 현의 길이가 짧을수록 높은 소리가 난다는 양적 관계를 발견했다고 한다. 게다가, 그는 통상적인 음정(음악 보표에서 음 사이의 거리와 음조)은 현의 길이의 단순한 비에 대응한다는 사실을 발견했다. 예를 들면, 8도 음정(1옥타브)은 현의 길이의 비 2:1에 대응하고, 5도 음정은 3:2, 4도 음정은 4:3에 대응한다. (8도, 5도, 4도는 음계에서 각 음정의 위치를 지시한다. 182쪽을 보라.) 피타고라스는 바로 이 세 가지 비, 즉 '완전' 음정에 기초해서 그의 유명한 음계를 고안했다. 그러나 그는 더욱더 나아갔다. 그는 이런 발견을 정수들의 간단한 비가 음악의 화음만이 아니라 온 우주를 지배함을 의미하는 것으로 해석했다. 이렇게 터무니없는 논리 전개는 그리스의 철학에서 음악이, 좀더 자세하게 말하면 (단순한 연주와 대립되는) 음악의 이론이 자연 과학, 특히 수학과 동등한 위치에 있었다는 사실을 상기하는 경우에만 이해될 수 있다. 이에 따라 피타고라스는 음악이 유리수에 기초를 두고 있다면, 분명히 온 우주도 반드시 그럴 것이라고 결론을 지었다. 그래서 합리적(rational) 사고가 그리스 사람들의 철학을 지배한 것과 마찬가지로 유리수(rational number)는 그리스 사람들의 세계관을 지배했다. (사실, rational을 뜻하는 그리스 단어는 'logos'인데, 이것으로부터 현대의 용어 'logic'(논리)이 파생되었다.)

피타고라스의 삶에 관해 전해지는 것은 거의 없다. 우리가 알고 있는 모든 내용은 그가 죽고 여러 세기가 지난 뒤에 쓰여진 글로부터 얻은 것인데, 이런 글이 그가 발견한 사실들을 언급하고 있다. 그러므로 그에 관한 거의 모든 이야기는 상당히 비판적인 시각에서 검토해야 한다.[1] 피타고라스는 기원전 570년경 에게 해의 사모스 섬에서 태어났다. 사모스 섬으로부터 멀지 않은 소아시아 본토에는 밀레토스라는 도시가 있었는데, 이곳에는 그리스 최고의 철학자 탈레스가 살고 있었다. 그래서 탈레스보다 50세 정도 젊은 피타고라스가 밀레토스에 가서 이 위대한 철학자로부터 배웠을 가능성이 꽤 높다. 그 뒤 그는 고대 세계 전역을 여행했으며, 최종적으로 (현재 이탈리아의 남부에 있는) 크로톤이라는 도시에 정착했다. 이곳에 그는 그 유명한 철학 학교를 창설했다. 피타고라스의 학교는 단순히 철학적인 토론을 위한 장소만이 아니었다. 구성원들이 비밀에 붙인 규칙으로 결속된 신비로운 집단이었다. 피타고라스 학파는 자신들의 논의 내용을 결코 기록으로 남기지 않았다. 그러나 그들이 논의한 내용은 르네상스 시대까지도 유럽의 과학적인 사고에 엄청난 영향을 끼쳤다. 마지막 피타고라스주의자의 한 사람은 뛰어난 천문학자 케플러였다. 그는 유리수의 지배에 대한 강렬한 믿음 때문에 행성의 운동 법칙을 찾는 연구에서 30년 이상 잘못된 길에 빠졌었다.

물론, 유리수를 수학에서 중추적인 대상으로 만드는 것은 철학적인 논거만이 아니다. 정수로부터 유리수를 구분하는 하나의 성질은 다음과 같다. "유리수는 조밀한 수 집합을 형성한다." 이 성질은 임의의 두 분수 사이에는, 그것들이 아무리 가까이 있더라도 언제나 또 다른 분수가 있음을 의미한다. 예로 1/1001과 1/1000을 들어보자. 이 두 분수는 확실히 매우 가까이 있고 이 수들의 차는 약 1/1000000이다. 그러나 이 수들 사이에 있는 분수를 쉽게 찾을 수 있다. 이를테면 2/2001가 있다. 그리고 이 과정을 반복해서 2/2001과 1/1000 사이에 있는 분수를 또 찾을 수 있으며(이를테면 4/4001), 이 과정을 한없이 반복할 수 있다. 임의의 두 분수 사이에는 하나의 분수를 위한 공간 정도가 아니라 무수히 많은 새로운 분수들을 위한 공간이 있다. 이에 따라 유리수만을 이용해서 모든 측정 결과를 표현할 수 있다. 왜냐하면 모든 측정의 정확성은 본질적으로 측정 도구의 정밀도에 의해 제한을 받기 때문이다. 우리가 기대할 수 있는 최선은 근삿값을 얻는 것인데, 이를 위해서는 유리수이면 충분하고도 남는다.

조밀하다는 말은 유리수들이 수직선에 분포하는 방식을 정확하게 반영한다. 수직선 위에서 임의의 선분을 선택하자. 아무리 작아도 상관 없다. 그러면 언제나 그 선분에는 무수히 많은 '유리수 점'(원점으로부터의 거리가 유리수로 표현되는 점)이 들어 있다. 그래서 그리스 사람들과 같이 수직선 전체가 유리수 점으로 이루어졌다고 결론을 내리는 것이 자연스러워 보인다. 그런데 수학에서는 자연스럽게 보이는 결론도 종종 거짓으로 밝혀진다. 수학사에서 가장 중요한 사건 중 하나는, 유리수가 조밀함에도 불구하고 수직선에는 유리수와 대응하지 않는 점으로 이루어진 '구멍'이 존재한다는 발견이었다.

이런 구멍의 발견을 피타고라스의 업적이라고 하지만, 피타고라스의 어떤 제자가 이를 발견했다고 해도 상관 없을 것이다. 이를 명확하게 밝힐 수는 없다. 왜냐하면 피타고라스 학파는 위대한 스승에 대한 존경심에서 자신들의 모든 발견을 피타고라스의 공으로 돌렸다. 이 발견은 (변의 길이가 1인) 단위 정사각형의 대각선의 길이와 관계가 있었다. 대각선의 길이를 x라고 놓자. 피타고라스 정리에 의해 $x^2 = 1^2 + 1^2 = 2$가 성립하므로, x는 2의 제곱근으로 $\sqrt{2}$으로 나타낸다. 피타고라스 학파는 물론 이 수가 어떤 분수와 같다고 가정했고, 그 수를 찾으려고 필사적으로 노력했다. 그러던 어느 날 그들 중 한 명은 $\sqrt{2}$가 분수와 같을 수 없다는 놀라운 사실을 발견했다. 그래서 '무리수'가 존재한다는 사실이 밝혀졌다.

아마도 거의 틀림없이, 그리스 사람들은 기하학적 논증 방법을 이용해서 $\sqrt{2}$가 무리수임을 증명했을 것이다. 오늘날 $\sqrt{2}$가 무리수임을 증명하는 기하학적이 아닌 방법이 여러 가지 있는데, 모두 간접적인 증명 방법이다. $\sqrt{2}$가 두 정수의 비, 이를테면 m/n이라는 가정에서 시작해서, 이 가정이 모순에 이름을 보이고, 이에 따라 $\sqrt{2}$는 정수의 비가 될 수 없음을 보인다. m/n을 기약분수라고 가정하자(즉, m과 n은 공약수는 1뿐이다). 여기서 서로 다른 방향으로 진행할 수 있는 여러 가지 방법이 있다. 예를 들면, 식 $\sqrt{2} = m/n$의 양변을 제곱해서 $2 = m^2/n^2$, 즉 $m^2 = 2n^2$을 얻는다. 이것은 m^2과 이에 따라 m 자신이 짝수임을 뜻한다(왜냐하면 홀수의 제곱은 언제나 홀수이기 때문이다). 그러므로 적당한 정수 r에 대해 $m=2r$이다. 그러면 $(2r)^2=2n^2$ 또는 단순화해서 $n^2=2r^2$을 얻는다. 그런데 이것은 n도 역시 짝수, 즉 적당한 정수 s에 대해 $n=2s$임을 뜻한다. 그래서 m과 n은 모두 짝수가 되고 공약수 2를 가지는데, 이것은 m/n이 기약 분수라는 가정에 모순된다. 따라서 $\sqrt{2}$는 분수가 될 수 없다.

$\sqrt{2}$가 무리수라는 사실의 발견은 피타고라스 학파에게는 엄청난 충격이었다. 왜냐하면 분명하게 측정할 수 있고 자와 컴퍼스로 작도할 수 있지만, 그럼에도 불구하고 유리수가 아닌 양이 존재했기 때문이다. 그들은 대단히 당혹스러웠기 때문에, $\sqrt{2}$를 수로 생각하지 않았고, 실제로 정사각형의 대각선을 수가 대응하지 않는 크기로 간주했다. (사실, '수는 만물을 지배한다'는 피타고라스 학파의 주장에 모순되는 산술적인 수와 기하학적 크기 사이의 이런 구별은 그 뒤 그리스 수학의 필수적인 요소가 되었다.) 피타고라스 학파는 자신들의 비밀 서약을 지키기 위해서 이 발견을 비밀에 붙이하기로 맹세했다. 그러나 전해지는 이야기에 따르면, 그들 중 히파소스(Hippasus)라는 사람은 자신의 소신대로 무리수의 존재를 세상에 알리기로 결심했다. 비밀 서약을 파기하려는 데 놀란 동료들은 서로 공모해서 그들이 타고있던 배 밖으로 그를 던져버렸다.

그러나 무리수가 발견되었다는 소식은 퍼져나갔고, 곧 다른 무리수들도 발견되었다. 예를 들면, 모든 소수의 제곱근은 무리수이고, 대부분의 합성수의 제곱근도 그렇다. 유클리드가 원론을 편찬한 기원전 3세기까지 무리수의 신기함이 거의 사라졌다. 원론 제5권에서는 무리수에 대한, 즉 당시에 불린 대로 '같은 단위로 측정할 수 없는'(incommensurable, 공통 측정 단위가 없는) 선분들에 대한 포괄적인 기하학적 이론을 다루었다. (선분 AB와 CD가 공통 측정 단위를 가진다면 이것들의 길이는 정확하게 제3의 선분 PQ의 길이의 배수가 될 것이다. 그러면 적당한 정수 m과 n에 대해 $AB = mPQ$이고 $CD = nPQ$가 성립한다. 이에 따라 $AB/CD = mPQ/nPQ = m/n$, 즉 유리수가 된다.) 그렇지만 기하학적 개념을 이용하지 않는 무리수에 대한 완전히 만족스러운 이론은 1872년에야 등장했는데, 이 해에 데데킨트(Richard Dedekind, 1831-1916)는 이런 이론을 다룬 유명한 책 《연속성과 무리수》라는 책을 출판했다.

무리수들의 집합과 유리수들의 집합을 합하면, '실수'들로 이루어진 더 큰 집합을 얻는다. 실수는 소수로 나타낼 수 있는 수이다. 소수에는 세 가지 형태가 있는데, 1.4와 같은 유한 소수, ($0.\overline{27}$로 나타내는) 0.272727…과 같이 순환하는 무한 소수, 0.1010010001…과 같이 순환하지 않는 무한 소수 등이 바로 그것이다(여기서 0.1010010001…의 숫자들은 결코 정확하게 똑같은 순서로 다시 나타나지 않는다). 처음 두 가지 형태의 소수는 언제나 유리수를 표현하고(예를 들면 $1.4 = 7/5$이고 $0.2727\cdots = 3/11$이다), 반면에 세 번째 형태의 소수는 무리수를 표현한다는 사실은 잘 알려져 있다.

실수에 대한 소수 표현은, 측정을 목적으로 하는 실질적인 점에서는 무리수가 필요하지 않다고 앞에서 지적한 사실을 즉시 확인시켜 준다. 왜냐하면 무리수를 언제나 유리수 근삿값들의 수열로 접근시킬 수 있기 때문이다. 그리고 원하는 만큼 정확한 근삿값을 얻을 수 있다. 예를 들면, 유리수 수열 1, $1.4(=7/5)$, $1.41(=141/100)$, $1.414(=707/500)$, $1.4142(=7071/5000)$는 모두 $\sqrt{2}$에 대한 유리수 근삿값인데, 점점 더 정확해진다. 수학에서 무리수를 매우 중요하게 만드는 것은 그것의 '이론적인' 면이다. 수직선에서 유리수가 대응하지 않기 때문에 남아 있는 구멍을 채우기 위해서는 무리수가 필요하다. 무리수는 실수의 집합을 완비 체계인 '수 연속체'(number continuum)로 만들어준다.

이런 상태로 그 다음 2500년이 유지되었다. 그러다가 1850년경 새로운 종류의 수가 발견되었다. 초등 대수학에서 접하는 대부분의 수는 간단한 방정식의 해로 생각할 수 있다. 좀더 정확하게 말하면, 이런 수들은 계수가 정수인 다항 방정식의 해이다. 예를 들면, 수 -1, $2/3$, $\sqrt{2}$는 각각 다항 방정식 $x+1=0$, $3x-2=0$, $x^2-2=0$의 해이다. (수 $i=\sqrt{-1}$도 방정식 $x^2+1=0$을 만족시키므로 이런 종류의 수이다. 그러나 여기서는 실수에 대해서만 논의하겠다.) $\sqrt[3]{1-\sqrt{2}}$과 같이 복잡하게 보이는 수조차도 이런 범주에 속한다. 왜냐하면 쉽게 확인할 수 있듯이 이 수는 방정식 $x^6-2x^3-1=0$을 만족시키기 때문이다. 계수가 정수인 다항 방정식을 만족시키는(다항 방정식의 해인) 실수를 '대수적'(algebraic)이라고 한다.

분명히, 모든 유리수 a/b는 대수적이다. 이런 수는 방정식 $bx-a=0$을 만족시키기 때문이다. 그러므로 대수적이 아닌 수는 반드시 무리수이다. 그러나 역은 성립하지 않는다. $\sqrt{2}$의 예가 보여주듯이, 무리수도 대수적이 될 수 있다. 이에 따라 다음과 같은 문제가 제기된다. "대수적이지 않은 무리수가 존재할까?" 19세기 초반기에 이르러 수학자들은 이 문제의 답이 '그렇다'라고 생각하기 시작했지만, 그런 수를 실제로 발견하지는 못했다. 대수적이지 않은 수가 발견되었다 하더라도 그것을 이상하게 생각했을 것이다.

1844년 프랑스의 수학자 리우빌(Joseph Liouville, 1809-1882)은 대수적이지 않은 수가 실제로 존재한다는 사실을 증명했다. 그의 증명은 간단하지는 않았지만,[2] 그는 자신의 증명에 따라 이런 수의 예를 여러 개 만들 수 있었다. 그의 예 중의 하나로 '리우빌의 수'라고 부르는 다음과 같은 수가 있다.

$$\frac{1}{10^{1!}}+\frac{1}{10^{2!}}+\frac{1}{10^{3!}}+\frac{1}{10^{4!}}+\cdots$$

이 수를 소수로 나타내면 0.110001000000000000000000100⋯이다. (0

으로 이루어진 구간의 길이가 점점 더 길어지는 이유는 리우빌 수의 각 항에서 분모의 지수에 $n!$이 들어 있기 때문인데, 이에 따라 각 항은 대단히 빨리 감소한다.) 또 다른 예로 0.12345678910111213⋯이 있는데, 이 수에 나타나는 숫자들은 크기 순서대로 배열된다. 대수적이 아닌 실수를 '초월적 수(초월수)'라고 한다. 이 용어에는 신비로운 점이 전혀 없다. 이것은 단지 이런 수가 대수적 수의 영역을 초월한다(넘어선다)는 점을 지적할 뿐이다.

기하학의 일상적인 문제로부터 발견된 무리수와 대조적으로, 최초의 초월적 수는 그런 수가 존재한다는 사실을 밝히기 위한 목적으로 특별히 창조되었다. 이런 점에서 초월적 수는 '인공적인' 수이다. 그러나 이런 목적이 달성되자마자, 좀더 평범한 수들, 특히 π와 e에 관심을 갖게 되었다. 이 두 수가 무리수라는 사실은 한 세기 훨씬 전부터 알려졌었다. 오일러는 1737년 e와 e^2이 무리수임을 증명했고,[3] 스위스-독일의 수학자 람베르트는 1768년 π가 무리수임을 증명했다.[4] 람베르트는 0 이외의 유리수 x에 대해 함수 e^x와 $\tan x (= \sin x / \cos x)$의 값이 유리수가 될 수 없음을 보였다.[5] 그런데 $\tan \pi/4 = \tan 45° = 1$은 유리수이므로, $\pi/4$와 이에 따라 π는 틀림없이 무리수이다. 람베르트는 π와 e가 초월적 수라고 생각했지만, 이를 증명할 수는 없었다.

그 때부터 π와 e의 역사는 밀접하게 얽혀지게 되었다. 리우빌은 e가 계수가 정수인 이차 방정식의 해가 될 수 없다는 사실을 증명했다. 그러나 물론 이것은 e가 초월적 수라는, 즉 계수가 정수인 모든 다항 방정식의 해가 될 수 없다는 사실에 대한 증명으로는 부족하다. 이 과제를 또 다른 프랑스의 수학자 에르미트(Charles Hermite, 1822-1901)가 맡았다.

에르미트는 선천적으로 다리가 기형이었는데, 이런 장애로 군 복무를 면제받았기 때문에 그에게는 유리한 점도 있었다. 그는 그 유명한 에콜 폴리테크니크의 학생 시절에는 뛰어난 성적을 올리지 못했지만, 곧 19세기 후반기의 가장 독창적인 수학자의 한 사람이 되었다. 그는 수론, 대수학, 해석학(그의 전공은 고등 해석학의 한 주제인 타원 함수였다) 등을 포함해서 광범위한 분야를 연구했으며, 폭넓은 시야로 겉으로는 서로 다르게 보기는 분야 사이의 관계를 많이 찾아냈다. 그는 이런 연구 이외에도 고전이 된 수학 교과서를 여러 권 썼다. 수 e가 초월적 수라는 그의 유명한 증명은 1873년 30쪽이 넘는 연구 논문으로 발표되었다. 그 논문에서 에르미트는 실제로 두 가지의 서로 다른 증명을 제시했는데, 두 번째 증명이 좀더 엄밀하다.[6] 그는 증명의 결과로서 e와 e^2에 대한 다음과 같은 유리수 근삿값을 찾아냈다.

$$e \approx \frac{58291}{21444}, \quad e^2 \approx \frac{158452}{21444}$$

수 e에 대한 유리수 근삿값을 소수로 나타내면 2.718289498인데, 이것은 참값과 0.0003퍼센트보다 작은 오차의 한계 내에 있다.

수 e의 속성을 알아낸 에르미트는 모든 노력을 기울여 수 π에 대해서도 그와 같은 연구를 했을 것이라고 예상할 것이다. 그러나 그는 한 제자에게 보낸 편지에서 다음과 같이 썼다. "나는 π가 초월적 수임을 증명하려고 결코 시도도 하지 않을 것이다. 어떤 사람이 이 과제를 떠맡고 성공한다면, 나보다 더 기뻐할 사람은 없을 것이다. 그렇지만 확신하건대 이를 해결하기 위해서는 많은 노력이 필요할 것이다."[7] 분명히, 그는 이 과제가 만만치 않을 것이라고 예상했다. 그러나 에르미트가 e가 초월적 수임을 증명하고 겨우 9년이 지난 뒤인 1882년, 독일의 수학자 린데만(Carl Louis Ferdinand Linemann, 1852-1939)은 노력의 결실을 얻었다. 린데만은 에르미트의 증명 방법을 모방해서, 다음과 같은 꼴의 식이 결코 0이 될 수 없음을 밝혔다.

$$A_1e^{a_1}+A_2e^{a_2}+\cdots+A_ne^{a_n}$$

여기서 a_i들은 서로 다른 대수적 수(실수 또는 복소수)이고, A_i들은 대수적 수이다(모든 A_i들이 0인 자명한 경우는 제외한다).[8] 그런데 우리는 0과 같아지는 이런 식 하나를 알고 있다. 바로 오일러의 공식 $e^{\pi i}+1=0$이 있다(좌변을 $e^{\pi i}+e^0$과 같이 나타낼 수 있는데, 이것은 원하는 꼴의 식이다). 따라서 πi와 이에 따라 π는 대수적 수일 수 없으므로, π는 초월적 수이다.

이런 발전과 함께, 원주율의 속성에 대한 오랜 탐구는 결론에 이르게 되었다. π가 초월적 수라는 사실은 자와 컴퍼스만을 이용해서 주어진 원과 넓이가 같은 정사각형을 작도하는 매우 오래된 작도 문제를 영원히 해결했다. 이 유명한 문제는, 기원전 3세기 플라톤이 모든 기하학적 작도는 (눈금이 없는) 자와 컴퍼스만으로 이루어져야 한다고 결정한 이래 수학자들을 괴롭혔었다. 관련된 모든 선분의 길이가 특정한 형태를 가진 계수가 정수인 다항 방정식을 만족시키는 경우에만 이런 작도가 가능하다는 사실은 잘 알려져 있다.[9] 그런데 단위 원의 넓이는 π이므로, 이것의 넓이가 한 변의 길이가 x인 정사각형의 넓이와 같다면 $x^2=\pi$이고, 이에 따라 $x=\sqrt{\pi}$이다. 그런데 이런 길이의 선분을 그리기 위해서는 $\sqrt{\pi}$와 이에 따라 π는 반드시 계수가 정수인 다항 방정식을 만족시켜야 한다. 즉, 대수적 수이어야 한다. π는 대수적이지 않기 때문에, 이런 작도는 불가능하다.

고대부터 수학자들을 당혹스럽게 만들었던 신비를 해결한 린데만은 유명해졌다. 그러나 린데만에게 증명의 길을 열어준 것은 e가 초월적 수라는 에르미트의 증명이었다. 두 수학자의 공헌을 비교하면서 《과학 전기 사전》(Dictionary of Scientific Biography)은 다음과 같이 말했다. "그래서 평범한 수학자 린데만은 어떤 발견으로 에르미트보다 훨씬 더 유명해졌는데, 그 발견을 위한 기초적인 연구는 에르미트가 모두 시행했었고 그것을 거의 발견했었다."[10] 린데만은 말년에 또 다른 유명한 문제인 페르마의 마지막 정리를 증명하려고 시도했지만, 그의 증명은 시작부터 심각한 오류를 저질렀다.[11]

한 가지 면에서 π와 e의 역사는 서로 다르다. π의 역사가 더 오래되었고, 그 명성도 더 크기 때문에, 이 수를 소수점 아래의 더 많은 자리까지 계산하려는 욕망은 세월이 흐르면서 일종의 경쟁이 되었다. 린데만이 π가 초월적 수라고 증명했음에도 불구하고, 훨씬 더 극적인 솜씨를 뽐내려는 숫자 사냥꾼들의 행진은 멈추지 않았다(1989년까지의 기록은 소수점 아래 4억 8천만 자리였다). 그렇지만 e에 대해서는 이런 광기가 발휘된 적이 없었으며,[12] e는 π와 같은 정도로 하찮은 문제를 만들어내지도 않았다.[13] 그렇지만 최근의 어떤 물리학 책에서 다음과 같은 각주를 발견할 수 있었다. "미국의 역사를 잘 알고 있는 사람은 [e의 값을] 소수점 아래 아홉째 자리까지 $e = 2.7(\text{Andrew Jackson})^2$ 또는 $e = 2.718281828$을 이용해서 쉽게 기억할 수 있다. 왜냐하면 앤드류 잭슨은 1828년 미국 대통령으로 선출되었기 때문이다. 한편, 수학에 익숙한 사람에게 이 사실은 미국의 역사를 기억하는 좋은 방법이 될 것이다."[14]

수학에서 가장 유명한 두 수의 속성을 확인한 뒤, 수학자들의 관심은 다른 분야로 향할 것으로 보였다. 그러나 1900년 파리에서 열린 제2차 국제 수학자 대회에서, 당시 최고의 수학자의 한 사람인 힐베르트(David Hilbert, 1862-1943)는 미해결 문제 23개를 수학계에 도전 과제로 제시했는데, 그는 이런 문제의 풀이가 더없이 중요하다고 생각했다. 힐베르트가 제시한 일곱 번째 문제는 "0도 아니고 1도 아닌 임의의 대수적 수 a와 무리수인 임의의 대수적 수 b에 대해 수 a^b는 항상 초월적 수이다."라는 가설을 증명 또는 반증하는 것이었다. 그는 특별한 예로 수 $2^{\sqrt{2}}$과 e^π을 들었다(e^π은 i^{-2i}로 쓸 수 있기 때문에[251쪽을 보라] 조건에 맞는 꼴이다).[15] 힐베르트는 이 문제를 해결하기 위해서는 페르마의 마지막 정리보다도 더 오랜 시간이 걸릴 것이라 예상했지만, 지나치게 비관적인 추측이었다. 1929년 러시아의 수학자 겔폰트(Alexandr Osipovich Gelfond, 1906-1968)는 e^{π}이 초월적 수임을 증명했고, 1년 뒤에는 $2^{\sqrt{2}}$도 초월적 수임을 증명했다. a^{b}에 관한 힐베르트의 일반적인 가설은 1934년 겔폰트가 증명하였으며, 이와 독립적으로 독일의 슈나이더(T. Schneider)가 증명하였다.

특정한 수가 초월적임을 증명하기는 쉽지 않다. 왜냐하면 그 수가 어떤 조건을 만족시키지 않음을 반드시 증명해야 하기 때문이다. 아직도 속성이 밝혀지지 않은 수 중에는 π^{e}, π^{π}, e^{e}이 있다. π^{e}의 경우는 특히 흥미로운데, 이것은 π와 e 사이에 존재하는 비대칭성을 상기시키기 때문이다. 제10장에서 알아봤듯이, e의 쌍곡선에 대한 역할은 π의 원에 대한 역할과 어느 정도 유사하다. 그러나 이런 유사성은, 오일러의 공식 $e^{\pi i}=-1$이 명확하게 보여주듯이, 완벽하지는 않다(π와 e는 이 공식에서 서로 다른 위치를 차지한다). 유명한 이 두 수는 그것들 사이의 밀접한 관련에도 불구하고 아주 다른 성격을 갖고 있다.

초월적 수의 발견은 무리수가 2500년 전에 야기한 것과 같은 정도의 지적 충격을 주지는 않았지만, 그 결과는 같은 정도로 중요하다. 단순하게 보이는 실수 체계의 뒤에는 미묘한 점, 수의 소수 전개를 단순하게 관찰해서는 확인할 수 없는 미묘한 점이 많이 숨어있음을 보여주었다. 가장 놀라운 면은 아직도 등장하지 않았다. 1874년 독일의 수학자 칸토어(Georg Cantor, 1845-1918)는 유리수보다 무리수가 더 많이 존재하고, 대수적 수보다 초월적 수가 더 많이 존재한다는 깜짝 놀랄 만한 사실을 발견했다. 다시 말하면, 조금도 이상하지 않게도, 실수의 대부분은 무리수이고, 무리수의 대부분은 초월적 수이다.[16]

그런데 이것은 훨씬 더 높은 추상화의 영역에 이르게 하였다. π^e과 e^π의 수치적인 값을 계산하면, 이것들이 놀라울 정도로 비슷함을 알게 될 것이다. 각각 22.459157…과 23.140692…이다. 물론, π와 e 자체들도 수치적으로 큰 차이가 나지는 않는다. 다음을 생각해보자. 무수히 많은 실수 중에서 수학에서 가장 중요한 수인 0, 1, $\sqrt{2}$, e, π들은 수직선에서 길이가 4보다 작은 구간에 위치하고 있다. 우연의 일치일까? 단순히 창조주의 원대한 계획의 일부일까? 독자의 판단에 맡기겠다.

주석과 출전

1. 다음을 보라. B. L. van der Waerden, *Scientific Awakening: Egyptian, Babylonian, and Greek Mathematics*, trans. Arnold Dresden (New York: John Wiley, 1963), pp. 92-102.
2. 예를 들어 다음을 보라. George F. Simmons, *Calculus with Analytic Geometry* (New York: McGraw-Hill, 1985), pp. 734-739.
3. e가 무리수라는 증명을 부록 2에 실었다.
4. 람베르트가 수학에 쌍곡선 함수를 도입했다는 말이 있지만, 리카티가 그보다 앞섰던 것으로 보인다(204쪽을 보라).
5. 하나의 결과로, 지수 곡선 $y=e^x$은 평면에서 점 $(0,1)$ 이외의 대수적 점을 절대 지나지 않는다. (대수적 점은 x좌표와 y좌표가 모두 대수적 수인 점이다.) 되리(Heinrich Dörrie)는 다음과 같이 말했다. "대수적 점들은 평면에서 조밀하게 분포되며 어디에나 존재하기 때문에, 이런 점 중 어느 하나도 건드리지 않고 모든 점을 요리조리 피해 지나가는 지수 곡선은 대단히 어려운 묘기를 발휘하는 것으로 보인다. 자연스럽게, 이와 같이 행동하는 로그 곡선 $y=\ln x$에 대해서도 똑같은 말을 할 수 있다"(Dörrie, 100 *Great Problems of Elementary Mathematics: Their History and Solution*, trans. David Antin [1958; rpt. New York:

Dover, 1965], p. 136).

6. 다음을 보라. David Eugene Smith, *A Source Book in Mathematics* (1929; rpt. New York: Dover, 1959), pp. 99-106. 힐베르트가 에르미트의 증명을 단순화한 형태는 다음을 보라. Simmons, *Calculus with Analytic Geometry*, pp. 737-739.
7. 다음에서 인용했다. Simmons, *Calculus with Analytic Geometry*, p. 843.
8. 린데만의 증명을 단순화한 형태는 다음을 보라. Dörrie, *100 Great Problems,* pp. 128-137.
9. 다음을 보라. Richard Courant and Herbert Robbins, *What Is Mathematics?* (1941; rpt. London: Oxford University Press, 1941), pp. 127-140.
10. C. C. Gillispie, editer (New York: Charles Scribner's Sons, 1972).
11. 페르마의 마지막 정리에 대한 최근의 증명에 대해서는 제 7 장의 주석 1을 보라.
12. 다음 포스터는 e의 소수 전개를 소수점 아래 4030자리까지 보여준다. David Slowinski and William Christi, *Computer e* (Palo Alto, Calif.: Creative Publications, 1981). 이와 짝을 이루는 다음 포스터는 π의 소수 전개를 소수점 아래 8182자리까지 보여준다. Stephen J. Rogowski and Dan Pasco, *Computer* π (1979).
13. 예를 들어 다음을 보라. Howard Eves, *An Introduction to the History of Mathematics* (1964; rpt. Philadelphia: Saunders College Publishing, 1983), p. 89, p. 97.
14. Edward Teller, Wendy Teller, and Wilson Talley, *Conversations on the Dark Secrets of Physics* (New York and London: Plenum Press, 1991), p. 87.
15. 다음을 보라. Ronald Calinger, ed., *Classics of Mathematics* (Oak Park, Ill.: Moore Publishing Company, 1982), pp. 653-677.
    힐베르트의 일곱 번째 문제는 667쪽에 있다.
16. 칸토어의 연구에 관한 설명은 본인의 다음 책에서 찾아볼 수 있다. *To Infinity and Beyond: A Cultural History of the Infinite* (1987; rpt. Princeton: Princeton University Press, 1991), chs. 9, 10.

부록

이제 문자 e는 이런 양의 보편 상수[방정식 $\ln x = 1$의 근]
이외의 다른 어떠한 것을 나타내는 데 결코 사용되지 않을 것이다.
-란다우, 《미분학과 적분학》(1934)

부록 1

네이피어 로그에 대한 추가 설명

네이피어는 1619년 그가 죽은 뒤에 출판된 책《놀라운 로그 법칙 구성》에서, 당시 수학 문제를 해결하는 통상적인 접근 방법인 기하학적-역학적 모형을 이용해서 로그를 발견한 과정을 설명했다(뉴턴도 유율의 개념을 설명하는 데 이와 유사한 모형을 이용했음을 기억할 것이다). 선분 AB와 함께 점 C에서 오른쪽으로 선분 AB와 평행하게 뻗어나가는 반직선을 생각하자(그림 76).

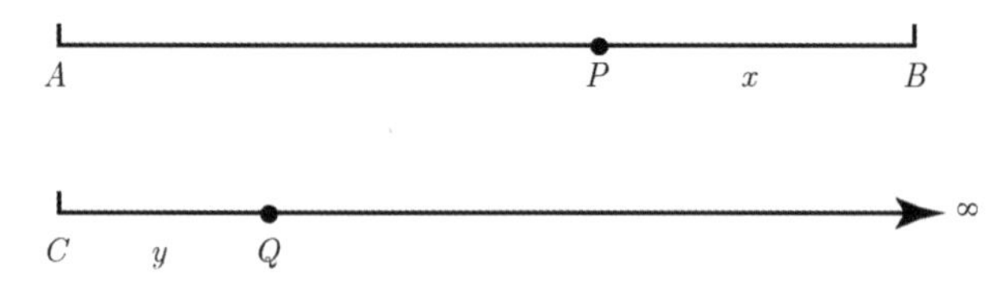

▶ **그림 76** 네이피어는 기하학적인 모형으로 로그의 개념을 설명했다. P는 선분 AB를 따라 거리 PB에 비례하는 속도로 움직이고, Q는 P의 초기 속도와 같은 속도로 일정하게 CD를 따라 움직인다. 이 때 $x = PB$, $y = CQ$라 하면 y는 x의 (네이피어) 로그이다.

점 P는 A에서 출발해서 B를 향해 운동하는데, 매 순간 P와 B 사이의 거리에 비례하는 속도로 진행한다. P가 운동하기 시작하는 것과 동시에, 점 Q는 C에서 출발해서 P의 초기 속도와 같은 '일정한' 속도로 오른쪽으로 진행한다. 시간이 지남에 따라, 거리 PB는 자신이 감소하는 비율에 따라 짧아진다. 반면에 거리 CQ는 일정한 속도로 증가한다. 네이피어는 점 Q가 초기 위치 C로부터 진행한 거리를 점 P와 이것의 최종적인 위치 B 사이의 거리에 대한 로그라고 정의했다. 즉, $PB = x$, $CQ = y$라고 하면, 다음과 같은 관계를 얻는다.

$$y = \text{Nap log}\, x$$

여기서 Nap log는 '네이피어 로그'(Napierian logarithm)를 의미한다.[1]

이 정의는 실제로 (선분 AB 위의 거리로 표현되는) 두 수의 곱을 (C로부터의 거리인) 다른 두 수의 합으로 변환시킨다는 사실을 쉽게 알 수 있다. 선분 AB의 길이가 1이라고 가정하고, C로부터 뻗어 나온 반직선 위에 일정한 간격으로 점을 찍자. 그리고 이런 점을 $0, 1, 2, 3, \cdots$으로 나타내자. Q가 일정한 속도로 움직이므로, Q가 각 구간을 통과하는 시간은 똑같을 것이다. P가 A에서 움직이기 시작할 때, Q는 0(점 C)에 있다. P가 AB의 중간 지점에 있을 때, Q는 1에 있고, P가 AB의 3/4을 지날 때 Q는 2에 있으며, 이와 같이 계속된다. x는 P가 B에 도착할 때까지 가야 하는 거리를 나타내므로, 다음 표를 얻는다.

x	1	$\frac{1}{2}$	$\frac{1}{4}$	$\frac{1}{8}$	$\frac{1}{16}$	$\frac{1}{32}$	$\frac{1}{64}$	$\cdots$
y	0	1	2	3	4	5	6	$\cdots$

실제로 이것은 매우 원시적인 로그표이다. 아래쪽 줄에 있는 각 수

는 위쪽 줄에 있는 대응하는 수의 (밑인 1/2인) 로그이다. 사실, 아래쪽 줄에 있는 임의의 두 수의 합은 위쪽 줄에 있는 대응하는 두 수의 곱에 해당한다. 이 표에서 y는 x가 감소함에 따라 증가한다는 점에 유의하자. 이것은 수가 커지면 로그값도 함께 커지는 (밑이 10이거나 e인) 현대의 로그와 대조를 이룬다.

제1장에서 언급한 대로, 삼각법에서 단위 원의 반지름을 10,000,000등분하는 관례에 따라서, 네이피어는 선분 AB의 길이를 10^7으로 택했다. 점 P의 초기 속도를 10^7이라고 가정하면, 점 P와 Q의 운동을 두 개의 미분 방정식 $dx/dt = -x$와 $dy/dt = 10^7$으로 설명할 수 있다. 이때, 초기 조건은 $x(0) = 10^7$, $y(0) = 0$이다. 두 방정식에서 t를 소거하면, $dy/dx = -10^7/x$을 얻는데, 이것의 해는 $y = -10^7 \ln x + c$이다. 한편, $x = 10^7$일 때 $y = 0$이므로, $c = 10^7 \ln 10^7$이고, 이에 따라 $y = -10^7(\ln x - \ln 10^7) = -10^7 \ln(x/10^7)$이다. 공식 $\log_b x = -\log_{1/b} x$를 이용하면, 이 해를 $y = 10^7 \log_{1/e}(x/10^7)$ 또는 $y/10^7 = \log_{1/e}(x/10^7)$로 쓸 수 있다. (단지 소수점의 이동과 같은) 인수 10^7을 별도로 생각하면, 네이피어 로그는 실제로 밑이 $1/e$인 로그임을 알 수 있다. 그러나 네이피어 자신은 밑이라는 개념을 결코 생각하지 못했다.[2]

출전

1. 네이피어의 《놀라운 로그 법칙 구성》에서 발췌한 내용과 이에 대한 논평을 다음에서 찾아볼 수 있다. Ronald Calinger, ed., *Classics of Mathematics* (Oak Park, Ill.: Moore Publishing Company, 1982), pp. 254-260. D. J. Struik, ed., *A Source Book in Mathematics, 1200-1800*

(Cambridge, Mass.: Harvard University Press, 1969), pp. 11-21.
또, 네이피어의 《놀라운 로그 법칙 설명》을 라이트(Wright)가 1616년 영어로 번역한 책의 영인본인 다음 책도 보라. John Nepair, *A Description of the Admirable Table of Logarithms* (Amsterdam: Da Capo Press, 1969), ch. 1.

2. Carl B. Boyer, *A History of Mathematics*, rev. ed. (1968; rpt. New York: John Wiley, 1989), pp. 349-350.

부록 2

$\lim_{n\to\infty}(1+1/n)^n$의 존재성

먼저, 다음 수열은 n의 값이 한없이 커짐에 따라 어떤 극한값에 수렴함을 보이자.

$$S_n = 1 + \frac{1}{1!} + \frac{1}{2!} + \cdots + \frac{1}{n!}, \quad n = 1,\ 2,\ 3,\ \cdots$$

이 부분 합은 항을 추가할 때마다 증가하므로, 모든 n에 대해 $S_n < S_{n+1}$이 성립한다. 즉, 수열 S_n은 단조 증가한다. 3 이상의 자연수 n에 대해, $n! = 1 \cdot 2 \cdot 3 \cdot \cdots \cdot n > 1 \cdot 2 \cdot 2 \cdot \cdots \cdot 2 = 2^{n-1}$이므로, $n = 3, 4, 5, \cdots$일 때 다음이 성립한다.

$$S_n < 1 + 1 + \frac{1}{2} + \frac{1}{2^2} + \cdots + \frac{1}{2^{n-1}}$$

그런데 위의 식의 우변에서 둘째 항부터는 공비가 1/2인 등비 수열을 이룬다. 이 등비 수열의 합은 $(1-1/2^n)/(1-1/2)=2(1-1/2^n)<2$이다. 따라서 $S_n<1+2=3$이므로, S_n이 3에 의해 위로 유계이다(즉 S_n의 값이 결코 3을 초과하지 못한다). 이제 해석학에 있는 다음과 같은 유명한 정리를 이용한다. "위로 유계인 단조 증가 수열은 $n\to\infty$일 때 어떤 극한값으로 수렴한다." 그러므로 S_n은 어떤 극한값 S에 수렴한다. 또, 이 증명은 S_n가 2와 3 사이에 있음을 보여준다.

이제, 수열 $T_n=(1+1/n)^n$을 생각하자. 이 수열이 S_n과 똑같은 극한값으로 수렴함을 보이겠다. 이항 정리에 의해, 다음이 성립한다.

$$
\begin{aligned}
T_n &= 1+n\cdot\frac{1}{n}+\frac{n(n-1)}{2!}\cdot\frac{1}{n^2}+\cdots+\frac{n(n-1)(n-2)\cdots 1}{n!}\cdot\frac{1}{n^n}\\
&=1+1+\left(1-\frac{1}{n}\right)\cdot\frac{1}{2!}+\cdots\\
&\qquad+\left(1-\frac{1}{n}\right)\left(1-\frac{2}{n}\right)\cdots\left(1-\frac{n-1}{n}\right)\cdot\frac{1}{n!}
\end{aligned}
$$

각 괄호 안의 값이 1보다 작으므로, $T_n\le S_n$이다(사실, $n\ge 2$이면 $T_n<S_n$이다). 따라서 수열 T_n도 역시 위로 유계이다. 게다가, T_n에서 n을 $n+1$로 바꾸면 합이 증가하므로, T_n은 단조 증가한다. 그러므로 T_n도 역시 $n\to\infty$일 때 어떤 극한값으로 수렴한다. 이 극한값을 T라고 하자.

이제 $S=T$임을 보이자. 모든 n에 대해 $S_n\ge T_n$이므로 $S\ge T$이다. 이와 동시에 $S\le T$임을 보이겠다. m을 n보다 작은 고정된 정수라고 하자. T_n의 처음 $m+1$개의 항은 다음과 같다.

$$
1+1+\left(1-\frac{1}{n}\right)\cdot\frac{1}{2!}+\cdots+\left(1-\frac{1}{n}\right)\left(1-\frac{2}{n}\right)\cdots\left(1-\frac{m-1}{n}\right)\cdot\frac{1}{m!}
$$

그런데 $m < n$이고 모든 항이 양수이므로, 위의 합은 T_n보다 작다. 이제, m은 고정시킨 채로 n의 값을 한없이 증가시키면, 그 합은 S_m에 접근하고, 반면에 T_n은 T에 접근한다. 그러므로 $S_m \leq T$이고, 이에 따라 $S \leq T$이다. 이미 $S \geq T$임을 보였으므로, $S = T$가 성립한다. 이것이 증명하려고 했던 결과이다. 물론, 극한값 T는 수 e이다.

계속해서, e가 무리수임을 증명하자.[1] 이것은 간접적인 증명이다. 즉, e가 유리수라고 가정하면, 이 가정이 모순을 이끌어낸다는 것을 보이겠다. $e = p/q$라고 하자. 여기서 p와 q는 정수이다. 이미 $2 < e < 3$임을 알고 있으므로, e는 정수가 될 수 없다. 이제, 다음의 식의 양변에 $q! = 1 \cdot 2 \cdot 3 \cdot \cdots \cdot q$를 곱하자.

$$e = 1 + \frac{1}{1!} + \frac{1}{2!} + \frac{1}{3!} + \cdots + \frac{1}{n!} + \cdots$$

그러면 좌변은 다음과 같이 된다.

$$e \cdot q! = \left(\frac{p}{q}\right) \cdot 1 \cdot 2 \cdot 3 \cdot \cdots \cdot q = p \cdot 1 \cdot 2 \cdot 3 \cdot \cdots \cdot (q-1)$$

한편, 우변은 다음과 같이 된다.

$$\begin{aligned}&[q! + q! + 3 \cdot 4 \cdot \cdots \cdot q + 4 \cdot 5 \cdot \cdots \cdot q + \cdots \\ &\quad + (q-1) \cdot q + q + 1] + \frac{1}{q+1} + \frac{1}{(q+1)(q+2)} + \cdots\end{aligned}$$

(대괄호 안에 있는 1은 e의 거듭제곱 급수에 있는 항 $1/q!$에 $q!$를 곱해서 얻은 값이다.) 좌변은 정수들의 곱이므로 분명히 정수이다. 우변에서 대괄호 안의 식도 마찬가지로 정수이다. 그러나 나머지 항들은 분모가 적어도 3이므로 정수가 아니다. 이제 이것들의 합도 정수가 아님을 보이자. $q \geq 2$이므로 다음을 얻는다.

$$\frac{1}{q+1}+\frac{1}{(q+1)(q+2)}+\cdots \le \frac{1}{3}+\frac{1}{3\cdot 4}+\cdots$$
$$< \frac{1}{3}+\frac{1}{3^2}+\frac{1}{3^3}+\cdots = \frac{1}{3}\cdot\frac{1}{1-\frac{1}{3}} = \frac{1}{2}$$

여기서 무한 등비 수열의 합을 구하는 공식인 $|r|<1$일 때 $a+ar+ar^2+\cdots = a/(1-r)$를 사용했다. 따라서 등식의 좌변은 정수지만 우변은 정수가 아니므로, 분명히 모순된다. 그러므로 e는 두 정수의 비가 될 수 없고, 무리수이다.

출전

1. Richard Courant and Herbert Robbins, *What Is Mathematics?* (1941; rpt. London: Oxford University Press, 1969), pp. 298-299.

부록 3

미적분학의 기본 정리에 대한 발견적 유도

그림 77에서, A를 x의 고정된 값, 이를테면 $x=a$(적분 아래끝)부터 변수 값(적분 위끝)까지 함수 $y=f(x)$의 그래프 아래의 넓이

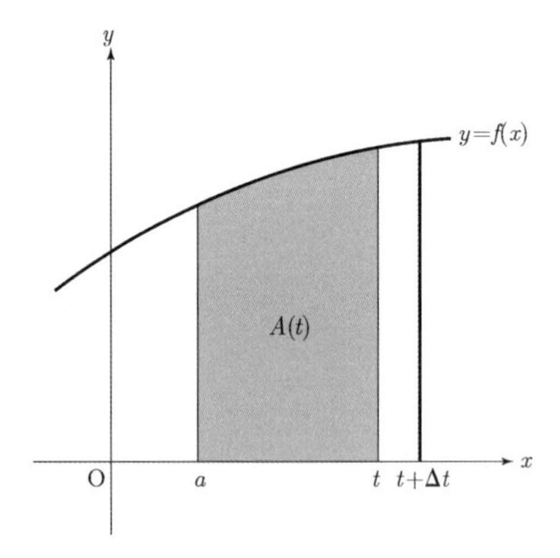

▶ **그림 77** 미적분학의 기본 정리.
넓이 함수 $A(t)$의 변화율은 $x=t$에서 $f(x)$의 값과 같다.

라고 하자. 혼동을 피하기 위해서, 적분 위끝을 t라 하고, 함수 $f(x)$의 독립 변수를 문자 x만으로 나타내자. 그러면 넓이 A는 적분 위끝에 관한 함수가 되므로, $A=A(t)$로 쓰자. 이제 $dA/dt=f(t)$, 즉 t에 대한 넓이 함수 $A(t)$의 변화율은 $x=t$에서 $f(x)$의 값과 같음을 보이자.

점 $x=t$에서 이웃하는 점 $x=t+\Delta t$까지 움직인다고 하자. 즉, t는 작은 증분 Δt만큼 증가한다고 하자. 그러면 넓이는 $\Delta A=A(t+\Delta t)-A(t)$만큼 증가한다. 그림 77에서 알 수 있듯이, 작은 t에 대해 증가하는 영역은 폭이 Δt이고 높이가 $y=f(t)$인 직사각형 띠와 비슷한 형태가 된다. 그러므로 $\Delta A \approx y\Delta t$이고, Δt가 작을수록 더욱 정확한 근삿값을 얻는다. 양변을 Δt로 나누면, $\Delta A/\Delta t \approx y$이다. $\Delta t \to 0$일 때의 극한값을 알아보면, 좌변은 t에 관한 A의 도함수(변화율) dA/dt가 된다. 그러므로 증명하려고 했던 대로 $dA/dt=y=f(t)$가 성립한다.

이것은 넓이 A가 t에 관한 함수로 생각할 때 $f(t)$의 역 도함수 또는 부정 적분임을 보여준다. 즉, $A=\int f(t)dt$이다. t의 특정한 값에 대한 A의 값을 지적할 때, $A=\int_a^t f(x)dx$로 나타낸다. 여기서 적분 변수는 x로 나타냈다.[1] $\int f(t)dt$는 함수(넓이 함수)이지만, $\int_a^t f(x)dx$는 수라는 사실에 유의하자. 이를 $x=a$부터 $x=t$까지 $f(x)$의 '정적분'이라고 부른다.

분명히, 이런 유도는 엄밀한 증명이 아니다. 완벽한 증명은 미적분학 교과서를 참조하라.

주석

1. 적분 변수 x는 다른 어떠한 문자로 바꾸어도 결과에 영향을 미치지 않는 '가변수(dummy variable)'이다.

부록 4

$\lim_{h \to 0}(b^h - 1)/h = 1$과 $\lim_{h \to 0}(1+h)^{1/h} = b$의 역 관계

여기서의 목표는 b의 어떤 값에 대해 $\lim_{h \to 0}(b^h - 1)/h = 1$이 되는지를 결정하는 것이다(142쪽을 보라). h의 값이 유한한 식 $(b^h - 1)/h$에서 출발해서, 다음과 같이 이를 1로 놓자.

$$\frac{b^h - 1}{h} = 1 \tag{1}$$

이 식이 언제나 1과 같다면, 분명히 $\lim_{h \to 0}(b^h - 1)/h = 1$이다. 이제, 식 (1)을 b에 대해 풀어보자. 두 단계로 나누어 이 과정을 시행하겠다. 첫째 단계로 다음을 얻는다.

$$b^h = 1 + h$$

그리고 둘째 단계로 다음을 얻는다.

$$b = \sqrt[h]{1+h} = (1+h)^{1/h} \tag{2}$$

여기서 근호를 분수 지수로 바꾸었다. 그런데 식 (1)은 b를 h의 음함수로 나타내고 있다. 식 (1)과 (2)가 동치이므로, $h \to 0$일 때, 다음과 같은 동치인 식을 얻는다.

$$\lim_{h \to 0} \frac{b^h - 1}{h} = 1, \quad b = \lim_{h \to 0}(1+h)^{1/h}$$

둘째 식의 극한값은 수 e이다. 그러므로 $\lim_{h \to 0}(b^h - 1)/h$이 1과 같기 위해서는 b가 반드시 $e = 2.71828\cdots$이어야 한다.

이것은 완벽한 증명이 아니라 단지 개요임을 강조한다.[1] 그러나 교육적 면에서, 위의 증명은 전통적인 접근 방법보다 더 간단하다. 전통적인 방법에서는 로그 함수에서 출발해서 그것의 도함수를 찾고(꽤 긴 과정이다), 다음에 밑을 e로 놓는다(그 뒤에도 $d(e^x)/dx = e^x$을 보이기 위해서 지수 함수로 되돌아가야 한다).

주석

1. 완벽한 논의는 다음을 보라. Edmund Landau, *Differential and Integral Calculus* (New York: Chelsea Publishing Company, 1965), pp. 39-48.

부록 5

로그 함수에 대한 또 다른 정의

적분 상수를 생각하지 않으면, x^n의 역 도함수는 $x^{n+1}/(n+1)$이다. 이 공식은 -1을 제외한 n의 모든 값에 대해 성립한다(107쪽을 보라). $n=-1$인 경우는 생-빈센트가 쌍곡선 $y=1/x=x^{-1}$ 아래의 넓이가 로그 법칙을 따른다는 사실을 발견하기 전까지는 신비 속에 싸여 있었다. 이제 이와 관련된 로그가 자연 로그라는 사실을 알고 있다(150쪽을 보라). 그러므로 이 넓이를 적분 위끝에 관한 함수로 생각하고 $A(x)$로 나타내면, $A(x)=\ln x$가 된다. 미적분학의 기본 정리에 의해 $d(\ln x)/dx=1/x$이 성립하므로, $\ln x$(좀더 일반적으로 임의의 상수 c에 대해 $\ln x+c$)는 $1/x$의 역 도함수이다.

그런데 정반대 방향으로 접근해서, 자연 로그를 $x=1$부터 변수 점 $x>1$까지 $y=1/x$의 그래프 아래의 넓이로 정의할 수 있다.[1] 이 넓이를 적분으로 나타내면 다음과 같다.

$$A(x) = \int_1^x \frac{dt}{t} \tag{1}$$

여기서 적분 위끝 x와 혼동을 피하기 위해서 적분 변수를 t로 나타냈다(그리고 적분 기호 안의 식을 좀더 형식적인 표현 $(1/t)dt$ 대신에 dt/t로 나타냈다). 식 (1)은 A를 적분 위끝 x의 함수로 정의하고 있음에 유의하자. 이제, 이 함수가 자연 로그 함수의 모든 성질을 만족시킴을 보이겠다.

우선 $A(1) = 0$임을 지적한다. 둘째, 미적분학의 기본 정리에 의해 $dA/dx = 1/x$이다. 셋째, 임의의 양의 실수 x와 y에 대해, 덧셈 법칙 $A(xy) = A(x) + A(y)$가 성립한다. 실제로, 다음이 성립한다.

$$A(xy) = \int_1^{xy} \frac{dt}{t} = \int_1^x \frac{dt}{t} + \int_x^{xy} \frac{dt}{t} \tag{2}$$

여기서 적분 구간 $[1, xy]$를 두 개의 작은 구간 $[1, x]$와 $[x, xy]$로 분리했다. 정의에 의해서, 식 (2)의 우변의 첫째 적분은 $A(x)$이다. 둘째 적분에 대해서는 $u = t/x$와 같이 변수를 변환하면 $du = dt/x$를 얻는다(적분에 관한 한 x는 상수임에 주목하자). 게다가, 적분 아래끝 $t = x$는 $u = 1$로 바뀌고, 적분 위끝 $t = xy$는 $u = y$로 바뀐다. 그러므로 다음을 얻는다.

$$\int_x^{xy} \frac{dt}{t} = \int_1^y \frac{du}{u} = A(y)$$

(여기서 t와 u가 '가변수'라는 사실을 이용했다. 289쪽을 보라.) 이것으로 덧셈 법칙이 증명된다.

마지막으로, $1/x$의 그래프 아래의 넓이는 x의 값이 커짐에 따라 계속해서 증가하기 때문에, A는 x에 관한 단조 증가 함수이다. 즉, $x > y$이면 $A(x) > A(y)$이다. 그러므로 x가 0에서 무한대까지 변할 때, $A(x)$는 $-\infty$부터 ∞까지의 모든 실수값을 취한다. 그런데 이것은 그래프 아래의 넓이가 정확하게 1이 되는 어떤 수(이를 e라고 부르겠다)가 반드시 존재해야 함을 뜻한다. 즉, $A(e)=1$이다. 이 수가 $n\to\infty$일 때, $(1+1/n)^n$의 극한이라는 사실을 어렵지 않게 보일 수 있다. 즉, e는 앞에서 $\lim_{n\to\infty}(1+1/n)^n$ 또는 2.71828…로 정의한 수와 똑같다.[2] 요약하면, 식 (1)에 의해 정의된 함수 $A(x)$는 $\ln x$의 성질을 모두 만족시키므로, 이를 $\ln x$와 동일시하겠다. 그리고 이 함수는 연속이고 단조 증가하기 때문에 역함수를 가지는데, 이를 자연 지수 함수라 부르고 e^x으로 나타낸다.

이런 접근 방법은 다소 부자연스러워 보일 수 있다. 즉, 함수 $\ln x$가 앞에서 말한 성질들을 만족시킴을 이미 알고 있기 때문에, 이것은 분명히 나중에야 얻은 지혜 덕분이다. 그렇지만 이런 지혜를 언제나 얻을 수 있는 것은 아니다. 간단하게 보이는 함수이지만, 그것의 역 도함수를 초등 함수(다항 함수, 분수 함수, 무리 함수, 삼각 함수, 지수 함수와 이것들의 역 함수들)의 유한한 결합으로 표현할 수 없는 경우가 많이 있다. 그런 함수의 예로 지수 적분, 즉 e^{-x}/x의 역 도함를 들 수 있다. 이 역 도함수가 존재는 하지만, 역 도함수가 e^{-x}/x과 같은 초등 함수들의 조합이 결코 존재하지 않는다. 유일하게 의지할 수 있는 방법은 이 역 도함수를 적분 $\int_x^{\infty}(e^{-t}/t)dt$ (단 $x>0$)으로 정의하고 $Ei(x)$로 나타내어 새로운 함수로 간주하는 것이다. 이 함수의 성질을 유도할 수 있고, 함수 값을 계산할 수 있으며, 통상적인 함수와 같이 이 함수의 그래프를 그릴 수 있다.[3] 그러므로 모든 면에서 이런 '고등' 함수를 이미 알려진 함수로 간주할 수 있다.

주석

1. $0 < x < 1$이면, 이 넓이를 음수라고 생각한다. 그러나 $A(x)$는 $x = 0$ 또는 x의 음수값에서는 정의되지 않는다. 왜냐하면 $1/x$의 그래프는 $x = 0$에서 불연속이고 $x = 0$에 오른쪽에서 접근할 때 무한대로 커지기 때문이다.
2. 다음을 보라. Richard Courant, *Differential and Integral Calculus*, vol. 1 (London: Blackie and Son, 1956), pp.167-177.
3. 다음을 보라. Murray R. Spiegel, *Mathematical Handbook of Formulas and Tables*, Schaum's Outline Series (New York: McGraw-Hill, 1968), pp. 183, 251.

부록 6

로그 소용돌이선의 두 가지 성질

여기서는 책에서 언급한 로그 소용돌이선에 관한 두 가지 성질을 증명하겠다.

1. 원점을 지나는 모든 반직선은 로그 소용돌이선과 똑같은 각에서 만난다. (이 성질 때문에 로그 소용돌이선을 '등각 소용돌이선'이라 부르기도 한다.)

이를 증명하기 위해서 함수 $w = e^z$의 등각 성질을 사용하겠다. 여기서 z와 w는 모두 복소 변수이다(제14장을 보라). z를 직교 형식 $x + iy$로 w를 극 형식 $w = R\mathrm{cis}\Phi$로 표현하면, $R = e^x$과 $\Phi = y$를 얻는다(여기서는 2π의 정수 배를 무시했다). (248쪽을 보라.) 그러므로 z 평면의 수직선 $x =$(상수)는 w 평면의 원점이 중심이고 동심원을 형성하는 원 $R = e^x =$(상수)에 사상되고, 반면에 수평선 $y =$(상수)는 w 평면의 원점으로부터 뻗어 나온 반직선 $\Phi =$(상수)

로 사상된다. 이제 z 평면의 원점을 통과하는 직선 $y=kx$를 따라 운동하는 점 $P(x, y)$를 생각하자. w 평면에 있는 이 점의 상 Q의 극 좌표는 $R=e^x$, $\Phi=y=kx$이다. 이 식에서 x를 소거하면, $R=e^{\Phi/k}$얻는데, 이것은 로그 소용돌이선의 극 방정식이다. 그러므로 P가 z 평면에서 $y=kx$를 통과할 때, 이 점의 상 Q는 w 평면에서 로그 소용돌이선을 그린다. 직선 $y=kx$는 z 평면의 모든 수평선 $y=$(상수)와 고정된 각도 α로 만나기 때문에(여기서 $\tan\alpha=k$이다), 이 직선의 상 곡선은 같은 각에서 w 평면의 원점으로부터 뻗어 나온 모든 반직선과 반드시 그와 똑같은 각도로 만나야 한다. 이것은 이용한 함수가 등각 사상이라는 사실의 결과이다. 이것으로 증명이 끝났다.

$a=1/k=1/\tan\alpha=\cot\alpha$라고 적으면, 로그 소용돌이선의 방정식을 $R=e^{a\Phi}$이라고 적을 수 있다. 이것은 (소용돌이선의 증가율을 결정하는) 상수 a와 각도 α 사이에 어떤 관계가 있음을 보여준다. α가 작을수록 증가율은 더 커진다. $\alpha=90°$일 때, $a=\cot\alpha=0$이므로 $R=1$, 즉 단위 원을 얻는다. 그러므로 원은 증가율이 0인 특별한 로그 소용돌이선이다.

2. 로그 소용돌이선 위의 임의의 점으로부터 극(중심)까지의 호의 길이는 유한하다. 그렇지만 극에 도달하기 위해서는 무한 번 회전해야 한다.

극 형식 $r=f(\theta)$로 주어진 곡선의 호의 길이에 대한 다음 공식을 사용하겠다.

$$s=\int_{\theta_1}^{\theta_2}\sqrt{r^2+\left(\frac{dr}{d\theta}\right)^2}\,d\theta$$

(이 공식은 호의 길이의 선소(또는 미분) ds를 생각하고 피타고라스

정리 $ds^2 = (dr)^2 + (rd\theta)^2$을 이용해서 증명할 수 있다.) 로그 소용돌이선에 대해서는 $r = e^{a\theta}$, $dr/d\theta = ae^{a\theta} = ar$이다. 그러므로 다음을 얻는다.

$$s = \int_{\theta_1}^{\theta_2} \sqrt{r^2 + (ar)^2}\, d\theta = \sqrt{1+a^2} \int_{\theta_1}^{\theta_2} e^{a\theta} d\theta$$

$$= \frac{\sqrt{1+a^2}}{a}(e^{a\theta_2} - e^{a\theta_1}) \quad (1)$$

$a > 0$이라고 가정하자. 즉, 시계 바늘이 도는 방향과 반대 방향(왼쪽으로 도는 소용돌이선)으로 소용돌이선을 따라 이동할 때, r은 증가한다. θ_2를 고정시키고, $\theta_1 \to -\infty$라 하면, $e^{a\theta_1} \to 0$이고, 따라서 다음이 성립한다.

$$s_\infty = \lim_{\theta_1 \to -\infty} s = \frac{\sqrt{1+a^2}}{a} e^{a\theta_2} = \frac{\sqrt{1+a^2}}{a} r_2 \quad (2)$$

그러므로 왼쪽으로 도는 소용돌이선에 대해서, 임의의 점부터 극까지의 호의 길이는 식 (2)로 주어지고, (2)의 우변의 값은 유한하다. 오른쪽으로 도는 소용돌이선($a < 0$)에 대해서는 $\theta_1 \to +\infty$라 하면, 유사한 결론에 도달한다.

식 (2)의 우변에 있는 표현을 기하학적으로 해석할 수 있다. 식 (2)에 $a = \cot\alpha$를 대입하고 삼각 등식 $1 + \cot^2\alpha = 1/\sin^2\alpha$과 $\cot\alpha = \cos\alpha/\sin\alpha$를 사용하면, $\sqrt{1+a^2}/\alpha = 1/\cos\alpha$을 얻는다. 그러므로 $s_\infty = r/\cos\alpha$이다. 여기서 r의 아래 첨자 2를 생략했다. 그림 78에서, 극까지의 호의 길이로 측정하는 출발점으로 점 P를 택하면, $\cos\alpha = OP/PT = r/PT$을 얻는다. 그러므로 $PT = r/\cos\alpha = s_\infty$이다. 즉, P부터 극까지 소용돌이선을 따라 측정한 거리는 P부터 T까지 소용돌이선에 대한 접선의 길이와 같다. 이 놀라운 사

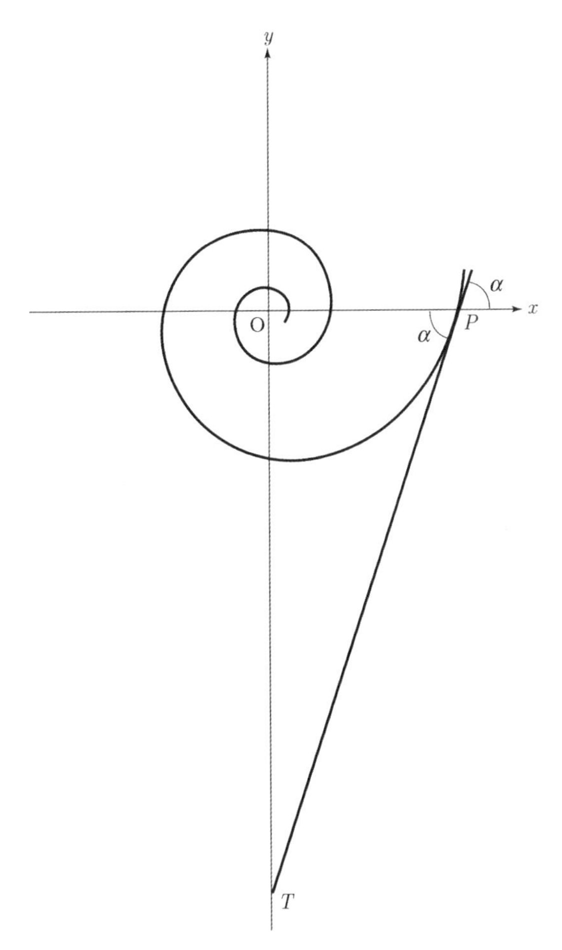

▶ **그림 78** 로그 소용돌이선의 구장.
거리 PT는 P부터 O까지의 호의 길이와 같다.

실은 1645년 갈릴레오의 제자 토리첼리가 호의 길이에 접근하는 무한 등비 급수의 합을 이용해서 발견했다.

부록 7

쌍곡선 함수에서 매개 변수 ϕ의 해석

원 함수, 즉 삼각 함수는 단위 원 $x^2+y^2=1$ 위에서 다음 식으로 정의된다.

$$\cos\phi=x, \quad \sin\phi=y \tag{1}$$

여기서 x와 y는 원 위의 점 P의 좌표이고, ϕ는 x축의 양의 방향과 선분 OP 사이의 각의 크기를 시계 바늘이 도는 반대 방향으로 라디안으로 측정된 값이다. 쌍곡선 함수는 쌍곡선 $x^2-y^2=1$ 위의 점 P에 대해 다음과 같이 비슷한 방법으로 정의된다.

$$\cosh\phi=x, \quad \text{sihn}\,\phi=y \tag{2}$$

여기서 매개 변수 ϕ를 각의 크기로 해석할 수 없다. 그럼에도 불구하고, ϕ에 함수들의 두 집합족 사이의 유사함을 강조하는 기하학적 의미를 부여할 수 있다.

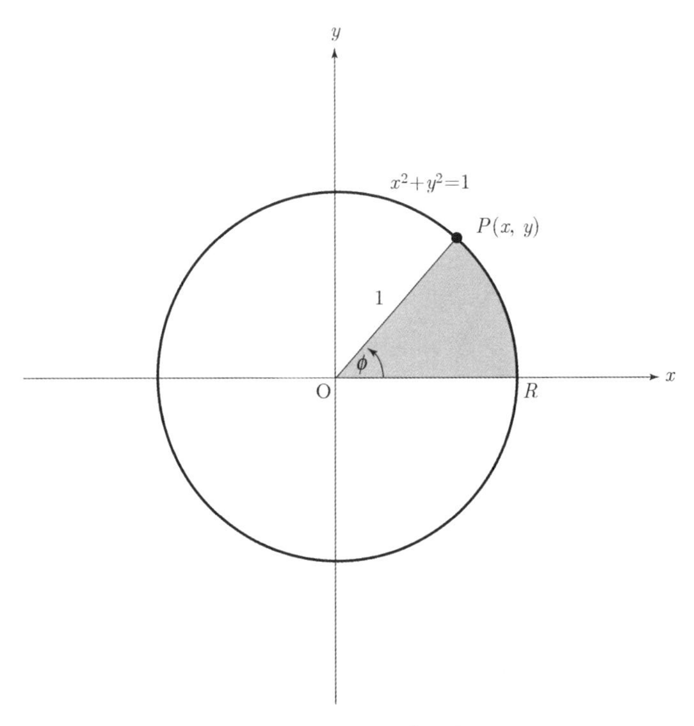

▶ **그림 79** 단위 원 $x^2+y^2=1$.
각 ϕ를 부채꼴 OPR의 넓이의 두 배로 해석할 수 있다.

우선, 식 (1)에서 매개 변수 ϕ를 '중심각의 크기가 ϕ이고 반지름의 길이가 1인 부채꼴의 넓이의 두 배'로도 생각할 수 있음을 지적한다(그림 79). 이 식으로부터 부채꼴의 넓이 $A = r^2\phi/2$가 유도된다(이 식은 ϕ가 라디안으로 표현된 경우에만 유효함을 지적한다). 이제, 부채꼴을 쌍곡선 부채꼴로 바꾸면, 식 (2)에서 ϕ에 정확하게 똑같은 의미를 줄 수 있음을 보이겠다.

그림 80의 어두운 영역 OPR은 삼각형 OPS와 영역 RPS의 차와 같다. 여기서 R과 S의 좌표는 각각 $(1, 0)$과 $(x, 0)$이다. 삼각형 OPS의 넓이는 $xy/2$이고, 영역 RPS의 넓이는 $\int_1^x ydx$이다. y를 $\sqrt{x^2-1}$로 바꾸고 적분 변수를 t로 나타내면, 다음을 얻는다.

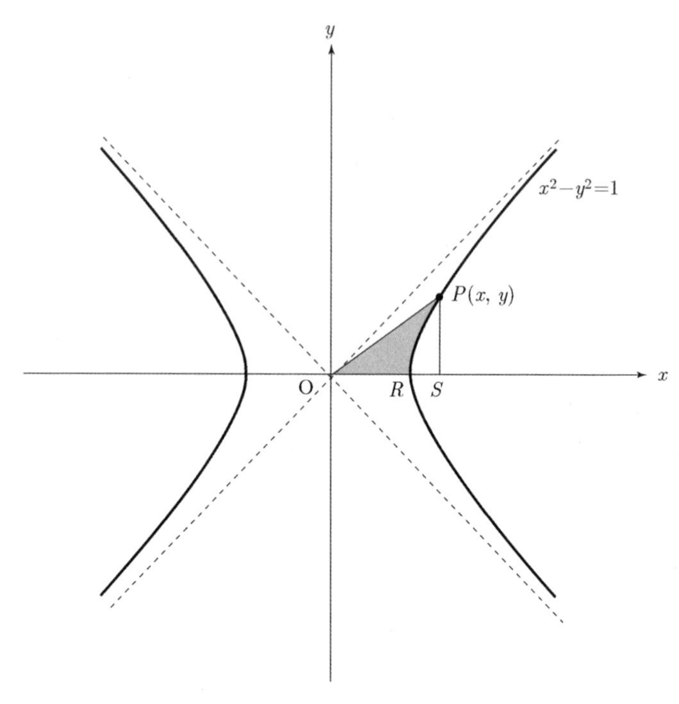

▶ **그림 80** 직교 쌍곡선 $x^2-y^2=1$. $x=\cosh\phi$, $y=\sinh\phi$라고 놓으면, 매개 변수 ϕ를 쌍곡선 부채꼴 OPR의 넓이의 두 배로 해석할 수 있다.

$$A_{OPR}=\frac{x\sqrt{x^2-1}}{2}-\int_1^x\sqrt{t^2-1}\,dt \tag{3}$$

적분 $\int_1^x\sqrt{t^2-1}\,dt$의 값을 계산하기 위해서, $t=\cosh u$, $dt=\sinh u du$로 치환하자. 이렇게 하면 적분 구간은 $[1,x]$에서 $[0,\phi]$로 바뀐다. 여기서 $\phi=\cosh^{-1}x$이다. 쌍곡선 항등식 $\cosh^2 u-\sinh^2 u=1$을 사용하면, 식 (3)은 다음과 같이 된다.

$$A_{OPR}=\frac{1}{2}\cosh\phi\sinh\phi-\int_0^\phi\sinh^2 u\,du$$

이제 쌍곡선 항등식 $\sinh 2u = 2\sinh u \cosh u$와 $\sinh^2 u = (\cosh 2u - 1)/2$을 사용하자. 그러면 마지막 식은 다음과 같이 된다.

$$A_{OPR} = \frac{1}{4}\sinh 2\phi - \frac{1}{2}\int_0^{\phi}(\cosh 2u - 1)du$$
$$= \frac{1}{4}\sinh 2\phi - \frac{1}{2}\left(\frac{\sinh 2\phi}{2} - \phi\right) = \frac{\phi}{2}$$

그러므로 원 함수의 경우와 매우 유사하게, 매개 변수 ϕ는 '쌍곡선 부채꼴 OPR의 넓이의 두 배'와 같다. 앞에서 언급한 대로, 이 사실은 1750년경 빈센초 리카티가 처음으로 알아냈다.

부록 8

e의 소수점 100째 자리까지의 소수 전개

e =2.71828 18284 59045 23536
02874 71352 66249 77572
47093 69995 95749 66967
62772 40766 30353 54759
45713 82178 52516 64274

출전

Encyclopedic Dictionary of Mathematics, The Mathematical Society of Japan (Cambridge, Mass.: MIT Press, 1980).

참고문헌

Ball, W. W. Rouse. *A Short Account of the History of Mathematics*. 1908. Rpt. New York: Dover, 1960.

Baron, Margaret E. *The Origins of the Infinitesimal Calculus*. 1969. Rpt. New York: Dover, 1987.

Beckmann, Petr. *A History of* π. Boulder, Colo.: Golem Press, 1977.

Bell, Eric Temple. *Men of Mathematics*, 2 vols. 1937. Rpt. Harmondsworth: Penguin Books, 1965.

Boyer, Carl B. *History of Analytic Geometry: Its Development from the Pyramids to the Heroic Age*. 1956. Rpt. Princeton Junction, N.J.: Scholar's Bookshelf, 1988.

———. *A History of Mathematics* (1968). Rev. ed. New York: John Wiley, 1989.

———. *The History of the Calculus and its Conceptual Development*. New York: Dover, 1959.

Broad, Charlie Dunbar. *Leibniz: An Introduction*. London: Cambridge University Press, 1975.

Burton, David M. *The History of Mathematics: An Introduction*. Boston: Allyn and Bacon, 1985.

Cajori, Florian. *A History of Mathematics* (1893). 2nd ed. New York: Macmillan, 1919.

———. *A History of Mathematical Notations*. Vol. 1: *Elementary Mathematics*. Vol. 2, *Higher Mathematics*. 1928-1929. Rpt. La Salle, Ill.: Open Court, 1951.

Cajori, Florian. *A History of the Logarithmic Slide Rule and Allied Instruments*. New York: The Engineering News Publishing Company, 1909.

Calinger, Ronald, ed. *Classics of Mathematics*. Oak Park, Ill.: Moore Publishing Company, 1982.

Christianson, Gale E. *In the Presence of the Creation: Isaac Newton and His Times*. New York: Free Press, 1984.

Cook, Theodore Andrea. *The Curves of Life: Being an Account of Spiral Formations and Their Application to Growth in Nature, to Science and to Art*. 1914. Rpt. New York: Dover, 1979.

Coolidge, Julian Lowell. *The Mathematics of Great Amateurs*. 1949. Rpt. New York: Dover, 1963.

Courant, Richard. *Differential and Integral Calculus*, 2 vols. 1934. Rpt. London: Blackie and Son, 1956.

Courant, Richard, and Herbert Robbins. *What Is Mathematics?*. 1941. Rpt. London: Oxford University Press, 1969.

Dantzig, Tobias. *Number: The Language of Science*. 1930. Rpt. New York: Free Press, 1954.

Descartes, René. *La Géométrie* (1637). Trans. David Eugene Smith and Marcia L. Latham. New York: Dover, 1954.

Dörrie, Heinrich. *100 Great Problems of Elementary Mathematics: Their History and Solution*. Trans. David Antin. 1958. Rpt. New York: Dover, 1965.

Edwards, Edward B. *Pattern and Design with Dynamic Symmetry*. 1932. Rpt. New York: Dover, 1967.

Eves, Howard. *An Introduction to the History of Mathematics*. 1964. Rpt. Philadelphia: Saunders College Publishing, 1983.

Fauvel, John, Raymond Flood, Michael Shortland, and Robin Wilson, eds. *Let Newton Be!* New York: Oxford University Press, 1988.

Geiringer, Karl. *The Bach Family: Seven Generations of Creative Genius*. London: Allen and Unwin, 1954.

Ghyka, Matila. *The Geometry of Art and Life*. 1946. Rpt. New York: Dover, 1977.

Gillispie, Charles Coulston, ed. *Dictionary of Scientific Biography*. 16 vols. New York: Charles Scribner? Sons, 1970-1980.

Gjersten, Derek. *The Newton Handbook*. London: Routledge and Kegan Paul, 1986.

Hall, A. R. *Philosophers at War: The Quarrel between Newton and Leibniz*. Cambridge: Cambridge University Press, 1980.

Hambidge, Jay. *The Elements of Dynamic Symmetry*. 1926. Rpt. New York: Dover, 1967.

Heath, Thomas L. *The Works of Archimedes*. 1897; with supplement, 1912. Rpt. New York: Dover, 1953.

Hollingdale, Stuart. *Makers of Mathematics*. Harmondsworth: Penguin Books, 1989.

Horsburgh, E. M., ed. *Handbook of the Napier Tercentenary Celebration, or Modern Instruments and Methods of Calculation*. 1914. Rpt. Los Angeles: Tomash Publisher, 1982.

Huntley, H. E. *The Divine Proportion: A Study in Mathematical Beauty*. New York: Dover, 1970.

Klein, Felix. *Famous Problems of Elementary Geometry* (1895). Trans. Wooster Woodruff Beman and David Eugene Smith. New York: Dover, 1956.

Kline, Morris. *Mathematical Thought from Ancient to Modern Times*. New York: Oxford University Press, 1972.

————. *Mathematics: The Loss of Certainty*. New York: Oxford University Press, 1980.

Knopp, Konrad. *Elements of the Theory of Functions*. Trans. Frederick Bagemihl. New York: Dover, 1952.

Knott, Cargill Gilston, ed. *Napier Tercentenary Memorial Volume*. London: Longmans, Green and Company, 1915.

Koestler, Arthur. The Watershed: *A Biography of Johannes Kepler*. 1959. Rpt. New York: Doubleday, Anchor Books, 1960.

Kramer, Edna E. *The Nature and Growth of Modern Mathematics*. 1970. Rpt. Princeton: Princeton University Press, 1981.

Lützen, Jesper. *Joseph Liouville, 1809-1882: Master of Pure and Applied Mathematics*. New York: Springer-Verlag, 1990

MacDonnell, Joseph, S.J. *Jesuit Geometers*. St. Louis: Institute of Jesuit Sources, and Vatican City: Vatican Observatory Publications, 1989.

Manual, Frank E. *A Portrait of Isaac Newton*. Cambridge, Mass.: Harvard University Press, 1968.

Maor, Eli. *To Infinity and Beyond: A Cultural History of the Infinite*. 1987. Rpt. Princeton: Princeton University Press, 1991.

Nepair, John. *A Description of the Admirable Table of Logarithms*. Trans. Edward Wright. [London, 1616]. Facsimile ed. Amsterdam: Da Capo Press, 1969.

Neugebauer, Otto. *The Exact Sciences in Antiquity*, 2nd ed., 1957. Rpt. New York: Dover, 1969.

Pedoe, Dan. *Geometry and the Liberal Arts*. New York: St. Martin's, 1976.

Runion, Garth E. *The Golden Section and Related Curiosa.* Glenview, Ill.: Scott, Foresman and Company, 1972.

Sanford, Vera. *A Short History of Mathematics*. 1930. Cambridge, Mass.: Houghton Mifflin, 1958.

Simmons, George F. *Calculus with Analytic Geometry*. New York: McGraw-Hill, 1985.

Smith, David Eugene. *History of Mathematics*. Vol 1: *General Survey of the History of Elementary Mathematics*. Vol. 2: *Special Topics of Elementary Mathematics*. 1923. Rpt. New York: Dover, 1958.

Smith, David Eugene. *A Source Book in Mathematics*, 1929. Rpt.

New York: Dover, 1959.

Struik, D. J., ed. *A Source Book in Mathematics, 1200-1800*. Cambridge, Mass.: Harvard University Press, 1969.

Taylor, C. A. *The Physics of Musical Sounds*. London: English Universities Press, 1965.

Thompson, D'Arcy W. *On Growth and Form*. 1917. Rpt. London and New York: Cambridge University Press, 1961.

Thomson, J. E. *A Manual of the Slide Rule: Its History, Principle and Operation*. 1930. Rpt. New York: Van Nostrand Company, 1944.

Toeplitz, Otto. *The Calculus: A Genetic Approach*. Trans. Luise Lange. 1949. Rpt. Chicago: University of Chicago Press, 1981.

Truesdell, C. *The Rational Mechanics of Flexible or Elastic Bodies, 1638-1788*. Switzerland: Orell Füssli Turici, 1960.

Turnbull, H. W. *The Mathematical Discoveries of Newton*. London: Blackie and Son, 1945.

van der Waerden, B. L. *Science Awakening* (1954). Trans. Arnold Dresden. 1961. Rpt. New York: John Wiley. 1963.

Wells, David. *The Penguin Dictionary of Curious and Interesting Numbers*. Harmondsworth: Penguin Books, 1986.

Westfall, Richard S. *Never at Rest: A Biography of Isaac Newton*. Cambridge: Cambridge University Press, 1980.

Whiteside, D. T., ed. *The Mathematical Papers of Isaac Newton*. 8 vols. Cambridge: Cambridge University Press, 1967-1984.

Yates, Robert C. *Curves and Their Properties*. 1952. Rpt. Reston, Va.: National Council of Teachers of Mathematics, 1974.

찾아보기

|ㄹ|

|ㅁ|

|ㅂ|

| ㅅ |

|ㅇ|

| ㅈ |

|ㅊ|

|ㅎ|

오일러가 사랑한 수 *e*

지은이 엘리 마오
옮긴이 허민
펴낸이 조경희
펴낸곳 경문사
펴낸날 2000년 12월 20일 1판 1쇄
2023년 6월 1일 2판 2쇄
등 록 1979년 11월 9일 제1979-000023호
주 소 04057, 서울특별시 마포구 와우산로 174
전 화 (02)332-2004 팩스 (02)336-5193
이메일 kyungmoon@kyungmoon.com

값 24,000원

ISBN 979-11-6073-318-1
ISBN 89-7282-390-2 (세트)

★ 경문사의 다양한 도서와 콘텐츠를 만나보세요!

도서 중 **정오표** 및 **학습자료**가 있는 경우 홈페이지 내 해당 도서 상세 페이지의 **자료** 탭에 업로드됩니다.